雪 冰 遥 感

W. Gareth Rees 著

车 涛 高 峰 等译

黄 河 水 利 出 版 社

·郑州·

图书在版编目(CIP)数据

雪冰遥感／（英）里斯（Rees，W.G.）著；车涛等译
郑州：黄河水利出版社，2011.10
书名原文：Remote Sensing of Snow and Ice
ISBN 978-7-5509-0120-9

Ⅰ.①雪… Ⅱ.①里… ②车… Ⅲ.①遥感技术-应用-冰川地貌 Ⅳ.①P343.6-39

中国版本图书馆 CIP 数据核字(2011)第 185774 号

出 版 社：黄河水利出版社

地址：河南省郑州市顺河路黄委会综合楼 14 层　　邮政编码：450003

发行单位：黄河水利出版社

发行部电话：0371-66026940、66020550、66028024、66022620(传真)

E-mail：hhslcbs@126.com

承印单位：河南省瑞光印务股份有限公司

开本：787 mm × 1 092 mm　1 / 16

印张：16.25　　插页：8

字数：375 千字　　印数：1—1 000

版次：2011 年 10 月第 1 版　　印次：2011 年 10 月第 1 次印刷

著作权合同登记号：图字 16 - 2011 - 196　　定价：45.00 元

序　言

尽管行星地球的特色在于水，但是冻结状态的水在地球上的作用并没有得到正确的评价。地球表面的1/6被雪冰覆盖，它们存在的形式包括：地表积雪、冰川和更大的陆地冰(如南极和格陵兰冰盖)、海冰、河湖冰和冰山。这些冰体与地下的多年冻土共同组成了地球的冰冻圈。冰冻圈在全球气候系统中有着重要的意义，它是气候变化的指示器，而且在各种空间尺度上对生态、水文、经济、运输、娱乐等众多领域产生重要影响。

地球上大部分的雪冰位于人类难以到达、气候极端的偏远地区，而且极夜现象使信息获取工作更加复杂。基于这些原因，加之雪冰覆盖区域广袤，遥感观测技术特别是卫星遥感技术在获取冰冻圈信息方面发挥着关键作用。这些技术可以在较短时间内收集大量信息。某些星载系统对地球表面的观测速度高达每秒 100 000 km^2，因此很容易提供地球表面大部分地区的宏观观测，但是常用系统大多比其观测速度要小，为其观测速度的1/10或1/100。某些遥感系统能透过云层观测地球表面；有些系统不依赖太阳光，因而可在极夜期间工作。实际上，目前所有的遥感系统都能够获取适合计算机存储和分析的数字信息。雪冰方面的研究者早已意识到了这些优点。自从1970年左右冰冻圈监测的星载技术出现以来，新的研究方法不断发展，传感器数量不断增加，而且时间序列数据不断延长。

本书的目的是向读者较为全面地介绍冰冻圈遥感。本书将提供足够的背景信息来解释冰冻圈观测为什么重要，遥感观测为什么是可取甚至是必需的。本书也将提供遥感常用的技术方法，涉及的主要领域包括：冰雪基本物理属性的各种测量，以及目前已有的和正在发展的遥感技术。本书专门讨论了积雪、陆地冰(冰川、冰盖和冰架)、海冰、河湖冰和冰山。我希望本书能接替 Hall 和 Martinec 于 1985 年编著的《冰雪遥感》(Remote Sensing of Ice and Snow, Hall and Martinec, Chapman & Hall, 1985)一书，因此书名也有意与其相似。多年来，我一直推荐 Hall 和 Martinec 的书给我的学生，但是，在它出版之后，遥感技术和数据分析方面都有了很大变化和进步，而且对冰冻圈的认识也比以前更为丰富。因此，本书试图反映出这些进展。当然，1985年以来，本领域已经出版了大量成果，但大部分局限在研究期刊(尤其是冰川年鉴(Annals of Glaciology)，虽然并不全面，但是它记录了国际冰川学会不定期的冰川遥感国际会议的进展)和讨论领域内某些特别问题的专辑上。这些研究成果不能提供一致的论述，也无法将主题和思想都统一起来，但是这些问题可以在一本书里解决。最后强调的是，我写本书的动机，就是因为我遗憾地发现目前还没有这样一本书。

如何组织一本以雪冰遥感为题目的书？作者应该认为读者很熟悉冰冻圈方面的知识但一点都不懂遥感技术和图像分析，还是认为读者是遥感专家但不懂冰冻圈？这本书应该是最新研究成果的纲要吗？这些好像都不理想。因此，本书假设读者在冰冻圈或者冰冻圈的某些方面及遥感技术两个领域都有一定的知识，这个假设贯穿于本书各章节之中。

第 1 章是冰冻圈现象及其重要性的简要回顾。第 2 章简要地论述了主要卫星遥感的基本方法。如果没有后续处理，遥感数据的使用就会受到限制，因此第 3 章概述了数字图像分析方法。这一章的重点是介绍冰冻圈研究中已经使用的或正在发展中的图像处理方法，本书后半部分将在一定的背景下对其中许多方法进行补充说明。从这一点上看，本书回归到了雪冰的主题上。第 4 章是对雪冰物理性质和遥感观测技术的简要回顾。因此，第 4 章涉及遥感器探测过程中将地球物理信息转化为电磁辐射的原理，它与第 1 章密切相关。接下来的五章分别详细论述遥感方法在不同冰冻圈要素研究中的应用：积雪(第 5 章)、海冰(第 6 章)、淡水冰(第 7 章)、冰川(第 8 章)和冰山(第 9 章)。本书不涉及多年冻土，其原因在第 1 章中有论述。最后一章是本书的总结，讨论了遥感能够揭示冰冻圈的哪些内容，该领域存在的主要技术难题，以及针对这些问题的思考。考虑到平衡，本书 1/4 的篇幅用于冰冻圈的全面介绍，1/4 的篇幅用于介绍遥感和图像处理方法，另外一半详细论述遥感方法在冰冻圈各个要素中的应用。

本书为从事一般性的环境科学及特殊的冰冻圈的研究工作者而写，也适合硕士研究生和高年级本科生阅读。虽然没有呈现最新研究成果的纲要，但本书引用了 650 篇最近的科技文献著作，文献列表虽谈不上全面(难免漏掉一些重要文献，我提前表示抱歉)，但是希望读者能熟悉某一特定领域的最新进展。本书从头到尾都是一般性的描述，但是第 4 章讨论冰雪物理特性及其与遥感观测的关系时，用到较多的数学知识。这些数学细节不会影响到对其他内容的理解。

本人希望这本书可以作为您工作参考的一部分。作为一本参考书，最好有一个好的索引，为交叉引用提供方便。基于这个想法构建了本书索引，它包含卫星及其传感器的名称，这样便于找到某一传感器的应用实例。它也包含地理名字，这样有关某一冰川的实例就能找到，如斯瓦尔巴群岛的米德特拉文伯林冰川。这些例子也在“斯瓦尔巴群岛”下建立了索引。

W.G.Rees
剑桥

作者简介：W.G.Rees 博士毕业于英国剑桥大学，攻读自然科学，在卡文迪什实验室获得射电天文学博士学位。1985 年起任剑桥大学斯科特极地研究所遥感组负责人。

他当前的研究兴趣包括冰川、积雪与高纬度植被遥感。他多次去北极地区开展野外工作，出版专著 5 部，发表论文 80 余篇。

致　谢

一如寻常，首先感谢我的妻子 Christine，她曾给予我百般鼓励与支持。感谢剑桥大学斯科特极地研究所的 Neil Arnold 博士，我们在斯瓦尔巴和剑桥曾多次进行学术上的合作与交流。感谢 Taylor & Francis 出版集团给予的细心帮助。

以下个人或组织都曾为本书提供数据或插图，在此一并表示感谢：美国地球物理学会（图 6.8，图 6.11，图 6.12，图 6.16，图 9.6）；北美北极研究所（图 7.3~图 7.5）；荷兰 Elsevier 有限公司（图 4.14）；美国寒区研究与工程实验室（图 7.8）；欧洲联合遥感实验室（图 4.3）；欧洲空间局（图 2.23，图 2.24，图 5.3，图 6.6，图 8.5）；阿拉斯加图利克地面站的 Richard Flanders（图 1.20）；加拿大地质调查局（图 1.10）；加拿大阿尔伯塔大学全球陆地冰空间测量加拿大区域中心（图 1.8）；加拿大阿尔伯塔大学土木与环境工程学院的 Faye Hicks(图 1.19)；IEEE（图 8.11）；南极站的 J. Dana Hrubes(图 1.17)；国际冰川学会（图 5.6，图 6.7，图 6.14，图 8.2，图 8.6~图 8.10，图 8.12~图 8.14）；国际近海与极地工程学会（图 9.4）；剑桥大学的 John Lin(图 2.24)；挪威卑尔根的南森环境与遥感中心（图 6.6）；NASA 地球观测台（图 1.7）；NASA 可视地球（图 5.1）；科罗拉多大学国家雪冰数据中心（图 1.2，图 1.14，图 1.15，图 5.5）；敦提大学 NERC 卫星接收站（图 2.7）；莫斯科行星研究中心（图 6.6）；极地数据中心（图 7.6，图 7.7）；卢瑟福阿普顿实验室（图 2.9）；Taylor & Francis 出版集团(图 6.1，图 6.13，图 6.15，图 6.18，图 9.3，图 9.5)；挪威特隆索卫星地面站（图 6.6）；莱斯特大学地球观测科学组（图 2.9）；美国海岸护卫队国际冰巡查组（图 1.13）；基勒大学的 Richard Waller(图 1.6)。

译者的话

研读完 W.G.Rees 博士所著 Remote Sensing of Snow and Ice 一书后，我产生了一个强烈的愿望，那就是特别希望将这部论著推荐给雪冰遥感领域的朋友和同事，尤其是刚刚进入该领域的研究生。原因大概有以下几个方面：

首先，随着冰冻圈研究的不断深入，具有冰冻圈研究背景的科学家不断地要用到遥感技术。他们极其需要利用遥感数据来验证其野外观测结果或者各种区域模型，更需要利用遥感反演的雪冰数据来补充他们的研究成果，更有一些学者则直接将遥感作为他们研究工作中的主要研究手段。经常碰到没有遥感背景的学者或者研究生和我们讨论如何在他们的研究工作中引入遥感技术，但因为他们对遥感技术的优势和不足缺乏基本的认识，往往存在期望过高或者过低的误解。

其次，长期从事其他领域遥感的学者，尤其是有遥感背景、刚刚进入冰冻圈遥感领域的研究生，面对冰冻圈方面的课题或研究方向，由于对冰雪的物理特性了解甚少而一筹莫展。虽然通过阅读文献可以获取相关信息，但受限于篇幅，期刊文章往往不会系统全面地解释有关冰冻圈物理特性，而本书却几乎涵盖了所有的雪冰物理特性。

再次，碰巧的是，我参与编著的中文版《冰冻圈遥感》与该英文专著几乎同时出版。虽然两部专著有一定的内容交叉，但是各有不同的侧重点。英文专著更多地阐述了欧美地区的研究成果，而中文专著在分析国际上重要成果的同时，对我国科学家在该领域的研究成果进行论述。虽然侧重点有所不同，但是如果读者能同时阅读两部著作，通过对比分析就可以获得更为全面的认识。此外，两部专著均用到冰冻圈的概念。但是英文专著没有涉及冻土遥感，更确切地说，英文专著作者更加强调多年冻土(permafrost)，认为其本身埋在地表以下，不能直接被遥感监测。而中文专著中不但涵盖多年冻土的遥感(例如探底雷达)，还将冻土的概念扩展为 frozen ground(而不仅仅局限于 permafrost)。这样一来，多年冻土行为引起的地表变形也是遥感可以发挥作用的研究领域，而且地表的冻融循环还可由主被动微波遥感观测。值得一提的是，英文专著中将陆地冰分为冰川、冰盖和冰架，并专门提出了冰山遥感，也体现了国际上在两极地区的工作要比我国提前一步。

最后，该专著的一个特点在于非常全面地涉及雪冰遥感的各个领域，但是有些内容并没有展开论述，而是给出了相关的参考文献，这对刚刚涉足雪冰遥感领域的学者和研究生无疑是一个快速掌握知识的捷径。正如原序言中提到，650 篇参考文献是一个很大的信息库，对某些研究细节感兴趣的读者，可以快速找到相关的文献进行研读。

本书初稿翻译由车涛、高峰、戴礼云、王增艳和欧阳斌完成，车涛和高峰负责审校并统稿，薛振和对书中有关海冰等方面的专业术语进行修正，本书的翻译得到了国家自然科学基金项目(40601065 和 40971188)和冰冻圈科学国家重点实验室开放基金(SKLCS 08-01)的资助。

由于译者水平有限，书中难免有错误和不当之处，敬请读者批评指正。

车　涛

2011 年 5 月

目 录

1　冰冻圈

1.1　引言

地球上雪冰覆盖的地区统称为冰冻圈(cryosphere)，cryosphere 来自希腊语 krios，是“寒冷的”意思。冰冻圈要素包括积雪、海冰、淡水冰(冻结的湖泊和河流)、陆地上大的冰体(冰盖、冰川，以及相关现象如冰架和冰山)和多年冻土。随着与赤道距离的增加，地球表面的温度通常会降低，因此冰冻圈主要是高纬度现象(见彩图 1.1)。

地球上的冰和雪在许多时空尺度上有重要意义。在局部和区域尺度上，冰冻圈以正负两种方式与人类和自然环境进行相互作用。在全球尺度上，冰冻圈是地球气候系统中的重要组成部分。冰和雪通常是入射(短波)太阳辐射的高反射体，因此它们给系统提供了反馈机制(通常，冰冻圈面积越大，地球吸收太阳辐射越少)。冰冻圈及其年际和长期的变化，改变着水的分布和流动。总体上，全球气候变化模型预测到的最大变化出现在高纬度地区(即所谓的极地放大，polar amplification)，因此广泛地监测极地地区，尤其是冰冻圈，对探讨全球气候变化现象很重要。大部分冰冻圈远离人口中心，而且环境恶劣，这就意味着利用遥感方法开展调查研究，特别是卫星数据的应用具有重要价值(Derksen 等，2002；Massom，1991)。事实上，自 19 世纪 60 年代中期，人类已经开始了从空间监测冰冻圈的研究(Foster 和 Chang，1993)。

本章描述冰冻圈的主要要素及其空间分布和重要性，分析监测冰冻圈的需求和可能性。

1.2　积雪

雪可以定义为主要由升华物形成的正在降落或者堆积的冰颗粒(Unesco/IAHS/WMO，1970)。本书中我们关心的是积雪(snow cover)，而不是降雪(图 1.1)。全球约 5%的降水以雪的形式到达地球表面(Hoinkes，1967)，但是在北极区该比例达到 50%~90%(Winther 和 Hall，1999)。区分永久性(permanent)、季节性(seasonal)和瞬时(temporary)积雪很容易。瞬时和季节性积雪不会经历夏季而存在，而永久性积雪则可以保持许多年。永久性积雪主要出现在南极和格陵兰，因此永久性积雪大多数是南半球现象，而瞬时和季节性积雪[1]主要是北半球现象。概略地讲，瞬时和季节性积雪的分布呈现出如下特点：在北美，瞬时积雪出现在纬度 30°~ 40°，而季节性积雪出现在纬度 40°以北；在西欧，季节性

[1] 根据积雪持续时间的长短来区分瞬时和季节性积雪。典型地，季节性积雪持续几个月，通常在整个冬季都有补给，而瞬时积雪持续大约几天。

积雪出现在纬度 60°以北和山区，而瞬时积雪(除了伊比利亚半岛西南地区)可以出现在任何地方；在东欧，季节性积雪从纬度 50°向北延伸，瞬时积雪则向南延伸直到纬度 30°的中东地区；亚洲的季节性积雪向南可到纬度 30°；在南半球，多数积雪仅限于山区(安第斯山脉、德拉肯斯堡山脉、雪山和新西兰南部阿尔卑斯山)。图 1.2 给出了全球的积雪分布。

图 1.1　苏格兰高地的积雪(作者拍摄)

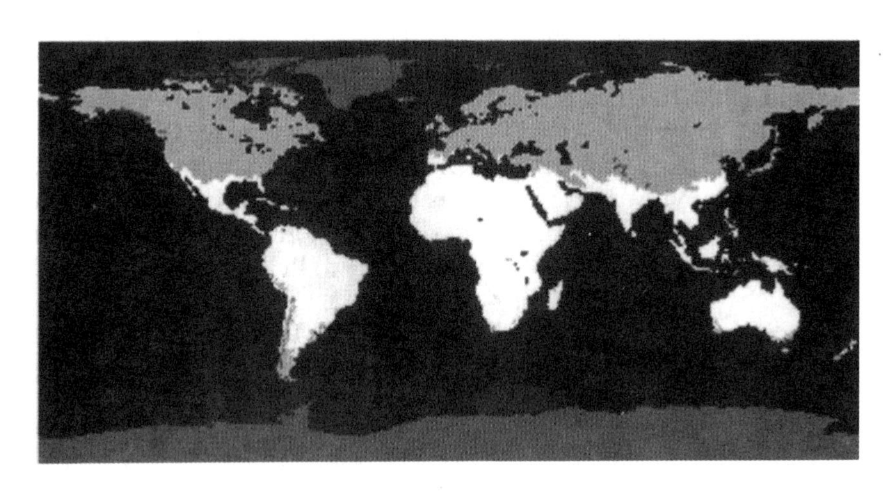

图 1.2　全球 1°格网的积雪大致分布

浅灰色是指有积雪出现的地方，较黑的阴影表示基本上是永久性积雪 (计算北半球积雪的数据来自美国国家雪冰数据中心 Richard L. Armstrong 提供给国际卫星陆面气候项目(ISLSCP)二期数据归档(http://islscp2.sesda.com/ISLSCP2_1/html_pages/islscp2_home.html)。南半球的数据来自 MODIS 积雪和海冰全球制图项目(http://modis-snow-ice.gsfc.nasa. gov/intro.html))

除去格陵兰岛外，北半球积雪的空间范围在 8 月的 400 万 km^2 和 1 月的 4 600 万 km^2(约占陆地面积的 40%)内变化(Fei 和 Robinson，1999) (图 1.3)。北半球非永久性积雪的最大水量大约为 3×10^{15} kg(Foster 和 Chang，1993)，或者说在积雪覆盖区大约 65 kg/m^2，相当于 65mm 水。雪水当量(SWE)的最大值在一年中出现的时间依赖于地理位置。例如，在芬兰南部一般出现在 2~3 月，而芬兰北部大约出现在 2 个月以后，一般为几百毫米(Koskinen，Pulliainen 和 Hallikainen，1997)。

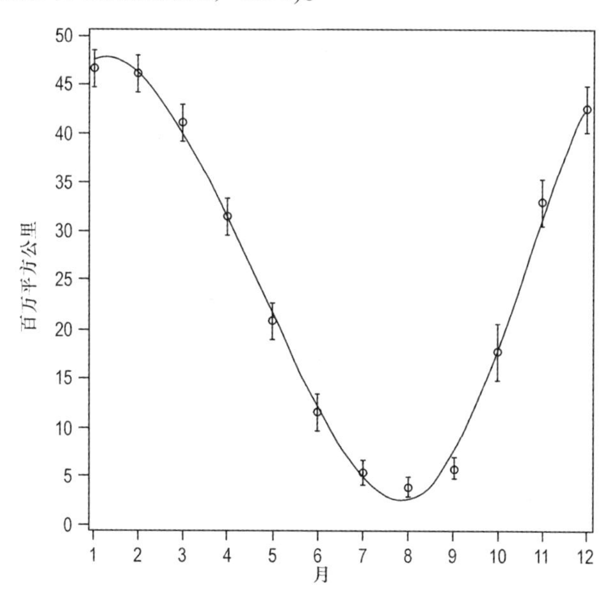

图 1.3 1972~1991 **年北半球的平均积雪面积，不包括格陵兰岛**(Robinson, 1993)
圆圈表示平均值；误差条显示±1 个标准差的年际变化；
曲线是第 1、2 项每年循环的最优拟合谐波

积雪在所有空间尺度上都非常重要。对于气候(尤其是在控制地表反照率方面(Nolin 和 Stroeve，1997))和水文(Ross 和 Walsh, 1986；Barnett 等，1989)，积雪都是一个重要的地球物理变量。季节性积雪是造成地表反照率出现最大年内变化与年际变化的原因(Armstrong 和 Brodzik, 2002)，并且对全球气候系统有重要的反馈机制。另外一个重要的气候影响是积雪产生的绝热作用，它减少了地表与大气的热交换。在局部尺度，积雪也很重要，因为它能为饮用、灌溉和水力发电积蓄水，也可产生洪水(Rango, 1993；Rango 和 Shalaby, 1998)。积雪的绝热作用在冬季低温时保护植被。通过冬季滑雪等娱乐项目，积雪提供经济效益，同时由于对公路和铁路运输的潜在破坏对经济产生了负面影响。

因此，有必要监测积雪空间范围、深度和雪水当量，而且地表反照率的测量对积雪能量平衡建模很重要。

1.3 冰盖与冰川

永久性积雪最终形成冰川，即在自身的重力作用下慢慢移动的冰雪积累物。雪的积累转化为冰川的过程将在第 4 章中讨论。冰川大小不等且差异很大，最大冰川的面积大

概是最小冰川的 10^8 倍。最小冰川的面积为 10 hm²(10^5 m²)，而地球上最大的冰体是南极和格陵兰岛的冰盖(图 1.4~图 1.6)，占地球上陆地冰总量的 99%，占总面积的 97%。表 1.1 给出了全球的陆地冰分布。由表可知，全球的陆地冰总体积是 3.30×10^{16} m³，占地球淡水资源的 77%，剩下的 23%包括 22%的地下水，湖、河、雪、土壤水分及水蒸气占 1%(Thomas, 1993)。据估计，假设冰存在的平均时间(水分子仍是冰川的一部分)为 10^4 年(Hall 和 Martinec，1985)，全球陆地冰的排水量每年是 3×10^{12} m³(Kotlyakov, 1970)。与冰的存在相比，瞬时和季节性积雪仅有数周或数月。

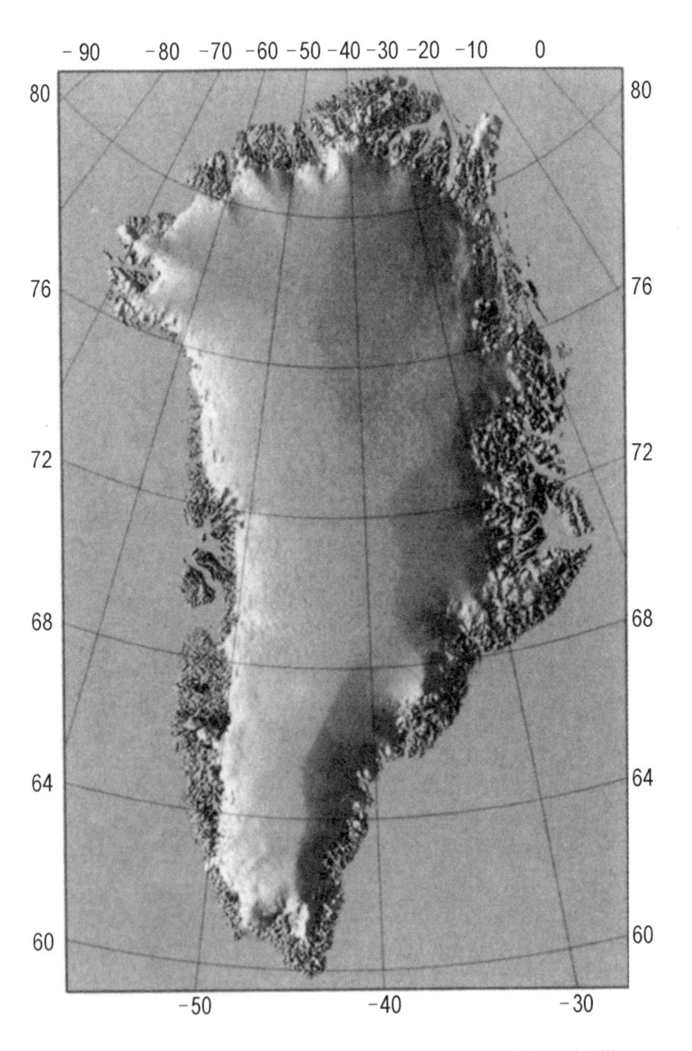

图 1.4　格陵兰岛冰盖的地貌图(由丹麦极地中心提供)

(http://www.kms.dk/research/geodesy/index_en.html?nf=
http://www.kms.dk/research/geodesy/geoid/geoid_en.html)

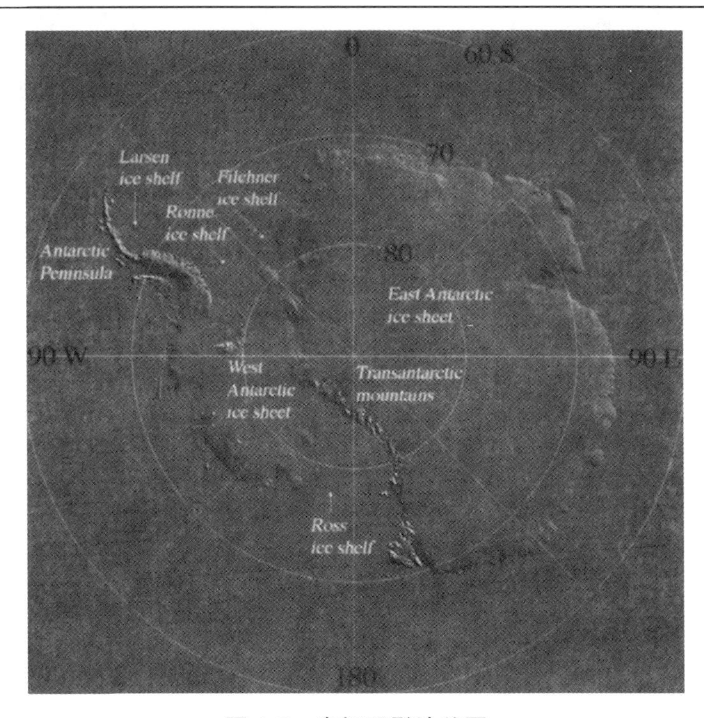

图 1.5 南极阴影地貌图

图中显示了一些主要特征(并不是所有的冰架都被识别)

(该图由 GTOPO30 全球数字高程模型提取(http://edcdaac.usgs.gov/gtopo30/gtopo30.asp))

图 1.6 格陵兰岛冰盖东缘

在这个区域，到处都是冰源岛峰 (Keele 大学地球科学与地理学院 Richard Waller 拍摄)

如表 1.1 所示，这两个冰盖非常厚——平均超过 1 km，而且在南极最大厚度达到 4 500 m，在格陵兰最大厚度约为 3 000 m。事实上，南极冰盖由东南极和西南极冰盖组成，被横贯南极山脉隔开。东南极冰盖比西南极冰盖大、厚且久远。前者基本上都在海平面以上，而后者几乎都在海平面以下。

表 1.1　全球的陆地冰分布

项目	体积(m^3)	体积百分比(%)	面积(m^2)	面积百分比(%)	平均厚度(m)	海平面潜力(m)
南极	3.01×10^{16}	91	1.36×10^{13}	86	2.2×10^{3}	73.4
格陵兰	2.60×10^{15}	8	1.73×10^{12}	11	1.5×10^{3}	6.5
其他	2.4×10^{14}	1	5×10^{11}	3	5×10^{2}	0.6
总计	3.30×10^{16}	100	1.58×10^{13}	100	2.1×10^{3}	80.5

注：依据 Swithinbank 提供的数据(1985)。

像所有的冰川一样，冰盖在重力作用下发生流动。移动较快的冰区叫冰流(ice streams)，本质上，它是在慢速移动的冰盖之上流动。冰体也以溢出冰川(outlet glaciers)的形式从冰盖流出(图 1.7)。这些冰流到海岸继续流向海里形成冰架(ice shelf)，冰架与海岸相连(图 1.7)，并主要出现在南极。实际上，所有的南极大陆被冰盖覆盖，而格陵兰岛只有 80%的陆地覆盖有冰。大约 50%的南极海岸线有冰架，最大的冰架是罗斯冰架，其厚度在 200~1 000 m，面积大概有法国那么大。冰架占南极大陆面积的 11%，占整个南极冰盖体积的 2.5%(Drewry, 1983)。冰架在海潮的作用下曲折，朝向海的部分最终破碎形成平顶冰山(tabular icebergs)，平顶冰山漂向海洋最终消融。这个过程对冰盖的消耗通常可由降水弥补而保持平衡，但是现在已有大量的证据表明，随着目前冰架大规模的损失，这个过程在很多情况下失去平衡。

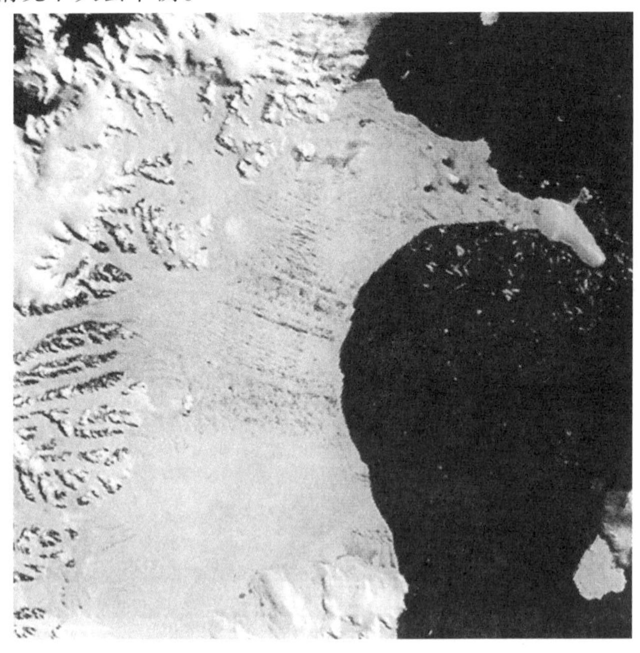

图 1.7　2002 年 1 月 31 日拉森冰架的部分 MODIS 卫星图像

可以看到几个外流冰川正从左边蚕食冰架。获取此图像时，图像中可看到的冰架中央部分正处于分解过程(感谢美国国家雪冰数据中心 Ted Scambos 免费提供图像，可以从 NASA 地球观测网站 http://earthobservatory.nasa.gov 下载)

比冰盖稍微小[1]的是冰帽(ice caps)，它是高纬岛屿或高山地区的圆拱形冰川，一般大小为几千平方千米(图 1.8)。大多数冰帽出现在冰岛、加拿大群岛、斯瓦尔巴群岛和俄罗斯北极岛屿。其他的冰川类型有形成于山谷的山谷冰川(valley glaciers)和当冰川在更平的地面展开时形成的山麓冰川(piedmont glaciers)(图 1.9 和图 1.10)。除了澳大利亚，其他所有大陆都有冰川。主要的冰川区是阿拉斯加州、冰岛、斯瓦尔巴群岛、挪威、俄罗斯北极岛屿、阿尔卑斯山、安第斯山南部、喀喇昆仑山及喜马拉雅山(Sugden 和 John, 1976)。除了南极和格陵兰冰盖，地球上的冰川区只有很少一部分出现在南半球，主要在智利(Rivera 等, 2002)。

图 1.8　加拿大德文冰帽 Landsat 卫星图像拼嵌图
(图像经全球陆地冰空间监测计划(GLIMS)加拿大区域中心允许制作)

图 1.9　斯瓦尔巴群岛米德特拉文伯林冰川的山谷冰川(作者拍摄)

[1] 正式地，冰帽面积最大为 500 000 km^2（$5\times10^{11} m^2$），超过这个大小的应该被分类为冰盖。

图 1.10 加拿大努勒维特拜洛特岛山麓冰川的边缘特征

(Ron DiLabio 拍摄。经加拿大公共工程与政府服务部 2004 年允许，
并由加拿大地质调查所自然资源中心免费提供)

和积雪一样，冰川作用区在很大的空间尺度范围内有着重要意义，相应的时间尺度也很广。大冰盖占地球陆地表面的 11%，对全球气候系统有巨大影响。它们的反照率很高(超过 90%)，这使得它们成为地球上最亮的自然体(Bindschadler, 1998)，因此也就成为全球气候系统反馈机制的一个重要因素。其低温形成的全球温度梯度驱动着大气环流系统，另外，它们的大小和位置对环流各个方面都有深刻的影响(Bindschadler, 1998)。从表 1.1 可看出，冰冻圈是主要的淡水资源储存库，如果全部融化可使全球海平面抬高 80.5 m。通过分析过去的变化可以解释冻结水和液态水之间平衡在全球尺度上的重要性。最近的冰川最大值大约出现在 18 000 年前，总体积是现今的 2.5 倍，总面积是现今的 3 倍(Flint, 1971)，那时海平面比现在低 125 m(Fairbanks, 1989)。上一次冰川最小值，大约在 120 000 年以前，海平面比现在高 6 m，而且格陵兰岛的冰盖可能大量消失(Koerner, 1989)。因此，可以预见，陆地冰对全球气候变化的最显著影响是冰体积的变化导致海平面的变化。自从 1990 年以来，海平面每年升高了 1~2 mm，虽然这些水的来源没有被全部确定(Meier, 1990)，但可能有一半是来自小的高山冰川融化(Meier, 1984)。尽管关于大冰盖对海平面上升贡献的知识还很贫乏，但是相对于南极大陆冰川，格陵兰岛普遍经历夏天的融化，所以格陵兰冰盖比南极冰盖的贡献可能更大(Bindschadler, Fahnestock 和 Kwok, 1992)。因此，监测表面融化现象及由此引起的特征地表的分带是非常有意义的[1](在第 4 章和第 8 章讨论)，尤其是更小、更活跃的山谷冰川、格陵兰冰盖，以及处于前沿地带且以大的气候梯度为特征的南极半岛地区(Rau 和 Braun, 2002)。

其他与全球气候变化有关的大尺度现象包括南极冰架的不稳定和分解，而且已经有人提出西南极冰盖可能不稳定(Oppenheimer, 1998)。卫星数据已经监测到巨大的裂冰(calving)事件。拉森冰架从 1940 年开始融退，1975 年以来日益剧烈。大裂冰从 1986 年开始出现(Rott 等, 2002)，并伴随着补给冰架的冰川加速运动，这种融退现在可能不可逆转(Doake 等, 1998; Scambos 等, 2000)。

[1] 因为冰盖表面的坡度小，所以即使非常小的温度变化也可能在地带边缘位置产生大的横向偏移。

在挪威、冰岛、美国部分地区和阿尔卑斯山，小冰川既是气候的指示器，又是淡水资源和水力发电的来源，对经济发展很重要(Hall 和 Martinec, 1985; Brown, Kirkbride 和 Vaughan, 1999)。通过各种前进、后退与跃动[1]、冰湖溃决洪水(冰坝湖水排泄)、冰山排出和快速分解机制，这些小冰川也会形成灾害。

因此，测量和监测冰盖与冰川的属性，包括体积、面积、与温度和风的机制有关的表面特征分布(Bromwich, Parish 和 Zorman, 1990; Frezzotti 等, 2002)、动态过程及质量平衡很有必要。积雪表面反照率为模拟冰川能量平衡提供了可能性，因此测量雪面反照率非常重要。在以上各方面的监测中，空间技术与实地测量相比有很大的优势。

1.4 冰山

冰山是淡水冰，从冰川和冰架分离并落入大海或大的淡水体中，或者由更大的冰山破碎而产生。显然，冰山只能由停留在水里的冰体而产生。根据大小和形状对冰山进行分类（这将在第 4 章论述），其大小可从大约 1 m 到数十米甚至数千米。最大的冰山是来自于冰架的平顶冰山(tabular icebergs)(图 1.11)，这些现象南极比北极普遍。

图 1.11 平顶冰山(http://www.genex2.dri.edu/gallery/ice/tabular3.htm)

冰山的形成受跃动和退缩事件、冰裂隙的程度(Løset 和 Carstens, 1993; Jensen 和 Løset, 1989)、海洋条件(Vinje, 1989;Dowdeswell 等, 1994)和海冰范围等的影响，因此形成冰山的速度有很大差异。大多数北大西洋冰山来源于格陵兰冰盖的西侧，每年分离出大约 10 000 个冰山；少数来自加拿大群岛东部。北半球其他的冰山来源还有法兰士约瑟夫地群岛、北地和斯瓦尔巴群岛，以及阿拉斯加。南半球的大多数冰山来源于南极冰盖，

[1] 冰川跃动很少见，大约 1%的冰川出现过跃动现象（Jiskoot，Boyle 和 Murray, 1998）。常见于斯瓦尔巴群岛。跃动期间，冰川流动速度短期内增加 10~1 000 倍（Murray 等，2002），每天的流动距离可达 100 m 甚至更大。

据估计，南部海洋的冰山总数量达 20 万个(Orheim，1988)，大约占全球冰山总量的 93%，达到 10^{15} kg(相当于非永久性积雪总量)。

因为冰山上部的密度比整体密度要小，所以新分离出的冰山有 15%~20%的体积在水面以上。但是，一旦冰山开始受到侵蚀，则很有可能翻转，引起低密度部分融化。在这种情况下，水面以上的体积大概有 8%。冰山的存在周期主要依赖于海洋漂流，它会把冰山带进暖水域，其典型存在周期是 3 年。距产生地越远，冰山出现的频率越小。例如，Ebbesmeyer，Okubo 和 Helset(1980)描述了由巴芬湾到格兰得班克的样带内冰山出现的频率和纬度几乎呈线性变化，大约在北纬 46°附近达到 0。

南极冰盖上的冰大部分以冰山崩解的形式损失 (Jacobs 等，1992)，研究冰山崩解速度对理解冰盖总量平衡有着重要的价值，由于西南极冰盖最近产生了大量的巨型冰山，因此可把西南极冰盖作为特别的研究对象(Lazzara 等，1999)。冰架边缘位置的监测提供了其增长速度信息，因此也就提供了冰山产生周期的信息(Fricker 等，2002)。漂浮冰山的移动受海流、海潮、海风[1]及海洋水深的控制。浸入水中较深的冰山受海流的影响更强烈，而小冰山对风力和由风驱动的表面流很敏感(Gustajtis，1979)。冰山崩解的速度受到水温、海况和直接的太阳辐射，以及冰山的大小和形状的控制。

大冰山可作为人工观测时漂浮的研究平台，也可在其上安装可返回遥测数据的仪器。典型的装置包括一个水温传感器，可能还有一个气压传感器，用 ARGOS 系统传输数据并确定它的位置(Løset 和 Carstens, 1993; Murphy 和 Wright, 1991; Tchernia, 1974; Tchernia 和 Jeanin, 1982)(图 1.12)。这种方法从 1976 年以来已被国际冰情巡逻队(IIP)用来跟踪冰山。后来，用全球定位系统(GPS)定位，其精度比 ARGOS 系统要高。跟踪漂浮冰山上的浮标可以绘制海洋环流场。但是，为了提供高空间分辨率的海洋环流模式而布设足够多的浮标是不实际的。例如，据估计(FENCO, 1987)，每年每 250 km×250 km 的区域，为了获取所需空间分辨率的涡流场，需要浮标的平均密度为 400 个。Venkatesh,Sanderson 和 El-Tahan(1990)提出了较低的估计数(减小为原来的 1/3)，但即使这样，用卫星遥感进行跟踪依然是解决问题的重要方法。

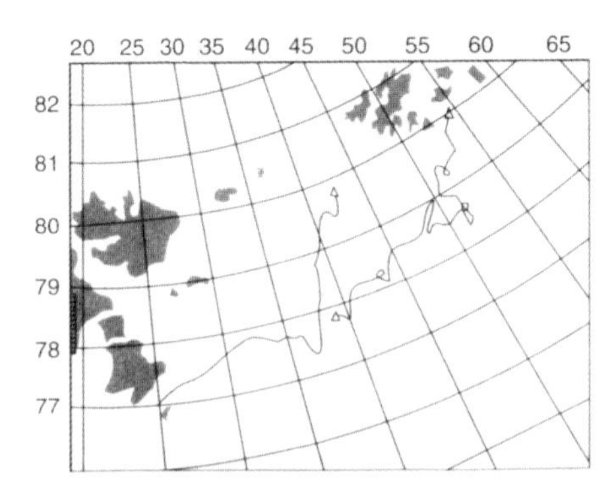

图 1.12 两个冰山从弗朗茨约瑟夫陆地到斯瓦尔巴群岛的漂流轨迹
由 ARGOS 追踪系统记录(根据 Spring，Vinje 和 Jensen(1993)重新制作)

[1] 仅当风速超过 10 m/s，风的驱动力对冰山有明显的影响(Løset 和 Carstens，1993)。

众所周知，冰山给海运、渔业及海上油气开采等带来了严重的灾害。由于拆开钻塔设备并把它拖离危险地区的费用非常高，冰山对固定的油气开采设备尤其不利(Rossiter等，1995)。事实上，浮冰的存在可能使各种海上行动面临危险，为此已制订了许多监测计划，成立了相关组织，其中就包括IIP，该组织的建立是对泰坦尼克沉没事件所做出的响应(图1.13)。20世纪70年代后期，为了从挪威近海地区获取环境数据，一批石油公司成立了名为“62度以北执行委员会”(OKN)的组织。1987年，OKN启动了冰川数据获取计划(IDAP)以收集巴伦支海的海冰和冰山数据。

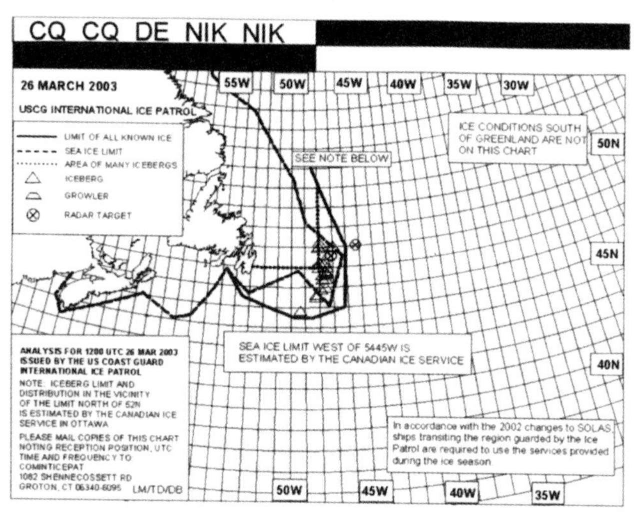

图 1.13 典型的冰情航海图

由国际冰情巡逻队(IIP)制作，显示了海冰和冰山的分布。这幅航海图是由IIP在极端海冰条件下获取的一个典型产品。当天冰的范围从新斯科舍开始进入圣劳伦斯河海湾，是20年中最严重的(感谢U.S.海岸保护国际冰协的拍摄和解译)

直到1990年，北极大部分大冰山是在航空侦察中目测定位的(Jeffries 和 Sackinger, 1990)。因此，对大冰山的监测和追踪并不系统(Jeffries 和 Sackinger, 1990)。自1990年以来，遥感资料的使用在冰山的宏观和微观监测中起到了越来越重要的作用。

冰山也已经被建议作为一种淡水资源搬运到需水的地区(Holden, 1977)。

1.5 海冰

海冰形成于海水温度低于–1.8 ℃时(这个值取决于海水盐度)。海冰在南、北半球都很普遍，但是南、北半球不同的地理环境使得它有不同的特征。

南大洋的海冰覆盖面积从9月的1 800万km^2到2月的不到400万km^2。在北极，冰覆盖面积从9月的800万km^2变化到3月的1 500万km^2(图1.14)，但这些数字年际变化比较大。厚度小于0.3 m的海冰在北极可达50万km^2，在南极可达100万km^2 (Grenfell等，1992)。事实上，海冰的平均厚度为几米，相当于海冰总量约为 3×10^{16} kg，比全球非永久性积雪总量大一个数量级，而比陆地冰小三个数量级。

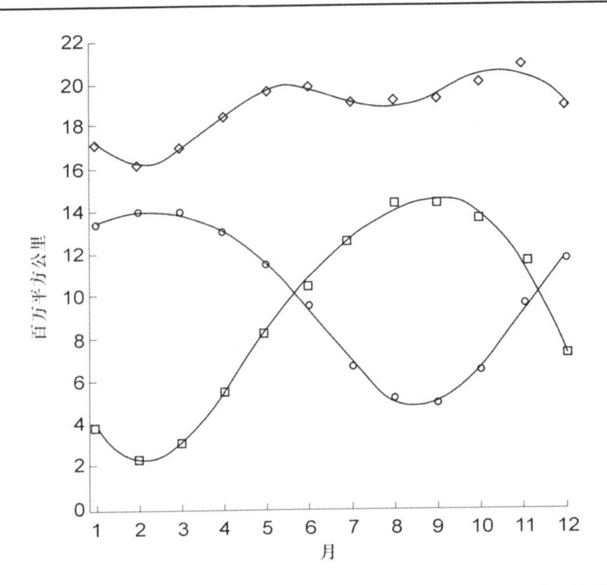

图 1.14　1995 年北半球(圆形)、南半球(方形)和全球(菱形)海冰覆盖估计值

曲线是每年两个周期的最优拟合谐波系(由雪冰数据中心 Richard L. Armstrong 提供给国际卫星陆面气候项目(ISLSCP)二期数据归档(http://islscp2.sesda.com/ISLSCP2_1/html_pages/islscp2_home.html)的数据计算)

图 1.15 给出了典型的海冰分布最大值和最小值。北半球的永久性海冰分布在北极欧亚地带大致 82°以北，北美地区大致在 75°以北，而南极主要在威德尔海。海冰最大范围在大约 60°以北及以南。在南大洋这个界限或多或少与南极辐合带一致。在北半球，温暖的北大西洋洋流减小了挪威和巴伦支海的海冰范围，而在美洲东海岸海冰覆盖最南可达北纬 45°。

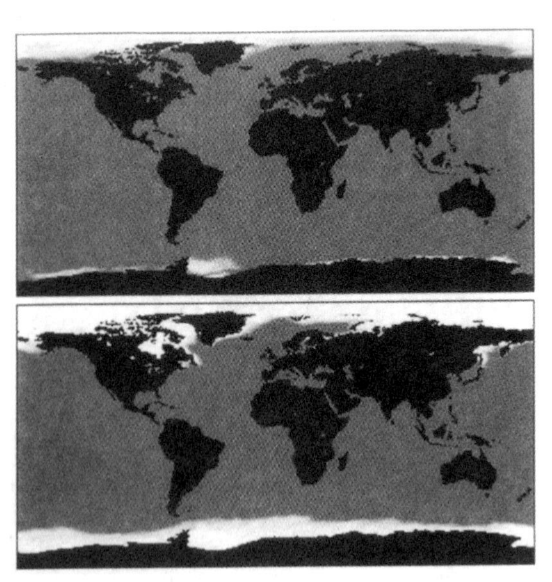

图 1.15　1995 年观测的海冰最小值(上)和最大值(下)分布图

灰色的颜色深浅代表海冰密度大小，白色代表全部覆盖(数据来源同图 1.14)

海冰大致可分为新冰、一年冰和多年冰三类。新冰(new ice)的范畴涵盖了冰从单个冰晶体到固化形成几米厚的大浮冰的各个阶段。一年冰(first-year ice)(图 1.16)是那些还没有经历过夏季融化期的冰，而多年冰(multiyear ice)已经经历过至少一个夏季(图 1.17)(有时候也用两年冰这个术语)。随着冰年龄的增长，当大浮冰在风力和海流的影响下相互碰撞时，由于塑性变形，冰趋向于变得更厚，而且更不平整。如图 1.14 所示，多年冰在北极的分布比南极广泛，南极的多年冰大部分在威德尔海。

图 1.16 上面有企鹅的罗斯海的一年海冰

(由 NOAA 的 Michael van Woert 拍摄(http://www.photolib.noaa.gov/corps/corp2632.htm))

图 1.17　波弗特海的多年海冰

图中显示了两个浮冰之间的压力脊(照片经南极站的 J.Dana Hrubes 许可)

海冰在全球气候系统中扮演着极为重要的角色(Carsey，Barry 和 Weeks，1992；Holt,Rothrock 和 Kwok，1992)，并从大约 1990 年开始，已将海冰集成到气候模型中。海冰有着很高的反照率，因此对地球辐射收支有重要的反馈。作为大气和海洋之间大范围的阻隔层，海冰改变了这两个储藏体之间的热量、水汽和其他气体的传输。作为一个巨大的自然体，海冰改变了大气和海洋之间的能量与动量交换过程。它对全球的海洋环流也有着深刻的影响。冷的咸水下沉并沿着海洋底部流动，随着冰年龄的增长，它可以阻挡这些冷的咸水进入海洋。“温盐环流”是全球海洋环流“传送带”的主要驱动力，也影响着表面暖流进入北大西洋。

海冰也有重要的生物学意义。它为微生物提供了栖息之地，为海洋哺乳动物和企鹅(也为临时的极地考察)提供了平台，而且减少光线透射进入海洋(Parkinson，2002)。和冰山类似，它也给海洋运输和固定设备(如石油钻塔)带来危害，尤其是海冰边缘区(marginal ice zone)，那里的冰在风力和水流的作用下活动最为剧烈。相反地，冷战时期，海冰区为核潜艇提供了战略隐藏地。当潜水艇潜入很深时只能靠声波探测，因此噪声环境(冰盖下的海洋由于浮冰的变形和相互之间的碰撞噪声很大)是有利于隐藏的地方。

海冰作为全球气候系统的一个重要组成部分，也具有气候指示器的功能。由于它的生命周期(形成和融化之间的典型时间)达到 1 年，海冰在这个时期有效地整合了气候信号，与海冰形成对比，冰盖包含了更长时间的气候信号。海冰覆盖相对广泛，而且出现在模型预测气候变化振幅最大的地区。因此，海冰可用来显示这些变化的早期指示(Budyko, 1966；Alley, 1995；Stouffer，Manabe 和 Bryan，1989)。事实上，观测表明，在近几十年中海冰以每年 0.3%的速度消退(Bjørgo,Johannessen,和 Miles，1997；Parkinso 等，1999)，而在近 40 年中深水海冰的厚度可能以米级的速度变薄(Rothrock,Yu 和 Maykut，

1999；Wadhams 和 Davis，2000)。有人提出全球气候变化一个可能的结果就是海洋环流传送带因此而被切断。

描述海冰覆盖的基本变量包括范围、厚度、运动、各种尺寸浮冰的分布和浮冰之间的水道(leads，无冰的水域)，以及浮冰表面的积雪特征和是否出现融水池，以上这些变量都可以通过遥感方法测量，但是冰的厚度目前还不能通过卫星观测。

1.6 淡水冰

高纬度地区的河湖冬天会结冰。和积雪一样，这种现象也主要出现在北半球。在亚洲，纬度 50°~60°地区通常 11 月初开始结冰，往北 10°冻结大约提前 1 个月；纬度 50°~60°地区大约 5 月初冰开始解冻，往北 10°解冻大约晚 1 个月。在北美，由于冻融日期不但有强的东西梯度，还有纬度的影响，因此其空间分布相当复杂(图 1.18)。最长的冰冻期大约有 8 个月，出现在西伯利亚的泰米尔半岛北部。

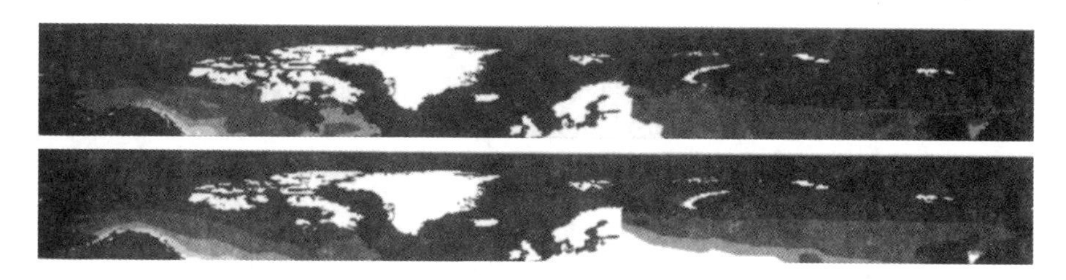

图 1.18 河流湖泊冻结和融化的日期(Mackay 和 Løken，1974)

上图是秋天冻结，灰色阴影颜色渐渐变深表明是 1 月、12 月、11 月和 10 月。下图是春天融化，灰色渐渐加深代表 3 月、4 月、5 月和 6 月。白色区域表示无数据

河湖冰的形成和融化(图 1.19 和图 1.20)有重要的水文学意义。在冰冻期，流入湖泊和海洋的河水会减速甚至停止，而在消融期水流速度非常快。融化期，如果浮冰或冰锥(aufeis)阻塞，水就会涌上周围陆地。

图 1.19 河冰(见彩图 1.2)(照片经 F.Hicks 教授许可)

图 1.20　2003 年 6 月 15 日阿拉斯加图利克湖的湖冰
(翻印经阿拉斯加图利克站的 Richard Flanders 许可)

淡水冰是重要的气候指示器(Palecki 和 Barry，1986；Maslanik 和 Barry，1987；Wynne 和 Lillesand，1993)。封冻和解冻日期的地面观测数据表明，在季节转换时，封冻和解冻日期与气温有很好的相关性。气温变化 1 ℃，封冻和解冻日期变化 4~7 天。

河湖冰的形成对经济有正负两方面的影响。一方面，它可提供冬季陆地运输通道，另一方面，它也会阻碍水运、损坏港口和海岸建筑及停泊的船只。鱼和其他淡水生物也受到影响。冻结至底部的湖是不能养鱼的，正常情况下不完全冻结的湖或河如果出现全部冻结，其中的鱼就会死亡。

研究淡水冰最重要的变量是冰盖范围、厚度，以及是否结冰到底部。实际上，封冻和解冻可能是个快速过程，需要足够高时间分辨率的数据来描述它们，而且大多数的河流和湖泊需要高空间分辨率的观测系统，这些都使得这项工作变得更加困难。

1.7　多年冻土

冰冻圈最后一个需要考虑的要素是多年冻土。这些土层全年都保持结冰状态[1]。土层温度随深度的变化主要由两个因素控制。第一个是地热梯度，它使得温度随着深度增加而增加。第二个是表面温度的年内波动，它引起土层温度的季节变化，随着深度增加而削弱，从而叠加到地热梯度上。如果地表最高温度足够低，这些因素结合到一个方向上，使土层温度在某一深度范围内永远不会超过 0 ℃，这就是多年冻土层。多年冻土以上是活动层(active layer)，夏天会融化。在多年冻土出现的地区，活动层一般只有几米厚，而其下的冻土层一般有几十米深，但是也有报道称有些地方可以达到数百米甚至上千米

[1] 按规定，多年冻土被定义为物质保持 0℃以下至少 2 年。

(Washburn，1980)。尽管控制多年冻土现象的主要因素是气候，但是地形坡度和坡向、土壤类型、排水状况、植被及积雪也很重要。

虽然多年冻土主要分布于北半球——北半球大概有 1/4 的陆地覆盖有多年冻土，但是遍及全世界的山区也出现有多年冻土 (Williams 和 Smith, 1989；Zhang 等，1999)。根据多年冻土的空间分布，一般可分为连续、不连续、零星和岛状等四类多年冻土，也可按含冰量的比例对多年冻土进行分类。图 1.21 是简化的北半球多年冻土分布图。

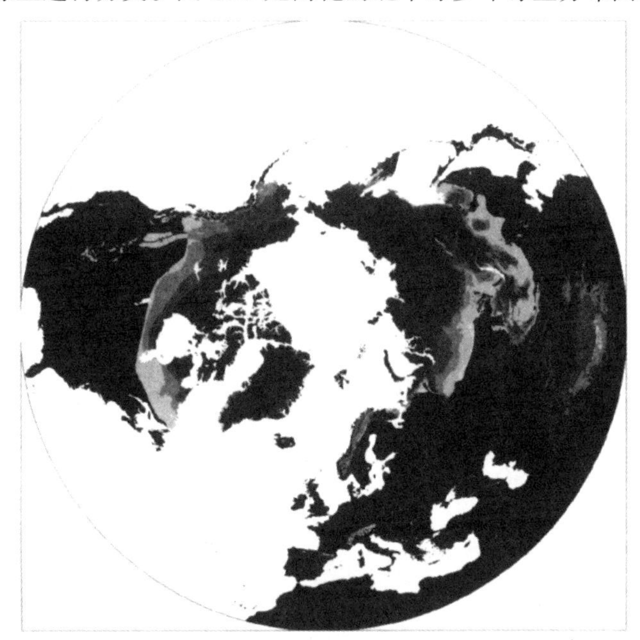

图 1.21　北半球多年冻土分布图(Brown 等, 1998)
灰色由浅变深分别代表多年冻土遗迹和岛状、零星、
不连续和连续多年冻土，最深的灰色表示冰

多年冻土分布受土壤热力扰动的影响而变动，这使得多年冻土成为在高纬地区建筑物、道路和其他基础设施建设中需要考虑的主要因素。冻土的部分融化已经造成了许多建筑物倒塌。

和冰冻圈的其他要素一样，多年冻土也是全球气候系统的指示器，而且，对各种多年冻土的范围和活动层厚度的研究是气候监测的一个重要领域。世界上很大一部分多年冻土温度只有零下几摄氏度，因此它有潜力成为敏感的温度变化指示器(Beltrami 和 Taylor，1994；Lachenbruch 和 Marshall，1986)。虽然自小冰期末期以来，多年冻土普遍变暖且开始向北退缩(Laberge 和 Payette，1995；Wang 等，2000)，但是其在时间和空间上有差异(Serreze 等，2000)。

虽然地表特征如多边形地形和热溶喀斯特地形可指示多年冻土的存在，并且这些特征能用遥感方法来研究，但是多年冻土本身埋在地表以下，从本书定义的角度来看，它不能直接被遥感监测，因此本书将不考虑多年冻土遥感。

2 对地遥感观测系统

2.1 引言

一般来说，遥感可以理解为不直接接触目标物而采集其信息的技术方法和手段。在更为实际和严格的意义上，遥感指的是利用电磁辐射进行航空或航天的观测。这里所说的辐射，或者是自然产生的，此时称为被动(passive)遥感；或者由遥感器自身发射，这时称为主动(active)遥感。

自然产生的辐射包括太阳反射辐射及热发射辐射，前者大致限定在可见光与近红外波段(波长 0.35~2.5 μm)；热辐射体的波长范围则由其温度决定，峰值波长约为 A/T(其中 T 为物体的绝对温度；A 为常量，其值约 0.003 Km)。这样，对一个温度为 273 K(0 ℃)的物体而言，其峰值波长在 11 μm 附近。从峰值往更短的波长方向，能量在波谱上的分布迅速下降，而在更长的波长方向，这种下降则较为缓慢。因此，热辐射在热红外波段(8~14 μm)与微波波段(0.01~1 m)均能被探测到。波长位于 14 μm 到 1 m 的电磁辐射受大气层阻挡较大，图 2.1 给出了遥感可利用的电磁波区域及对大气层的穿透能力。

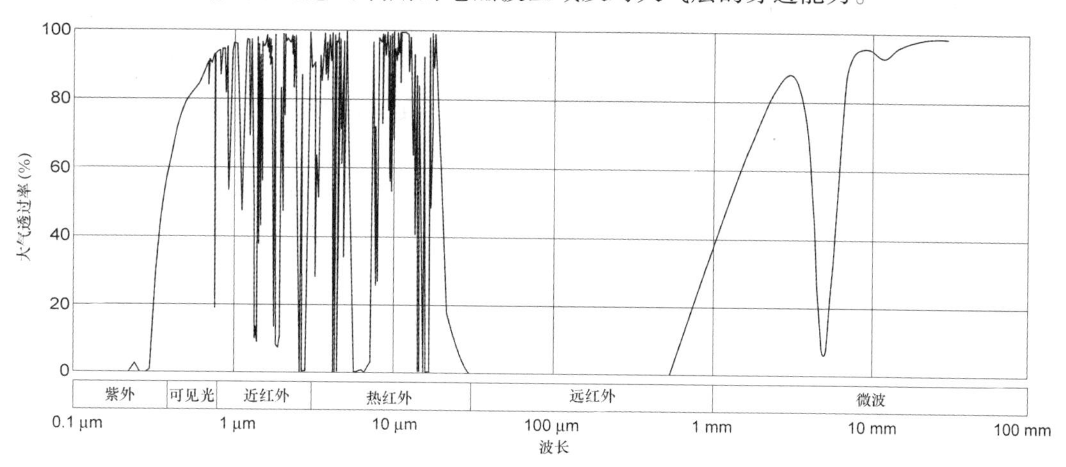

图 2.1　典型的大气透明度和主要的电磁光谱区

电磁波分区可以进一步细分。可见光波段习惯上划分为从蓝紫色到红色的光谱颜色，而微波区通常用雷达波段的代码划分：P(中心波长大约 1 m)，L(400 mm)，S(100 mm)，C(60 mm)，X(40 mm)，K_u(18 mm)，K_l(14 mm)，K_a(9 mm)

被动遥感系统可用于探测太阳反射辐射，即到达传感器的某一特定波长的辐射总量。如果地球表面的入射辐射能已知，则该表面的反射率(reflectance)可以计算出来(这需要事先对大气影响进行校正)。在这里，反射率可以说是该系统测量的主要变量。以下对遥感数据的分析，就是计算反射率及其时空变化。

对于探测热辐射的遥感系统，传感器测量的依然是它接收的某一特定波段的辐射量。该辐射量通常被称为亮度温度(brightness temperature)，即辐射出与目标物相同能量的理想发射体(即所谓黑体)的温度。需要确定的主要变量是地球表面的辐射亮温(同样需要考虑大气的影响，以建立所测亮温与地表亮温之间的关系)，亮度温度与地表的真实温度及发射率(emissivity)有关。发射率被定义为物体的辐射出射度与同温下黑体的辐射出射度之比，它是无量纲的，其值在 0 到 1 之间，发射率为 1 的是黑体。显然，如果某物体的发射率已知，而其亮度温度又能被测量到，就可以算出它的真实温度。

主动遥感系统主要分为两种类型。第一种类型是测距仪，它的主要用途是通过测量辐射脉冲到达地表并返回到传感器所用的时间，以得到传感器与地表之间的距离。利用这一信息可研究地表的地形起伏状况。激光测距仪采用的是可见光和(更多的是)近红外波段。而雷达高度计、脉冲雷达等类似的系统则采用无线电波。第二种类型与被动遥感系统颇为相似，主要也是用来测定地表反射率。所不同的是，它不依赖于太阳辐射，而是靠自身发射电磁波照射地球表面，然后对回波信号进行分析。这使我们可以更灵活地控制其辐射特性，如方向、波长、极化及时间属性(如以脉冲形式)等。这种类型的系统一般采用电磁波的微波波段，因此通常把它们归为成像雷达(imaging radar)一类。这里要测量的主要变量是后向散射系数(backscattering coefficient)，它类似于反射率的概念，也是一个无量纲的量。但它不是简单的比率或百分比，而是用分贝(dB)来表示，它受成像的几何特性影响很大。

在本章我们将更为详细地介绍遥感系统的几种主要类型，并给出基本的理论框架和一些重要系统的实例。本书介绍相对简单，更为全面的介绍请参阅一些遥感专著 (Kramer, 1996; Campbell, 1996; Rees, 1999,2001)。本章的组织和安排大体上从一般到特殊，从被动到主动，从可见光到红外再到雷达的微波波段，波长逐渐增大。我们从航空摄影的论述开始，它可以说是历史上最初的遥感，因其自身的特质至今仍发挥重要作用(更多的信息请参阅 Avery 和 Berlin, 1992;Campbell, 1996)。

2.2 航空摄影

航空摄影是一种被动成像技术，它采用电磁波的可见光与反射(近)红外波段。

2.2.1 摄影胶片

在各种遥感系统中，摄影测量的独特之处在于它探测电磁辐射的原理是基于光化学的[❶]。一张摄影胶片可以看做一系列微小的探测元，简单地说，就是卤化银(溴化或碘化的)颗粒散布于感光乳剂层中，形成筛状的凝胶体，依附于一张很薄的塑料片基上。曝光时一部分银离子晶体会转化成金属银。这些转化后的银晶粒称为显影中心(development center)，它们在热力学上是稳定的，不易重新变为银离子。这样在曝光后的胶片上就形成

❶ 尽管目前航空摄影一直用光化学处理过程，但是数字摄影有替代胶片摄影的趋势。

了潜影(latent image)，只要颗粒中存在一个显影中心，就可以通过显影处理把颗粒中的银离子全部转化成金属银，但如果并不存在，就会把残留的卤化银颗粒去除掉。因此，显影后胶片的透明度取决于曝光量。曝光越多的区域，显影后胶片越不透明，因此称之为负片(negative)。

这里简单的叙述略去了一些重要之处，假如胶片是上面所述的那样，那将只能响应紫外辐射，因为只有紫外光的光子才有足够的能量产生所需的显影中心。实际上，感光乳胶层中含有敏化染料，它可以将光谱响应范围扩展到可见光甚至近红外区域。采用合适的滤光元件可以使乳胶层只响应特定波段的辐射，如近红外波段。而把三种不同波谱响应的乳胶层叠在一起，可以制作彩色像片。下面是几种主要的胶片类型：黑白全色片(panchromatic film)，各感光乳胶层对整个可见光波段均可以响应；黑白红外片(infrared film)，感光乳胶层只对近红外波段有响应；天然彩色片(color film)，各乳胶层分别响应红、绿、蓝三个波段；彩色红外片(color infrared film)，分别响应近红外、红、绿三个波段。彩色红外片通常又称假彩色像片，在它上面，响应近红外辐射的区域显示为红色，接收到红光的区域显示为绿色，而接收到绿光的区域则显示为蓝色。

一张摄影像片的质量可从分辨率(resolution)、感光度(speed)和对比度(contrast)三个方面来描述[❶]。像片的空间分辨率由卤化银颗粒的大小决定，颗粒越细，分辨率越高。对摄影系统而言，像片的空间分辨率可通过 1 mm 间隔内包含的线对数来确定，或者用胶片的调制传递函数(modulation transfer function)来进行更严格的定义。但我们一般采用更为简单的定义方法，即点分布函数(point spread function)的宽度，它代表光在负片上沿单一方向会聚到某一点所形成区域的直径[❷]。这个值的大小变化不一，高分辨率像片可达 10 μm，即 1 mm 内可包含 300~600 个线对数(这种像片可用于高海拔地区的航空摄影)；而高感光度的航空像片则为 20 μm 左右(25~100 线对/mm)；相比之下，用户级 35 mm 像片只有 25~30 μm 半高宽的（FWHH）分辨率。

胶片感光度是指产生足够的不透明度所需要的曝光(exposure)程度(定义为照度与时间的乘积)。感光度越高，所需曝光时间越短，反之亦然。因为只要存在显影中心，就可以把整个卤化银颗粒中的银离子转化成金属银，所以粗颗粒胶片的感光度比细颗粒胶片的要高。这样在一定程度上，高感光度和高空间分辨率不可兼得，对胶片类型的最优选择最终取决于应用需求。

像片对比度是指其响应曝光量的范围。如果曝光量太少，将不产生任何显影中心，显影处理后的负片是完全透明的；但如果曝光量足够大，则显影时所有的卤化银颗粒都转化为金属银，得到一张完全不透明的负片。高对比度的像片，其最大与最小有效曝光量之比很小，这可以通过采用大小相当的卤化银颗粒来实现；相反，低对比度的像片对曝光量的响应范围较大，因此颗粒大小的分布也就更宽。最佳的像片对比度取决于环境的亮度范围，在亮度变化小的环境下宜使用高对比度的胶片。

---

❶ 航空像片与其他胶片的技术说明通常可在生产商的网站上找到。

❷ 按规定，我们定义 FWHH（full width to half height）为光学密度在其最大值一半范围之内的区域的直径。

2.2.2 光学成像原理

图 2.2 是垂直航空摄影的几何关系示意图。镜头相对于地面的高度为 H，而像平面在透镜以上的距离为 u，光线从地面穿过透镜，会聚到像平面上。H、u 与透镜的焦距 f 存在以下关系式：

$$\frac{1}{u}+\frac{1}{H}=\frac{1}{f} \tag{2.1}$$

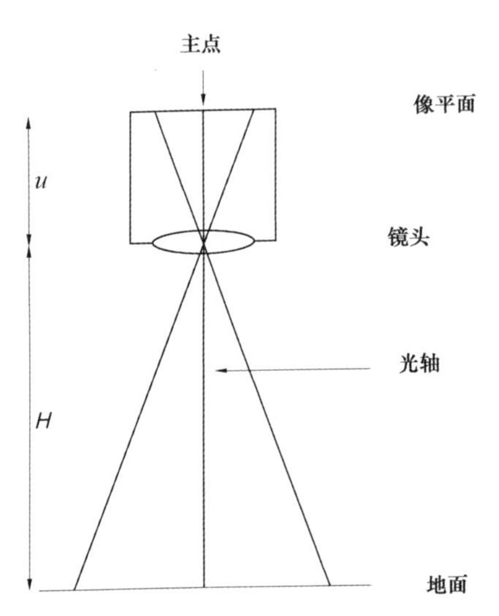

图 2.2 垂直航空摄影测量光学成像示意图

实际上，因为 $H>>f$，所以 $u\approx f$。

图中画出了三条穿过透镜中心的“构造线”，且均未发生折射。显然，根据相似三角形原理，像片的线性比例尺可由下式给出：

$$s=\frac{u}{H}\approx\frac{f}{H} \tag{2.2}$$

由像片比例尺和像片分辨率可计算出地面分辨率。同样地，比例尺还决定了像片的空间覆盖范围。如：一张 240 mm 大小(称此为胶片规格)的像片，如果相机的焦距为 150 mm，高度为 3 000 m，则像片比例尺为 0.000 05(1∶20 000)，像片的覆盖范围是 240 mm × 20 000= 4 800 m。如果像片分辨率为 20 μm，相应的地面分辨率就是 0.4 m。

我们还需对摄影中的透镜光学成像原理再作两点说明。首先，图 2.2 非常简略，它只显示了一个透镜聚焦的情况，而由多个透镜构成的透镜组则更为常见。尽管如此，单个透镜的有效焦距的概念依然成立。其次，相机的空间分辨率是由胶片和光学系统共同决定的。高质量的光学元件，其空间分辨率由衍射极限确定。FWHH 的角宽度约为 λ/D(其中 λ 是电磁波波长，D 是透镜的直径)，它对像平面上 FWHH 的贡献就是 $f\lambda/D$。由此可见，当像片的分辨率很低而 f/D 的值又很大时，总的空间分辨率将会大大降低。

2.2.3 航空摄影几何学

大多数用做定量分析的航空像片都是用量测相机(metric camera)或称制图相机(cartographic camera)获得的，它具有严格的成像几何定义，而且具有垂直的主光轴。垂直航空摄影的最大优点是地平面(假设是水平面)上所有点距相机的高度均为 H, 地面比例尺是固定的。设计量测相机的目的是尽可能减少变形，而且通过校准可以精确确定目标物的地面位置与图像上相应位置之间的关系——称之为“相机模型”(camera model)，它对于高精度的几何制图是很有必要的。另外，通过像片上的框标(fiducial marks)，还可以精确测定各点的坐标值。

可用多种方法获得大范围的覆盖信息。最简单的一种就是倾斜摄影测量，这时主光轴不再垂直。这种方法的最大缺点就是地面比例尺不再固定不变(图 2.3)。其他手段，尤其是全景相机、条幅式相机、勘测相机等，相比量测相机而言，都具有较低的几何精度，而且一般都不能获得精确的相机模型。

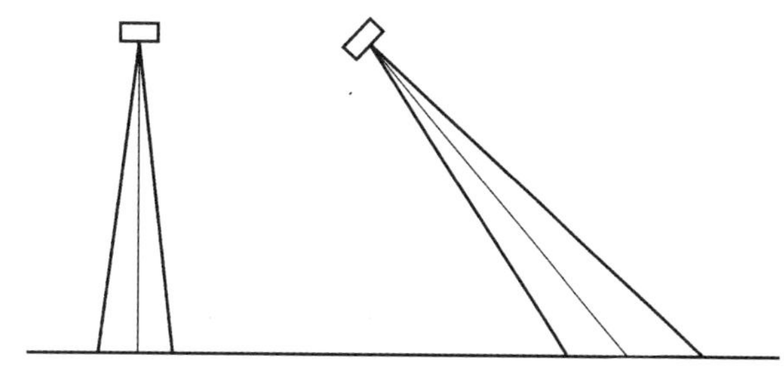

图 2.3 以变化的比例尺为代价获得更宽覆盖范围的倾斜摄影测量

2.2.4 制图、地形、立体与正射影像

航空摄影的主要优势在于负片的几何保真性[1]，尤其在使用量测相机进行垂直摄影的情况下。如果地面完全水平，而且垂直于主光轴，那么在相机模型与像片比例尺已知的前提下，可在负片上很快地量出物体的地面坐标。然而，因为相机主光轴总会有微小的倾斜，地面也会有地形起伏，或两者皆有，所以这些条件常常不能满足。这种效应如图 2.4 所示。

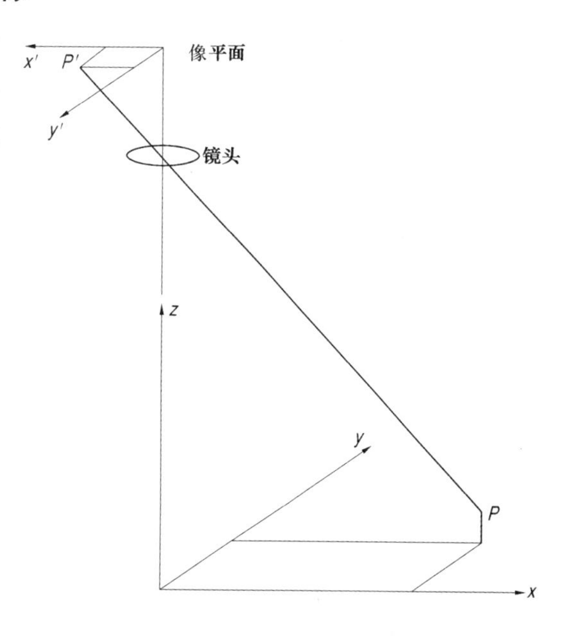

图 2.4 垂直摄影测量中的地形位移

在图 2.4 中，x—y 表示理想地平面，z 轴指向相机。空间中的一点 P 可用它的笛卡儿坐标(x, y, z)来表示。它在像平面上的对应点是 P'，坐标为(x', y')。如果相机透镜的 z 坐标是 H，镜头到像平面的距离是 f(严格来说是 u)，则在几何上存在以下简单关系式：

[1] 这与负片的辐射特性形成对比。负片不透明度是曝光量的单调函数，而且这两个量之间的关系还受像片处理方式影响。

$$x' = \frac{fx}{H - z} \tag{2.3}$$

和

$$y' = \frac{fy}{H - z} \tag{2.4}$$

我们可以看到，只要 P' 不恰好是像主点，那么它相对于无地形起伏时(z=0)的像点就会有所偏移，这种现象就叫地形位移(relief displacement)。如果要用像片来制作比例尺固定不变的地图，那么就必须对这种位移进行校正。

如果空间某地物是垂直的，而且它的顶部和底部(位于地平面上)在像片上均可见，就可用式(2.3)和式(2.4)分别应用于顶部和底部，从而计算出地物的 x，y 坐标和高度 z。这种地物可能出现在市区，如建筑物的某一个垂直面，而在自然环境下则不太可能出现这些地物。这时，因为我们不能确定在 z=0 时相应点在像片上的位置，所以我们不能得知 x 和 y 的值。这个问题可以通过立体摄影测量(stereophotography)来解决，即在两个不同位置对同一景观进行垂直摄影。假设第一张像片是在如图 2.4 的情形下拍摄的，第二张像片是在同一高度，当相机镜头位于点(X，Y，0)正上方时拍摄的。如前所述，P 点在第一张像片上的坐标为：

$$x_1' = \frac{fx}{H - z} \tag{2.5}$$

$$y_1' = \frac{fy}{H - z} \tag{2.6}$$

而在第二张像片上的坐标为：

$$x_2' = \frac{f(x - X)}{H - z} \tag{2.7}$$

$$y_2' = \frac{f(y - Y)}{H - z} \tag{2.8}$$

解这四个公式可得 x，y，z 如下：

$$x = \frac{x_1'X}{x_1' - x_2'} \tag{2.9}$$

$$y = \frac{y_1'Y}{y_1' - y_2'} \tag{2.10}$$

$$z = H - \frac{fX}{x_1' - x_2'} = H - \frac{fY}{y_1' - y_2'} \tag{2.11}$$

解算到此结束，如果相机的高度 H、焦距 f 和基线（baseline）(X，Y)都已知，就可由两组像点坐标解算出物体的空间坐标。基线长度的选择需要一定折中，如果基线太短，立体效应就不明显，高度就难以精确测定；相反，如果基线太长，两张像片的重叠面积又不够。正常的选择以像对间有 2/3 的重叠面积为宜。对于一台使用制图胶片的标准量测相机，这样可以使高度的测量精度达到 H/1 000。

实际上，可用立体绘图仪对立体像对进行分析，这是一种光学机械设备，它可以帮助操作者识别出两张像片上的共轭点，并自动解算式(2.9)~式(2.11)。还可用立体观测仪(stereo viewer)对立体像对进行定量解译，使用这种仪器时，观测者左眼看左片，右眼看右片。两只眼睛不同的视点，给大脑传递一种虚假的信息，就好像看到了立体一样。最近，基于计算机的立体匹配正越来越多地被使用。首先，像片被扫描成电子图像，然后计算机算法对两幅图像中的同名区域进行匹配，最后应用式(2.9)~式(2.11)[1]。一些商业的图像处理软件包具备这种功能。一旦确定了高度 z，就可以对像片中的地形位移进行纠正，可用正射投影仪来纠正，也可用计算机进行处理，得到的结果被称为正射像片(orthophoto)或正射影像。

2.2.5 实例

机载摄影相机有多种类型，典型的一种胶片尺寸为 230mm × 230 mm，焦距为 150 mm(常用焦距范围 90~300 mm)。胶片连成胶卷，一般长 150 m，可拍摄约 600 张像片。在 3 000 m 海拔(即无加压航空器能达到的最高海拔)可以覆盖 4.6 km × 4.6 km 的区域，水平的地面分辨率一般为 0.4 m，而立体摄影测量的垂直分辨率一般为 3 m。彩图 2.1 是制图相机拍摄的标准航片的例子。

航天平台的摄影测量不太常用，一方面因为无人操纵的航天器难以回收曝光的胶片，另一方面是因为高质量的光电系统的出现(参见 2.3 节)。搭载于短周期航天飞机、俄罗斯 Kosmos 卫星和 Mir 空间站上的量测相机，使用的胶片规格为 230~300 mm，焦距为 300~1 000 mm，水平分辨率达到 10 m(Kosmos 采用 KVR 摄影相机系统，达到 3 m)。用户使用最多的航天摄影像片，包括近 900 000 张美国军方的勘测像片，它们由 1959~1972 年间的 Corona、Argon、Lanyard 三个卫星计划的“Keyhole”相机获得[2] (图 2.5)。其中既有勘测相机的像片，又有量测相机的像片，这些像片于 1995 年公开，价格也不贵。

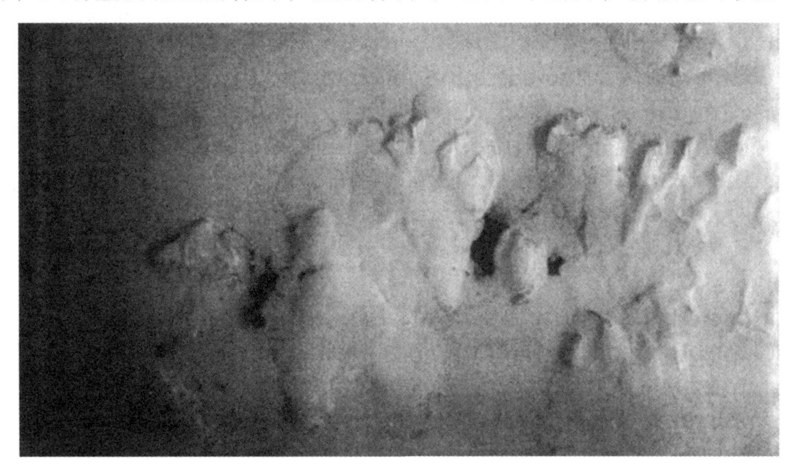

图 2.5 Keyhole-7 卫星勘测像片

显示了 1965 年 4 月 30 日弗朗茨约瑟夫地群岛的部分地区；
像片覆盖区域约 40 km × 22 km。原始图像空间分辨率约为 1 m

[1] 事实上，立体匹配算法远比这两个方程复杂，因为它也要考虑相机可能出现的未对准现象。

[2] http://edc.usgs.gov/products/satellite/corona.html。

2.2.6 小结

航空摄影测量相对简单，容易理解，而且在制图和勘测领域有着广泛的应用。航空像片多采用相对直观的方式进行解译。量测相机可获得高几何精度的像片，适合于制图学方面的应用，但如果存在强烈的地形起伏，则须对其进行校正。尽管航天摄影系统的应用还是存在一定的局限性，特别是量测相机，但是 20 世纪 60 年代以来已经取得大量航天摄影系统的公开勘测像片。

因为摄影测量是在电磁波的可见光与近红外波段进行的被动成像技术，所以它只能在白天进行，而且不能穿透云层。

航空摄影测量在冰冻圈遥感的二维与三维制图中依然发挥着重大作用。

2.3 可见与近红外光电系统

可见光与近红外波段(VIR)的光电系统和航空摄影测量有些许相似。二者波段范围差不多，而且都采用被动成像装置。事实上，随着数字摄影测量越来越受欢迎，光电系统已被看做是航空数字摄影测量的一种。光电系统和摄影系统的最大区别在于测量原理上。光电系统对电磁辐射的测量是电子式的，而摄影系统是基于光化学的。电子测量可采用多种方式，包括光电倍增管、光导摄像管、半导体光电二极管，以及构成 CCD(电荷耦合器件，charge-coupled device)排列的线阵或面阵光电二极管。它们在当今的数码相机或数字摄像机中很常见。

电子测量提供了一些传统摄影所不具备的优势。它可以对传感器进行定标，从而确定所记录信号与电磁辐射强度之间的定量关系。输出结果可以被数字化，并用于调制电信号，这样可以把数据传送到遥远的固定接收器上。这对无人航天器上的仪器而言是一个巨大的优势。这些电子格式的输出数据可以很方便地导入计算机中并进行处理。

尽管航空器与航天器上都使用 VIR 成像仪，但它在航天方面的应用还是占主要地位，因此这一节重点讨论后者。

2.3.1 扫描几何学

VIR 成像仪对地球表面的成像方式取决于探测器的配置。理论上最简单的配置，是入射辐射会聚到面阵的 CCD 器件上，它的作用好比摄影系统里的胶片。整个场景在瞬间成像，相机先拍摄一个场景，然后拍摄下一个场景，如此进行下去。这种操作模式可称为分幅式成像(step-stare)，它不是常见的成像方式，主要是因为对数百万的阵列式探测元件进行定标非常困难。常用的成像方式是推扫式成像(pushbroom)，即入射辐射会聚到线性的 CCD 阵列上，这样仪器在瞬间只观测狭窄的地面条带。通过平台(携带着仪器的航空或航天器)相对于地面的移动来实现二维的扫描。显然，图像的条带方向必然垂直于平台移动方向。此种扫描的优点在于它需要定标的探测元件数目是以千计而不是以百万计，这种方式已经应用于星载的 SPOT HRV 和 ASTER 传感器上。

最常见的扫描方式是推扫式扫描成像技术(whiskbroom)。在这种情况下，单个探测元件(光电二极管或光电倍增管)接收入射辐射。对垂直于平台移动方向的瞬时视场的扫描，是通过旋转或摆动仪器内的扫描镜来实现的，而航向扫描还是通过平台的运动来实现的，如图 2.6 所示。Landsat 的星载传感器就是采用这种扫描成像系统。使用机械元件的缺点是仪器会发生偏移，因为只有一个或少数的探测器被用来定标。

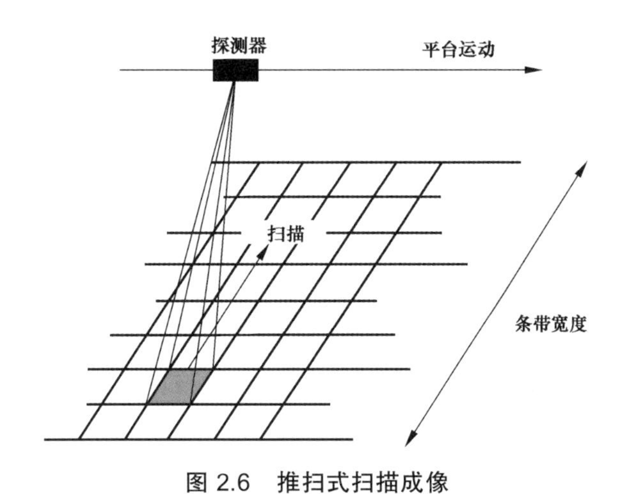

图 2.6 推扫式扫描成像

扫描镜从一边向另一边对瞬时视场进行扫描(根据 Rees，2001)

还有一类重要的星载 VIR 成像仪，它相对地球表面是静止的，所以不能够利用平台的相对运动。这种成像仪装载于静止气象卫星上，例如 METEOSAT 和 GOES。这时，卫星绕平行于地轴的轴线旋转以获得东西方向的扫描。南北方向的扫描则通过仪器内低速旋转的扫描镜来实现。一般在东西方向对地表的扫描线为数千条，以每分钟 100 圈的旋转速度，总共只需几十分钟就可以对整个表面成像。尽管静止气象卫星可观测大范围的地球表面，但它们对两极地区不是特别有用。这是因为极地 30°以内，从地表到卫星的视线与地平面的夹角很小，图像存在严重的透视收缩，而且电磁辐射要穿过很长的大气路径(参见彩图 2.2)。

2.3.2 空间分辨率

VIR 成像仪中离散的探测元件就好比摄影胶片中的卤化银颗粒，它以相似的方式决定了空间分辨率。显然，地面分辨率不会超过探测元件穿过透镜投影到地面的大小。它在图像上的相应特征被称为像元或像素，而在地面的相应特征叫做地面单元(rezel)或分辨单元(这在 3.1 节中将进行更详细的讨论)。以 ASTER 使用的线阵 CCD 为例，它由 5 000 个 7 μm × 7 μm 的探测元件构成，入射辐射通过焦距为 329 mm 的透镜投射到 CCD 上，则每个探测元件的视场角为 7 μm/329 mm=21.3 mrad。在其设计的观测高度 705 km，相应的水平地面分辨率为 15 m。

与摄影测量系统一样，光电系统中光学元件的使用会降低空间分辨率。仍以 ASTER 为例，如果仅考虑衍射对分辨率的影响，要避免分辨率的降低，仪器中透镜的直径至少应为 3 cm，在实际应用中，该直径为 8.2 cm。

2.3.3 光谱分辨率

大多数 VIR 成像仪属多光谱成像，也就是说，它们对应不同的波长范围，能提供多个通道的数据。这样的光谱分辨率通常是使用滤光元件来实现的，能达到纳米级的波段间隔，但是更常见的是 20~50 nm。用棱镜和衍射光栅等分光元件，可得到更精细的光谱分辨率。

与推扫式或分幅式成像仪相比，光机扫描成像仪的另外一个优势在于它更容易实现多光谱成像。原则上，光机扫描成像仪只需给每个波段提供一个单独的探测器，而分幅式成像仪则需要一个完整的 CCD 阵列。

2.3.4 可见光/红外制图几何

大部分 VIR 成像仪都是沿天底方向垂直向下观测的。不同的应用目的，视场角也有很大的不同。比如，高分辨率的 Quickbird 和 Ikonos 星载传感器分别只有 16 km 和 11 km 的地面覆盖(视场角分别为 2.1°和 0.9°)，而粗分辨率的 AVHRR 传感器扫描带宽为 4 000 km(扫描角近 120°)。这是一些极端的例子，更典型的是 Landsat 卫星传感器，其扫描带宽 185 km，相应视场角为 15°。

VIR 图像同样存在地形位移效应，其形式与航空摄影相同。可用以下方法估计该效应的大小(为简便起见，不考虑地球曲率)。从式(2.3)看到，若某一点与像底点的距离为 x，离开地面的高度为 z，则它相对于同样位置处 z=0 的点，在图像上产生的位移量为：

$$\frac{fxz}{H(H-z)}$$

把它换算成地面上相应的水平位移，并假设 $z \ll H$，则地面上的地形位移量是：

$$d \approx \frac{xz}{H} \tag{2.12}$$

以 Landsat7 的 ETM+成像仪为例，卫星高度 H=705 km，x 的最大值为 130 km。它在全色波段可达到的最小地面分辨率为 15m，那么要使像元产生一个地面分辨距离(即 15 m)的地形位移，所需地形起伏量约为 80 m。因此，除非视场内存在剧烈的地形起伏，否则地形位移效应一般可以完全忽略。另外，因为基线很短，用这种类型的垂直成像仪进行立体成像时，其视野非常有限。但如果成像仪可以偏离天底方向进行观测，并获得垂直和倾斜两幅图像，就可以解决这个问题。当基线距离为 b，地面分辨距离为 p 时，它的垂直分辨率就是 pH/b。例如，将这种方法用于 p=15 m，b/H=0.6 的 ASTER 传感器，可知其垂直分辨率为 25 m。

2.3.5 实例

表 2.1 总结了自 1972 年以来一些有代表性的星载传感器的参数特征。要获得至 20 世纪 90 年代中晚期更全面的信息，建议参考 Kraner(1996)或 Rees(1999)等的著作。

表 2.1 中的各列，分别给出了传感器的名称、卫星平台、可获取数据的年限、空间分辨率以及相应的波长范围(包括热红外波段)，波长范围一列中方括号内的数字表示该范围内有几个离散的波段。接下来的三列分别是仪器的平台高度、扫描带宽，以及是否具备偏离天

底点进行立体观测的能力(这使它能像立体摄影系统那样获得表面地形)。平均重访周期一列是指在纬度 70°处，对某一特定点进行连续观测的平均时间间隔，它有别于轨道周期。再下一列是仪器能观测到的最大南北纬度，它要考虑卫星的轨道倾角和传感器的扫描带宽。最后两列是对数据在 2002 年最高商业报价的近似估计。

表 2.1 包含了一些重要信息。空间分辨率从小于 1 m 到大于 1 km 而变化，但高的空间分辨率是以窄的扫描带宽和长的重访周期为代价的，而且只是近年来才实现，其价格也高。光谱分辨率和波段数目大体上随时间推移而不断增加。表中囊括了一些旧的传感器是为了保持数据集的连续性。表 2.1 的最后一行是那些装载于静止气象卫星上的传感器，尽管它们在航天系统中具有最高的时间分辨率，但因为成像几何的缘故，不适合观测两极地区，如彩图 2.3 所示。图 2.7 是一幅典型的低分辨率图像(实际上是一幅热红外图像，但其空间分辨率特征与 VIR 图像很相似)。彩图 2.4 是一幅中分辨率图像，而图 2.8 则是一幅高分辨率图像。

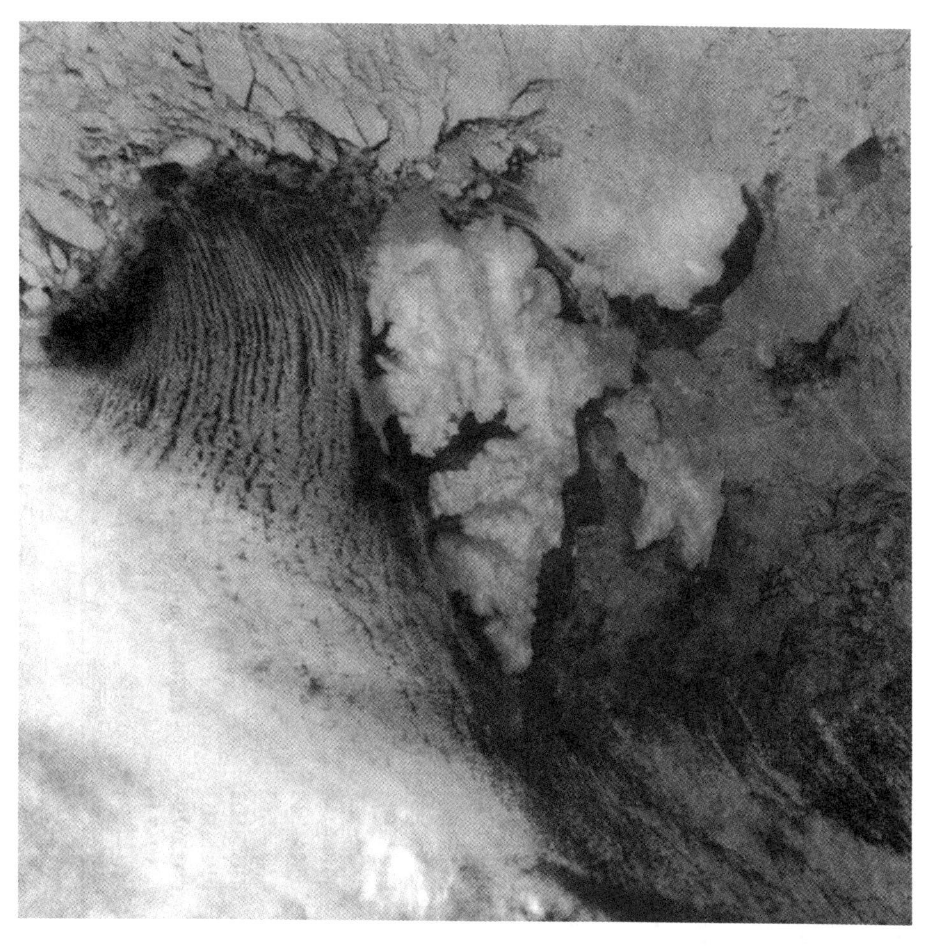

图 2.7　AVHRR 第 4 波段图像(热红外)

1994 年 12 月 2 日的斯瓦尔巴群岛地区(经敦提大学的 NERC 卫星接收站许可)

表 2.1　一些星载光电 VIR 成像仪器（详细解释见正文）

传感器	卫星平台	年份	空间分辨率(m)	波长范围(μm)	平台高度(km)	扫描带宽(km)	立体	平均重访周期	最大纬度(°)	每景价格(美元，2002年)	1 km^2 价格（美元，2002年）
Quickbird	Quickbird	2001~	0.7	0.45~0.90	450	16.5	是	2月	82.9	6 000	22.5
			2.8	0.45~0.52							
			2.8	0.52~0.60							
			2.8	0.63~0.69							
			2.8	0.76~0.90							
PAN	IRS 1 C/D	1996~	5	0.50~0.75	817~874	70	否	2周	81.6	2 500	0.51
ETM+	Landsat 7	1999~	30	0.45~0.52	705	185	否	1周	82.6	600	0.02
			30	0.52~0.60							
			30	0.63~0.69							
			30	0.76~0.90							
			30	1.55~1.75							
			60	10.42~12.50							
			30	2.08~2.35							
			15	0.52~0.90							
ASTER	Terra	2000~	15	0.52~0.60	705	60	是	2周	82.1	100	0.03
			15	0.63~0.69							
			15	0.76~0.86							
			15	0.76~0.86							
			30	1.60~1.70							
			30	2.15~2.43[5]							
			90	8.13~11.65[5]							
TM	Landsat 4,5	1982~	30	0.45~0.52	705	185	否	2周	82.6	400~1 500	0.01~0.05
			30	0.52~0.60							
			30	0.63~0.69							
			30	0.76~0.90							
			30	1.55~1.75							
			120	10.42~12.5							
			30	2.08~2.35							
MSS	Landsat 1~5	1972~1993	80	0.50~0.60	920，705	185	否	2周	82.6	200	0.006
			80	0.60~0.70							
			80	0.70~0.80							
			80	0.80~1.10							
WiFS	IRS 1 C/D	1996~	188	0.62~0.68	817~874	812	否	1天	85	800	0.001
			188	0.77~0.86							
MODIS	Terra,Aqua	2000~	250	0.62~0.67	705	2 330	否	12小时	90	0	0
			250	0.84~0.88							
			500	0.46~0.48							
			500	0.55~0.57							
			500	1.23~1.25							
			500	1.63~1.65							
			500	2.11~2.16							
			1 000	0.41~14.39[28]							
AVHRR 3	NOAA 15,16	1998~	500	0.58~0.68	840	3 000	否	8小时	90	100	0.000 02
			1 000	0.72~1.00							
			1 000	1.58~1.64							
			1 000	3.55~3.93							
			1 000	10.3~11.3							
			1 000	11.5~12.5							
AVHRR 1	NOAA 6,8,10,12	1979~1994	1 000	0.58~0.68	840	3 000	否	8小时	90	100	0.000 02
			1 000	0.73~1.10							
			1 000	3.44~3.93							
			1 000	10.5~11.3							
			1 000	10.5~11.3							
VISSR	Meteosat，GOES，GMS	1977~	2 500	0.5~0.9	35 800	固定圆盘	否	0.5小时	60	0	0
			5 000	5.7~7.1							
			5 000	10.5~12.5							

图 2.8 显示斯瓦尔巴群岛地区布罗格半岛一部分的 Landsat 7 ETM+第 8 波段部分图像

右上角康斯韦根冰川高度发育的末端裂缝清晰可见，图像覆盖面积为 24 km×16 km

存档的卫星图像一般可从现有的在线目录获得。目前一些主要的目录有：

- NASA 地球观测系统数据门户(http://edcims www.cr.usgs.gov/pub/imswelcome)
- ESA 地球观测开放分布式信息和服务(http://odisseo.esrin.esa.it)
- 8 km 分辨率的 AVHRR 图像(http://daac.gsfc.nasa.gov/data/dataset/AVHRR//1_Data_Products/index.html)和 1 km 的 AVHRR 图像(http://edcdaac.usgs.gov/1KM/ 1kmhomepage.html)
- SPOT 数据 Sirius 目录(http://www.spot.com/home/sirius/sirius.htm)

不过这些网址可能会改变，建议读者使用一个好的网页搜索引擎来查找这些数据和更多的目录。

2.3.6 小结

可见光与近红外的星载光电成像系统，在结合航空摄影某些特点的基础上，还具有以下优势：定标的数据、较宽的空间覆盖、较快的获取速度及对特定地点相对频繁的重访等。与航空摄影相比，这项技术能提供更加多样化的空间分辨率、地面覆盖范围和光谱分辨率。其图像自 20 世纪 70 年代早期到现在均可获得。

与航空摄影测量一样，它也是一种被动成像技术，使用电磁波谱的相同区域，因此也只能在白天工作。图像的获取不能穿透云层，而云层覆盖在两极地区是一种普遍现象(Marshall，Rees 和 Dowdeswell, 1993)。另一个局限性在于光电系统本身，当遇到像雪这样的高反照率表面的强反射时，一些星载的光电传感器会发生“饱和效应”。一旦传感器接收的辐射量超过它所能响应的最大值，就意味着一些定量数据会丢失。

2.4 热红外系统

在 2.1 节我们已经定义过，热红外辐射(TIR)的波长介于 8~14 μm 之间。这个区间包括了常温下大部分物体发射的黑体辐射，而探测该辐射的主要目的是测量地表温度和推算表面发射率[1]。

尽管热红外探测与扫描的主要原理与 2.3 节中论述的 VIR 相似，但是 TIR 的波长较长，导致光子能量更低，因此也带来若干复杂性。用于探测热红外辐射的光电二极管需要更特殊的半导体材料。虽然可以构造探测器的二维阵列，但是也不需要像 VIR 成像仪中 CCD 那么多的探测元件。常见的系统仍然是推扫式扫描成像，正如 2.3.3 节中论述的，容易实现多波段成像。探测器通常要被冷却，以减少它自身产生的噪声。热红外成像仪通常与 VIR 成像仪搭载于同一传感器上，如表 2.1 所示。

2.4.1 空间分辨率

决定 TIR 成像仪空间分辨率的因素与 VIR 成像仪相似。波长越长，意味着空间分辨率越低。以 Landsat7 卫星上的 ETM+为例，其设计高度为 705 km，光学透镜焦距为 1 348 mm。VIR 波段(1~5)探测元件的物理尺寸为 0.1 mm，得到地面分辨率 30 m，而 TIR 探测元件的尺寸是 0.2 mm，地面分辨率就是 60 m。光学系统中物镜的直径是 0.406 m，所以在波长 12.5 μm 处，衍射的贡献是 30 mrad[2]，相当于地面上 20 m 的空间分辨率。因此，该系统是接近于衍射极限的，要达到远比这更好的空间分辨率，需要更大的镜头直径和更小的探测元件。

2.4.2 光谱分辨率

TIR 成像仪所需的光谱分辨率取决于应用需求。本书中涉及的大多数应用领域，也就是对地表成像，一般都不需要很高的分辨率，波段宽度通常在 0.1~1 μm 的范围(测量大气特征的廓线数据则需更高的光谱分辨率)。这些通道的波长一般在 3~4 μm 和 8~10 μm 附近，以避开 6~7 μm 处的水汽强吸收带(图 2.1)。

2.4.3 辐射分辨率

热红外成像的主要目的是确定所接收辐射的亮度温度(亮温)，因此对微小辐射量差异的区分能力非常重要。这种能力通常用噪声等效温差(NE Δ T, noise equivalent temperature difference)来表示，它由众多因素决定，包括探测器类型、物体真实温度及积分时间(即探测器观测单个地面单元所需的时间)。NE Δ T 的典型值从 0.1 K 到 1 K 不等，意味着可在这样的精度水平上测量出亮温的相对差异。

2.4.4 大气校正

尽管在 2.4.3 节中已指出可以测量入射到传感器的辐射亮温，但我们需要的往往是地球表面出射的辐射亮温。航天观测时，大气传输效应可使这两个温度产生 10 K 的差异。

有三种主要方法可用于热红外数据的大气校正。第一种是物理模型，它使用大气传输模型，

---

[1] 根据本书上下文的意思，这里特指地球表面的发射率。TIR 在大气遥感中也很重要，包括对温度廓线、水汽和臭氧浓度的测量，以及对云特征参数的确定。这些应用在本书中没有讨论。

[2] 衍射理论表明，一个物镜直径为 D，工作波长为 λ 的简单成像系统，其角分辨率不会高于 λ/D。该理论适用于可见光、近红外和被动微波系统，但本书中介绍的某些雷达系统突破了这一限制。

如 LOWTRAN 或 MODTRAN。由于很大一部分纠正源于水汽因素，而水汽在空间上和时间上都是多变的，所以这种途径并不可靠，除非能获得精确的局地水汽廓线数据。采集这类数据的仪器，同样可与 TIR 成像仪搭载于同一个平台上。

第二种大气校正方法通常称为分裂窗(split-window)方法。这时，TIR 仪器在两个相距很近但又隔开的波段上进行测量，一般在 10~11 μm。假设在这两个波段，地面亮温是传感器接收亮温的线性函数。虽然该线性函数的系数需经验确定，而且这些系数随表面类型及成像时间(白天或晚上)而变化，但是在均匀地区，如海洋表面，该方法的精度可达 0.5 K。该方法已被广泛应用，在 8.5 节中将给出一个应用实例。

最后是双向观测法，传感器从两个方向观测地球表面，一般是在天底方向与偏离天底很大角度的方向上。通过比较这两个方向观测到的亮度温度，可以计算并削减大气的影响(Rees，2002)。这个方法已用在 Envisat 卫星的 AATSR(改进型沿轨扫描辐射仪)传感器上。

2.4.5　实例

在表 2.1 中包括一些热红外波段的星载仪器，如 ASTER、MODIS、AVHRR 和 VISSR。在该表中还可加上一种主要为热红外成像而设计的仪器，最好的例子是 AATSR，它有 3.7 μm、11.0 μm 和 12.0 μm 三个热红外波段，再加上 0.65 μm、0.85 μm、1.27 μm、1.6 μm 处的 VIR 波段。AATSR 采用锥形扫描技术，IFOV 角介于天底方向和向前偏离天底 52°方向之间。其天底点的空间分辨率为 500 m(VIR 波段)，热红外波段是 1000 m。AATSR 传感器自 2002 年运行以来，与 1991 年开始工作的早期 ATSR 传感器一起，保持了数据的连续性(图 2.9)。

图 2.9　2000 年 3 月从罗斯冰架脱离的巨大冰山的 ATSR-2 图像(12 μm)
灰色的淡阴影表示较低的亮度温度(图像经卢瑟福阿普顿
实验室与莱斯特大学地球观测科学组的许可)

2.4.6 小结

热红外成像系统主要用于测量地球表面(或云顶)的亮度温度。虽然也有一些专门的TIR仪器，但通常TIR都与VIR成像相结合。TIR的空间分辨率比VIR要低一些。

热红外成像系统不探测太阳反射光线，因此在夜间也可使用，但不能穿透云层。

2.5 被动微波系统

热红外系统探测热红外波段(一般3~15 μm)的黑体辐射(2.4节)，而被动微波系统测量微波波段(波长一般3 mm到6 cm，或频率为5~100 GHz)的黑体辐射。顾名思义，它是一种被动技术。事实上，由于它是一种微波技术，可以穿透大多数云层，所以它具有全天时和全天候的特点。与热红外系统一样，被动微波系统的目标是测量入射辐射的亮度温度，并推算地球表面的物理温度或发射率。

微波辐射的波长长得多，这就意味着光子能量比可见光要小得多(一般前者为数十电子微伏，相比之下后者为几电子伏特)，因此它采用完全不同的探测技术。被动微波辐射计向下观测，是一种有效的无线电探测仪(图2.10)。入射辐射能由天线采集，并转化成波动的电压差信号，该信号可以被放大并检测到。

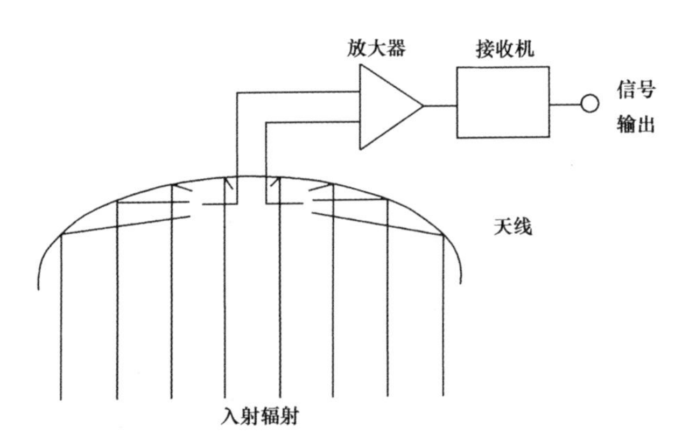

图2.10　被动微波辐射计测量示意图(引自Rees，2001)

2.5.1 空间分辨率与扫描带宽

被动微波辐射计的空间分辨率由衍射极限确定。FWHH角宽度为λ/D，其中λ是波长，D是天线宽度(如果天线呈圆碟状，则为直径)。长的波长意味着粗的角度分辨率：对于工作波长2 cm、直径为1 m的天线，角度分辨率达到1°，在典型的航天器高度700 km处得到的水平空间分辨率只有14 km。这也许是被动微波系统的主要缺点。

由于天线的尺寸很大，不可能构造天线阵列来获得宽的空间覆盖，因此改为在天线波束(beam)方向 (即它的最大灵敏度方向)上以机械或电子的方式进行扫描。机械扫描的一般形式是锥形扫描(conical scan)，即波束绕天底方向作圆锥状扫描，如图2.11所示。

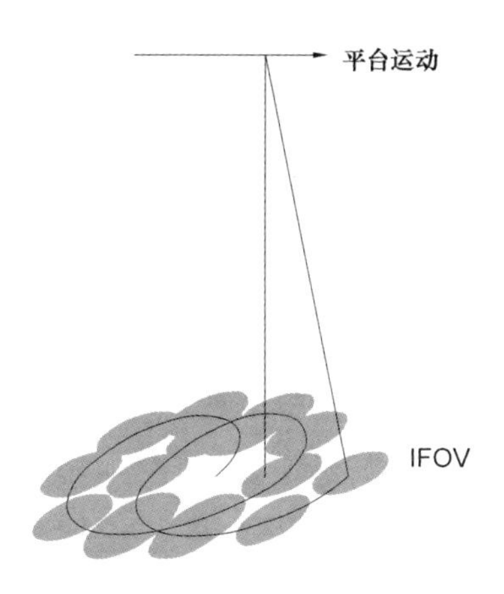

图 2.11 被动微波辐射计的锥形扫描示意图

这种机械式扫描的一个潜在缺点是仪器可能产生不良的振动。另一种可供选择的扫描系统中没有运动部件，整个天线由一系列紧密排列的小天线构成。由这些天线探测到的信号相位可通过电子调节发生变化，由此可以改变波束的方向。这种操作模式一般称为相控天线阵(phased array)，这在 Rees 于 2001 年所著一书中有更详细的描述。

2.5.2 光谱分辨率与频率范围

除非获取大气廓线数据，被动微波辐射计不需要特别高的光谱分辨率。其波段宽度一般约为工作频率的 1%。大多数被动微波辐射计可以提供多个不同的频率，一般有两种极化方式。频率低于 5 GHz 的辐射计空间分辨率太低，不适合于空间观测。图 2.1 中，大气透过率曲线说明在频率低于 15 GHz 时，所探测的亮度温度主要由表面发射率决定。大气水汽可引起几开（K）的改变。在 15~35 GHz，表面信号仍占主导地位，但水汽的贡献明显增大了，因此这个频率范围的观测通常提供简单的水汽校正。频率高于 35 GHz 时，大气层中的分子吸收效应变为主导因素，这些频率对大气廓线研究比表面成像更有用。

2.5.3 辐射分辨率

与 2.4 节中讨论的热红外系统一样，被动微波辐射计的灵敏度一般用仪器可探测的最小亮温差异来定义。它取决于“系统噪声温度”(系统设计与真实温度的函数)、积分时间和波段宽度。其值一般在零点几 K 到 1 K 之间。

2.5.4 实例

表 2.2 列举了一些不单单用于大气探测的星载被动微波辐射计，即至少有一定的表面成像能力的辐射计。

表 2.2 一些具有表面成像能力的被动微波辐射计

传感器	卫星平台	运行年份	空间分辨率(km)	频率(GHz)和极化	扫描带宽(km)	最大纬度(°)
ESMR	Nimbus 5	1972~1976	25	19.35H	3 000	90
SMMR	Nimbus 7	1978~1988	136 × 89	6.6H,V	780	84.2
			87 × 57	10.7H,V		
			54 × 35	18.0H,V		
			47 × 30	21.0H,V		
			28 × 18	37.0H,V		
SSM/I	DMSP	1987~	70 × 45	19.35H,V	1 400	87.5
			60 × 40	22.24V		
			38 × 30	37.0H,V		
			16 × 14	85.5H,V		
AMSR/E	Aqua	2002~	74 × 43	6.93H,V	1 445	88.3
			51 × 30	10.65H,V		
			27 × 16	18.7H,V		
			31 × 18	23.8H,V		
			14 × 8	36.5H,V		
			6 × 4	89.0H,V		

从表 2.2 可以看出，当前仍在工作的仪器有搭载于 DMSP 系列卫星上的 SSM/I(图2.12)和搭载于 Aqua 卫星上的 AMSR/E。彩图 2.3 显示了 SSM/I 的空间分辨率。由于较宽的扫描幅宽和近极地轨道，因此它们能覆盖地球两极地区几度内的范围。较宽的扫描幅宽使得其重访周期较短(纬度 70°处小于一天)，而且只需几天就可以覆盖全球。其快速更新能力弥补了分辨率相对粗糙的缺点。

2.5.5 小结

像热红外系统一样，被动微波辐射计也是用于测量地球表面亮度温度的遥感仪器。与 TIR 成像仪相比，被动微波系统提供的空间分辨率要低得多，但一般有很宽的扫描幅宽，只需几天就能覆盖全球。被动微波辐射计一般可提供多种频率与极化方式，因而它们通常有能力在每个像元同时采集 7~10 个独立变量。像 TIR 系统一样，被动微波辐射系统并不探测反射太阳光，因此能在夜间工作。与 TIR 系统不同的是，它们可以穿透大部分云层进行观测。

2.6 激光剖面探测

激光剖面探测是我们首先要考虑的也是最简单的主动遥感技术。它是一种测距技术，主要用来测量地球表面地形(如海洋或冰盖的表面轮廓图)，而不是一种成像技术。激光剖面仪通常在低空飞行的航空器上工作，但是也有在卫星上的，如搭载于 ICESat(于 2003 年 1 月发射)的 GLAS[1](地球科学激光高度计系统)，其垂直分辨率约 5 cm。

[1] http://glas.gsfc.nasa.gov。

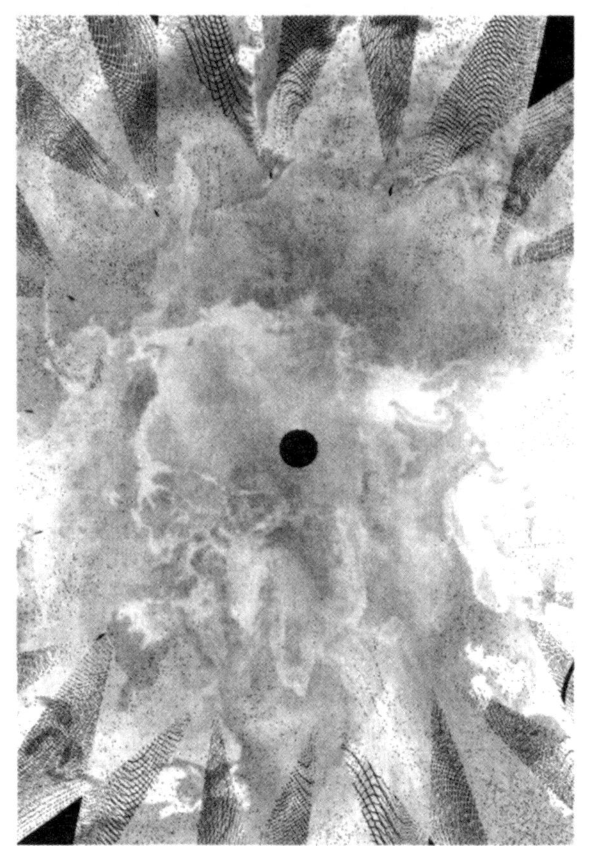

图 2.12 北半球 SSM/I 85 GHz 水平极化亮度温度图像

灰度变亮表示亮度温度增加，黑色表示无数据区域

(原始数据来自科罗拉多大学博尔德分校 NSIDC DAAC)

激光剖面仪的基本原理非常简单。仪器通过一束向下的激光发射一个短的辐射脉冲(实际上，一般是近红外辐射)，与此同时，电子时钟开始计时。脉冲穿过大气层向下传播，在地球表面被反射，再次穿过大气往回传播，最后被光电二极管探测到。对脉冲的探测会终止电子时钟，这样可以推算出仪器到地面之间的双程传播时间。如果传播速度已知，仪器到地表的距离就能被确定。如果仪器的绝对位置已知，也就能得到地面反射点的绝对位置。

2.6.1 空间分辨率

激光剖面仪的空间分辨率包含两个方面：水平分辨率和垂直(高度)分辨率。水平分辨率主要由激光的波束宽度决定。如果激光的波束宽度为$\Delta\theta$(弧度角)，相对地表的工作高度为 H，则水平分辨率为：

$$\Delta x = H\Delta\theta \tag{2.13}$$

比如，某系统的$\Delta\theta$=0.5 mrad，H=200 m，则它可照射的地球表面宽度Δx=0.1 m。通常又称此为激光的脚印(footprint)大小。

垂直分辨率由双程传播时间的测量精度决定。假设电子时钟足够精准，则传播时间的测量精度取决于探测脉冲的增长时间 t_r(rise time，从 0 增长到最大功率所用的时间)及

信噪比 S(signal-to-noise ratio)。对于单个信号脉冲，其垂直分辨率由下式给出：

$$\Delta z = \frac{ct_{\mathrm{r}}}{2S} \tag{2.14}$$

这里假设脉冲是以光速 c 传播的。激光剖面仪是脉冲系统，如果脉冲重复频率(pulse repetition frequency，PRF)f 足够高，而平台移动速度 v 足够低，则一个脚印大小给定的地表区域将被多次采样。因为每次采样是相互独立的，而样本数目为 $fH\Delta\theta/v$，对这些样本取平均后的垂直分辨率就是：

$$\Delta z = \frac{ct_{\mathrm{r}}}{2S}\sqrt{\frac{v}{fH\Delta\theta}} \tag{2.15}$$

例如，假设系统所在平台的飞行速度为 50m/s，增长时间 t_{r} 为 5ns，信噪比为 1，PRF 为 2000 s^{-1}。由式(2.14)可得单个脉冲的垂直分辨率是 0.75m，由式(2.15)可知在一个空间步长内四个脉冲的平均分辨率减小到 0.38m。

式(2.15)表明，激光剖面仪的设计特点决定了它是否具备高的垂直分辨率。返回脉冲的增长时间越短越好，这说明发射的脉冲要尽可能短，但粗糙表面的反射会使脉冲分散而慢慢变长。信噪比要尽可能地高，这就需要大的发射功率，而高度 H 要尽可能低，以减少因吸收和几何扩散而造成的信号损失。平台速度应该小，水平分辨率 $H\Delta\theta$应该大，但因为其他的一些原因，这些考虑往往并不是最优的。最后，PRF 要尽可能大。

事实上，PRF 有一个上限。如果它太大了，对高度 H 的测量会变得模糊，因为不可能确定返回脉冲所对应的发射脉冲。最简单的情形是接收到第一个脉冲后再发射第二个脉冲，这意味着：

$$f < \frac{c}{2H} \tag{2.16}$$

对航空系统而言，这表示 PRF 应小于每秒几万个或几十万个脉冲，而对航天系统来说，PRF 应小于每秒几百个脉冲。目前的系统都在这些规定值内稳定地运行。

机载激光剖面仪也可以进行扫描。通过扫描镜的左右摆动来改变波束的方向，而利用航空器的向前运动来实现前向扫描。在典型的配置中，一台机载扫描式激光剖面仪的 PRF 为 30 kHz，飞行高度 1000 m，飞行速度 70 m/s。扫描镜以 35 Hz 的频率在天底两侧各 20°进行扫描，这样得到的扫描带宽为 480m，采样点之间的平均距离在航向与距离向各为 1m。

2.6.2 大气校正

在上一小节我们假设脉冲是以光速 c 传播的。事实上，它的传播速度比光速稍微慢一些。电磁辐射穿过长度为 L 的大气层进行单程传播的时间可表示为：

$$T = \frac{L+P}{c} \tag{2.17}$$

式中，P 是传播延迟，它用距离而不是时间来表达。P 就是应从假定速度为 c 时的单程距离中减去的量。

引起传播延迟 P 的两个主要因素分别是干燥大气和水汽。干燥大气部分与辐射穿过的气团(air masses)数量成正比。对于垂直传播的脉冲，它由传播路径中大气顶部与底部的气压差给出，并以 101.325 kPa 的海平面标准大气压进行划分。脉冲从卫星发出，该处大气压实质上为 0，向下一直传播到海平面所穿过的气团数为 1，而脉冲从 1 000 m 高的飞机出发所经过的气团数为 0.1。P 在波长 1 μm 处的比例系数约为每一个气团 2.4 m。

因水汽而产生的延迟取决于水汽密度沿传播路径上的柱状积分。这个量通常用可降水量的等效深度来表示，即水汽凝结后产生的水层深度。水汽密度随时空变化很大，等效深度在整个大气层的典型值介于 5~200 mm 之间。波长 1 μm 处每 1 m 可降水量造成的传播延迟约为 0.4 m。

2.6.3 实例

我们已经列举了普通机载激光剖面仪的一些典型参数。图 2.13 显示的是典型扫描式激光剖面仪所得到的数据。激光剖面仪直到最近才作为一种航天技术而出现。最早的是 1995 年搭载于 Mir 空间站上的 Baldan-1 传感器。第二个是搭载于 ICESat 上的 GLAS(地球科学激光高度计系统，也叫 GLRS)[1]，它的参数设置如下：$H \approx 600\,\text{km}$，$\Delta\theta \approx 0.12\,\text{mrad}$，$f$=40 s^{-1}，由式(2.13)可得其水平分辨率为 70 m。因为卫星在两个脉冲之间的飞行距离约为 200 m，每个步长只采样一次，所以垂直分辨率也可由式(2.14)给出。根据光滑冰面测得的 t_r 和 S 得出的 Δz 值约为 0.1 m。ICESat 于 2003 年 1 月 12 日发射，同年 2 月开始用 GLAS 系统采集数据，但在 3 月 29 日其中一台激光器在采集了 36 天数据之后停止工作。ICESat 共载有 3 台激光仪，直到本书撰写之时，一直使用另外两台激光器采集数据。

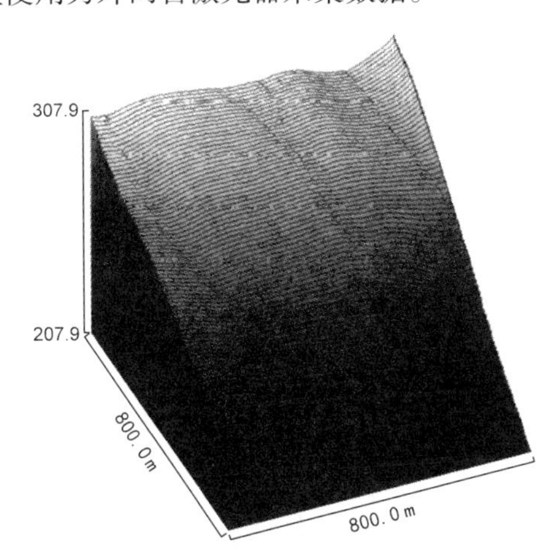

图 2.13 由扫描式激光剖面仪获取的斯瓦尔巴群岛地区米德特拉文伯林冰川 800 m × 800 m 的表面地形可视化结果

需注意的是，图中的线条并不代表剖面仪的真实扫描线。它们是对地形的一种可视化方式，其中一些融水线清晰可见(数据来自作者所在的研究所与 N.S.Arnold 博士的合作项目，由 NERC 航空遥感研究所提供)

在 ICESat 的主要计划期间，它将被定位在精确的重复轨道上，在 183 天的周期里完成 2 723 次轨道飞行。这就意味着其近全球的覆盖(到纬度 86°)可达到每年两次。这种覆盖由 6 亿量级的数据值组成，航向为 200 m 间隔，垂直航向的经度间隔为 0.13°(纬度 70°处约 5 km)。

[1] http://icesat.gsfc.nasa.gov/intro.html。

2.6.4 小结

激光剖面探测是一种测量地表或云顶(如果有云存在)垂直剖面的主动技术，垂直分辨率可达到 0.1m 量级。尽管目前大多数的激光剖面仪还是搭载在航空平台上，但是从 2003 年初开始，已出现了搭载于 ICESat 卫星上的 GLAS 传感器。激光剖面仪获取数据的效率比较低，每秒采集几万个样点甚至更少。

2.7 雷达高度计

雷达高度计在理论上与激光剖面仪很相似。和激光剖面仪一样，其目的是通过测量短的辐射脉冲的双程传播时间，以得到与地面之间的距离。正如名字所包含的，雷达高度计使用微波辐射，频率一般在 10 GHz 左右。这说明它与激光剖面仪不同，能穿过云层观测。这两类仪器的其他不同特点大多是因为雷达使用了长得多的波长。

图 2.14 比较简略地显示了雷达高度计的工作过程。由触发信号启动时钟，并产生一个很短的脉冲发送到天线。该脉冲向下传播到地面且被反射，最后被同一天线接收。开关将脉冲引导至接收机，通过测量连续短时间间隔的接收功率来分析返回脉冲的时间结构。这样输出信号可用往返地球表面的时间延迟和返回脉冲的时间结构来共同描述，通常称之为“波形”(waveform)。

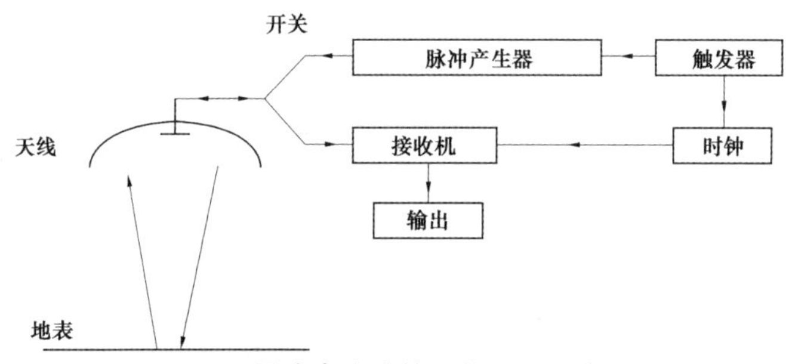

图 2.14　雷达高度计的工作原理示意图

2.7.1 空间分辨率

对于激光剖面仪，我们同时关心水平分辨率和垂直分辨率。奇怪的是，天线的波束宽度对于这些分辨率一般不起重要作用。为了弄清楚其原因，有必要建立一个非常简单的雷达高度计模型(Rees，2001)。假设地球表面是平坦的，并且由一些具有均一密度、互不相干的散射体组成。同时忽略几何扩散的影响及天线的有限波束宽度(即假设它非常大)。这些假设表明，如果天线连续发射信号，则接收功率将与地面照射面积成正比。

为了研究发射单个脉冲的影响，假定发射开始于 0 时刻，时间间隔一致，且都为 t_p。可以想象一个厚度为 $ct_p/2$ 的“散射带”，从天线开始以 $c/2$ 的速度传播，这样在 t 时刻该散射带内的所有散射体均对接收功率有贡献。因子 1/2 是考虑到脉冲的双程传播。

显然，直到 $t=2H/c$ 时才接收到返回信号，其中 H 是天线位于地表上方的高度。再经过Δt 的时间(此处Δt 小于 t_p)时，散射带与地面相交，呈半径为 r 的圆盘，如图 2.15 左图所示。该圆盘随时间不断扩大，直到 $t=2H/c+t_p$，这时散射带的边缘刚好与地表相接触。

当 $t=2H/c+\Delta t$(此处Δt 大于 t_p)，散射带与地面相交呈内径为 r_1、外径为 r_2 的圆环，如图 2.15 右图所示。不难得出在第一种情况下：

$$r \approx \sqrt{cH\Delta t} \tag{2.18}$$

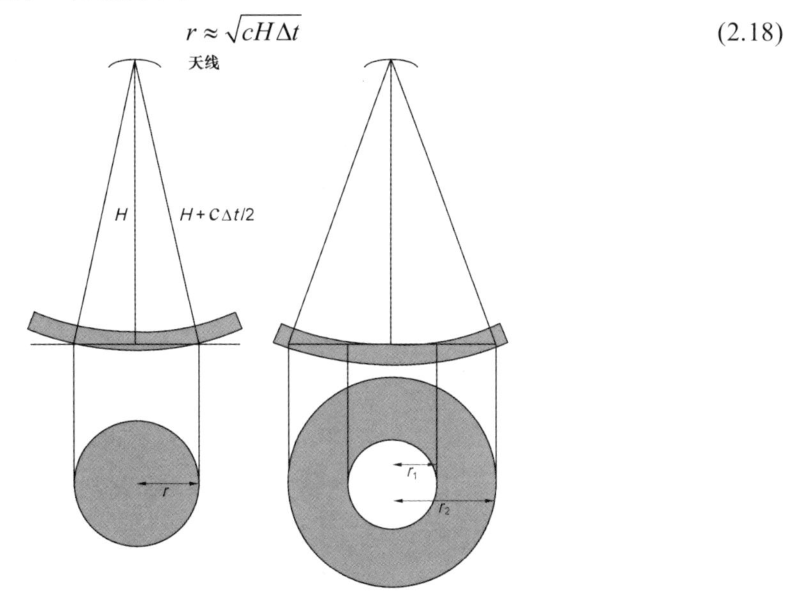

图 2.15 雷达高度计脉冲的简单几何关系图(引自 Rees，2001)

而在第二种情况下：

$$r_1 \approx \sqrt{cH\left(\Delta t - t_p\right)} \tag{2.19}$$

和

$$r_2 \approx \sqrt{cH\Delta t} \tag{2.20}$$

式(2.18)说明照射面积和接收功率随时间均匀增长，直至 $t=2H/c+t_p$。式(2.19)与式(2.20)说明在这之后的一定时间内，照射面积和接收功率保持不变(图 2.16)。

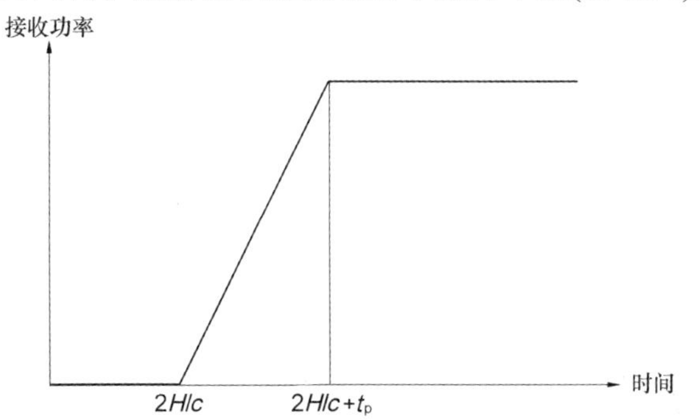

图 2.16 平坦表面的波形(根据文中建立的简单模型)

显然，只有接收功率不断变化时才能获取地表的有用信息，这样高度计的有效水平分辨率取决于恰好在照射圆盘变为圆环之前的最大面积。从式(2.18)可知水平分辨率为[1]：

[1] 可基于地球并不是平坦的事实对它进行纠正，即用等效高度 H'代替 H，其中 $H'=1/H+1/R$，R 是地球的曲率半径。

$$\Delta x = 2\sqrt{cHt_{\mathrm{p}}} \tag{2.21}$$

现在我们可以考虑天线波束宽度非常大的假设是否合理。如果波束的 FWHH(大约等于 λ/D，其中 D 是天线直径)为 $\Delta\theta$ ，则上述讨论只有当下式成立时才有效，即：

$$H\Delta\theta >> 2\sqrt{cHt_{\mathrm{p}}} \tag{2.22}$$

该条件在现实中大都能实现，我们称之为高度计的有限脉冲工作方式 (pulse-limited operation)。

高度计的垂直分辨率由式(2.14)得到。返回脉冲的增长时间是 t_{p}，而信噪比 S 大约为1(这是因为散射体互不相关的假设是不正确的，而且图 2.9 中所示的波形因脉冲叠加了干涉而含有噪声)。这样，单个脉冲垂直分辨率的计算很简单：

$$\Delta z = \frac{ct_{\mathrm{p}}}{2} \tag{2.23}$$

实践中常采用多个脉冲求平均的方法来改善垂直分辨率。

2.7.2 波形信息

上一节中的理论是针对平坦表面建立的。如果表面在比水平分辨率 Δx 更小的尺度上是粗糙的，那么返回信号会在时间上延长，延长量与粗糙度有关。它不再像图 2.16 中所示那样是一个简单的斜坡结构，其有效增长时间会增大至：

$$t_{\mathrm{p}}'^2 = t_{\mathrm{p}}^2 + \frac{\sigma_{\mathrm{h}}^2}{c^2} \tag{2.24}$$

式中，σ_{h}^2 是表面高度方差[1]。因此，波形中包含了表面粗'糙度方面的有用信息，而且已被广泛地用于估算海面有效波高(significant wave height)。它还可用于判断散射只是发生在表面，还是包含了很大一部分体散射——可发生在陆面上的冰块。如果表面的雪很干燥，高度计发出的微波辐射就能穿透很深。波形提供的第三种有用信息是散射是否包含很强的一部分镜面反射，如一块巨大而光滑的海上浮冰，这时波形主要表现为一个明显的尖峰信号。

2.7.3 坡度影响

如果我们考虑雷达高度计垂直向下观测某一斜面(图 2.17)，很显然高度计会测量距天线最近点 A 之间的距离(只有当坡度角小于天线波束宽度的一半时才是正确的，这样在 A 附近的点才会有显著的信号功率返回到天线)。然而无法从单次观测中获得信息，而反射点的位置将被错误地推断为 B，其距离同样是 R，但位于天线的正下方。A 与 B 之间的距离称为坡度诱导误差 (slope-induced error)，简单的几何关系表明如果角度 α (用弧度表示)很小，它在水平方向约为 $R\alpha$ ，垂直方向约为 $R\alpha^2/2$ 。由于海面的平均坡度通常小于 10^{-4} rad，因此即便在空间观测，该效应也可被忽略。另一方面，对空间测量而言，0.01 rad(约 0.5°)

---

[1] 这也表明在粗糙表面水平分辨率会降低。

的坡度一般可导致水平方向 8 km、垂直方向 40 m 的误差。通过对表面地形建模，并使用空间相邻的高度计测量结果拟合模型参数，在多数情况下，这些坡度诱导误差可以被纠正。

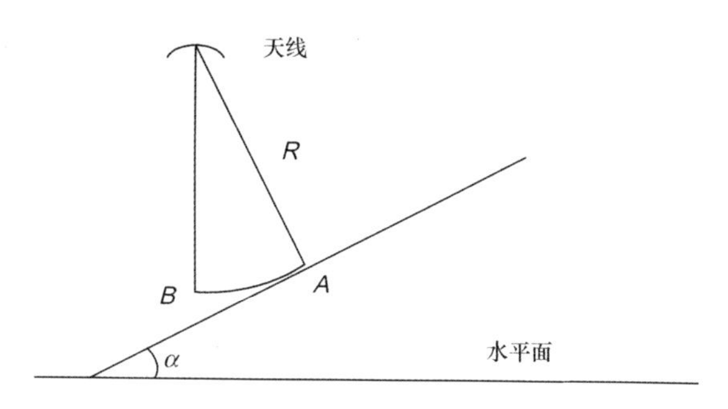

图 2.17 坡度引起的误差图解

2.7.4 高度突变的影响

上节解释了一个光滑但倾斜地形产生的影响。而在含有高度突变的地形，可能产生更为严重的问题，最常见的是在海陆交界处或崎岖地形。这是因波形采样方式而产生的一种技术上的限制。例如，假设高度计被载于地面上 800 km 高度的卫星上，且波形以对应于垂直分辨率 0.1 m 的间隔进行采样。如果接收机在脉冲被发射的瞬间就开启，它将在收到返回信号之前记录约 16 000 000 个采样点。由于星载仪器的脉冲重复频率一般为 $100\,s^{-1}$，这就需要平均一秒至少记录约 1.6×10^9 个采样点。为尽量减少这个需求，接收机不在脉冲被发射的同时开启。通过程序设计，仪器根据前一个脉冲的延迟来预测(追踪)下一个脉冲到达的时间，并且恰好在预测的到达时间之前开启接收机。显然，表面的高度突变会欺骗这个程序，该现象被称为“锁定缺失”或“追踪缺失”。处理该问题的一种对策是根据要观测的表面类型，采用不同的时间分辨率，在最光滑的表面上使用最精细的分辨率。

2.7.5 大气校正

雷达高度计的大气校正与激光剖面测量非常类似，可利用式(2.17)的方法来确定大气影响的程度。P 值对于干燥大气而言是每个气团数 2.33 m，对于水汽则是每米可降水量 7.1 m。这两项都不依赖于辐射频率。然而，对空间观测来说，还存在第三个重要项，它来自电离层。这一项不仅依赖发射辐射的频率，还依赖电离层的总电子含量 N_t，它被定义为电子数密度的柱状积分。在数量上，P 的表达式为：

$$\left(\frac{P}{\mathrm{m}}\right)=4.0\left(\frac{N_{\mathrm{t}}}{10^{17}\,\mathrm{m}^{-2}}\right)\left(\frac{f}{\mathrm{GHz}}\right)^{-2} \tag{2.25}$$

因此，在 13.6 GHz 的典型频率下，对于一般情况下的日间总电子含量 $3\times10^{17}\,\mathrm{m}^{-2}$，$P$ 大约为 0.06 m。某些雷达高度计使用两种频率进行观测，以确定并消除电离层的影响。

2.7.6 实例

1973 年 Skylab 卫星的发射首次实现了星载高度计的设想。表 2.3 总结了一些主要的星载雷达高度计参数。空间分辨率包含了星上脉冲的平均影响。如表所示，自 1991 年 ERS-1 发射以来，已经获取了几乎覆盖全球的连续数据，垂直分辨率达几厘米。

表 2.3 主要的星载雷达高度计

卫星	年份	频率(GHz)	脉冲长度(ns)	空间分辨率(m)		高度(km)	最大纬度(°)
				水平	垂直		
GEOS-3	1975~1978	13.9	15	7 000	0.2	843	65
Seasat	1978	13.5	3.1	7 000	0.1	800	72
Geosat	1985~1990	13.5	3.1	6 700	0.05	800	72
ERS-1,2	1991~	13.8	3.0	3 500	0.05	800	81.5
Topex-Poseidon	1992~	13.6 5.3	12.1 3.1	2 200	0.02	1 336	66
Mir	1996~2001	13.8	3.0	2 300	0.1	390	52
Jason-1	2001~	13.6 5.3	3.1	2 200	0.02	1 336	66
Envisat	2002~	13.6 3.2	3.1 6.3	1 700 2 400	0.05 0.2	800	81.5

2.7.7 小结

雷达高度计与激光剖面探测相似，是一种测量地球表面地形的主动技术(图 2.18)。与激光剖面仪不同的是，它不受云层的影响。星载雷达高度计可达到几厘米的垂直分辨率，水平分辨率为几千米。它还能测量表面粗糙度。倾斜地面的观测需要纠正，在坡度超过几度或存在高度突变的表面，测量精度会显著降低。

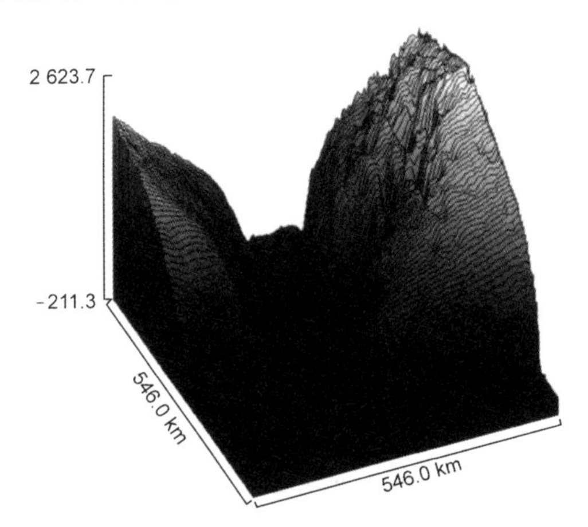

图 2.18 从 Geosat 雷达高度计 3 km 格网数据制作的南极冰盖表面地形的可视化结果图

栅格大小为 3 km。图像显示了麦肯齐河海湾和埃默里冰架的部分地区(Herzfeld 和 Matassa，1999)

2.8 无线电回波探测

我们要讨论的最后一种测距系统是无线电回波探测。这是一种用来测量冰川和冰盖厚度的技术。它是基于淡水冰对甚高频(VHF，大约 100 MHz)的无线电辐射显著透明这一事实，详见 4.3 节论述。与前两种测距方法一样，该技术也涉及发射短的辐射脉冲以测量它被下伏基岩反射后的双程传播时间(图 2.19)。只要层与层之间表现出足够强的介电特性差异，那么既可获得冰的表面反射，也可获得其内部各层反射，距离(厚度)分辨率可达到 1 m。

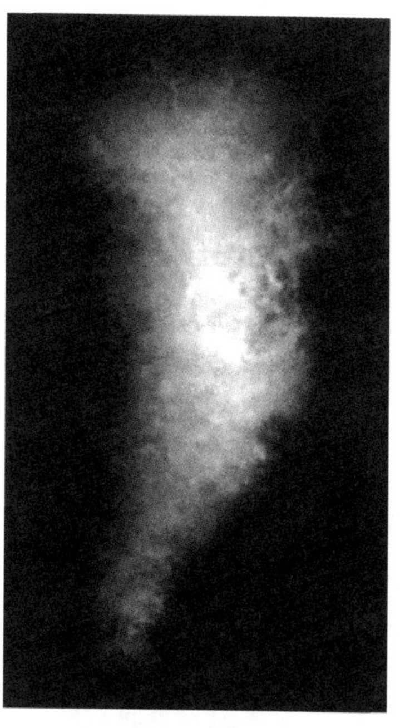

图 2.19 无线电回波探测得到的格陵兰冰盖厚度(Bamber，Layberry 和 Gogineni，2001a,b)

格网大小为 5 km，覆盖面积为 1 505 km×2 805 km

由于 VHF 辐射的波长较长(例如，100 MHz 在自由空间为 3 m)，因此不可能构造出波束宽度很窄的天线。为了不影响其空间分辨率，无线电回波探测主要是一种实地测量技术，仪器可安置在冰面上，或低空飞行的飞行器上。

测量冰川与积雪的探地雷达(ground-penetrating radar)，实际上就是与无线电回波探测类似的技术。在脉冲雷达(impulse radar)中，发射一个极短的无线电辐射脉冲，并通过分析其频率和时间延迟来提供目标物的剖面性质。这种技术在测量海冰厚度中已被证明是有效的。

2.9 成像雷达与散射计

成像雷达是主动微波成像系统的统称。所有这些系统都是从天线向地表发射微波辐射，再用同一天线采集散射的辐射，并建立地表后向散射系数的二维图像。典型的工作频率在 1~10 GHz 之间，不过毫米波雷达采用更高的频率，可达几百 GHz。作为一种主动技术，成像雷达不依赖太阳照射。作为一种微波技术，它基本上不受大气传输效应的影响，但这一点对使用更高频率的毫米波雷达来说不太适合，因为对毫米波来说，除了一些离散的大气吸收线，还存在显著的连续吸收带。

2.9.1　成像几何学与空间分辨率

图 2.20 是最简单的成像雷达的几何示意。天线又长又细，产生一个在平台运行方向很窄(β)、垂直方向很宽(ψ)的“扇形波束”敏感区(如淡阴影所示)。天线的指向不是垂直向下，而是稍微偏向某一侧，这样扇形波束只在该侧照射地表。雷达用天线发射很短的微波辐射脉冲。我们可以使用 2.7.1 节中讨论雷达高度计时介绍的散射带的概念。这个带从天线开始以 $c/2$ 的速度传播，这样在 t 时刻它里面的所有散射体都对天线的接收功率有贡献。图 2.20 中散射带用中等阴影表示，它与地面的相交部分用深色阴影表示，从近边缘到远边缘穿过扫描带。

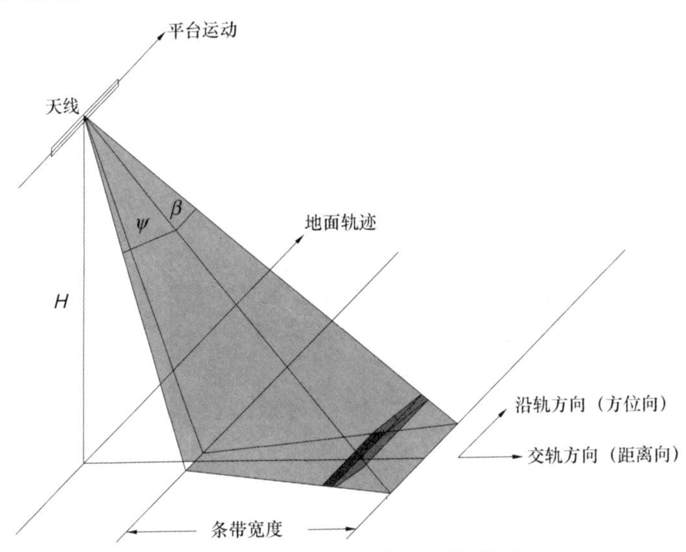

图 2.20　成像雷达的几何示意图

沿轨方向(along-track direction)(又叫方位向，azimuth direction)的空间分辨率 R_a 取决于波束宽度 β，我们可以得到：

$$R_a = s\beta$$

式中，s 是天线到散射体的斜距(slant range)，又因为：

$$\beta \approx \frac{\lambda}{L}$$

式中，L 是天线长度，λ 是辐射波长，且(为简单起见，忽略地球曲率)：

$$s = \frac{H}{\cos\theta}$$

式中，θ 为入射角，所以方位向分辨率可由下式确定：

$$R_{\mathrm{a}} \approx \frac{H\lambda}{L\cos\theta} \tag{2.26}$$

这样，通过使用长的天线和小的高度 H 均可实现高的分辨率。交轨方向(across-track direction)(又叫距离向，range direction)的空间分辨率由脉冲长度 t_{p} 决定。简单的几何关系表明，距离分辨率可由下式给出：

$$R_{\mathrm{r}} = \frac{ct_{\mathrm{p}}}{2\sin\theta}$$

式中，θ为入射角。波束宽度ψ 决定了扫描带宽。距离向的扫描是通过对返回信号的时间分析来实现的，类似于雷达高度计中的波形分析，方位向扫描则通过平台移动来实现。

以上所讲述的原理描述了真实孔径雷达(real aperture radar)或侧视雷达(side-looking radar)的工作方式。因为方位分辨率依赖于平台高度(式(2.25))，这种成像雷达方法一般只适用于机载航空系统。事实上，它也可用于星载的散射计测量(scatterometry)，此时辐射分辨率比空间分辨率更为重要。星载散射计一般有多根天线❶，例如，一根天线垂直于平台飞行方向(如图 2.20 所示)，同时在飞行方向前视和后视 45°角各配有一根天线。这种配置比单根天线可以更全面地确定后向散射系数的角度相关关系。

假设我们需要星载成像雷达的空间分辨率达到 10m，即与 VIR 成像仪的分辨率相当，那么如果采用 5cm 波长、800km 平台高度和 30°入射角，式(2.26)表明需要 33ns 或更小的脉冲长度(这比较容易实现)，但根据式(2.25)就需要一根至少 4.6km 长的天线。事实上，这可以通过合成孔径雷达(SAR)技术来实现。本质上，通过对随平台运动的短天线采集的数据进行合成，就可以得到相当于一根很长的天线采集到的数据。这需要一些复杂的信号处理，其细节问题超出了本书范围(论述可参见 Rees，2001)。幸运的是，这种处理一般在数据提供给用户之前就已经完成。为了处理这种方式的数据，需要发射辐射脉冲，并对接收的信号进行相干(coherently)分析，也就是说，振幅和相位信息须同时得到很好的说明与保存。这引入了后面要讨论的斑点噪声(speckle)问题。

2.9.2 雷达图像变形

侧视雷达和 SAR 图像通常存在几何与辐射畸变，这源自于倾斜观测的几何特征，以及根据脉冲时间延迟来确定散射体的距离向坐标。通过时间延迟可以确定散射体之间的斜距，但只有在散射体的高度已知时，才能由斜距来确定距离向坐标的值。图 2.21 解释了这个问题。

有时雷达图像提供斜距坐标而不是距离向坐标，这不会产生不确定性，但由于斜距和距离向坐标之间的关系是非线性的，因此显然会有变形。更常见的是，图像在提供给用户之前进行了地理编码(geocoded)，此时已经考虑了这两种距离之间的关系。地理编码的一般形式为椭球地理编码(ellipsoid geocoding)，它假定散射体均位于地球椭球面上。此时，把局部椭球面近似看成水平面，图 2.21 可作为解释误差的简单模型。在 A 点的散射体被指定为与之等距但位于椭球面上的 B 点。图 2.21 中的几何关系显示 A 与 B 之间水平位移近似为 $H/\tan\theta$，其中θ是 A 点的入射角。例如，如果入射角为 23°，航高为 800km，那么 1000m 高度所引起

---

❶ 不是所有的散射计都采用这种方法。比如，搭载于 Quikscat 卫星上的 SeaWinds 仪器采用的是锥形扫描，类似于图 2.11 中所示。

的地形位移约为 2400m(不计地球曲率的影响)。

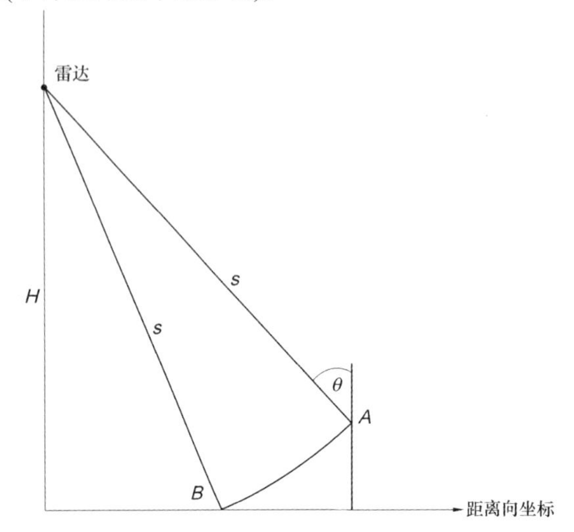

图 2.21　雷达斜距均为 s 的散射体 A 与 B(飞行方向垂直于页面)

如果散射体的真实位置在 A 点，在不知道其高度的情况下假定它为 0，
就会错误地把散射体置于 B 点

图 2.22 进一步解释了在椭球编码的雷达图像中存在的两种地形变形现象。图 2.22 左图显示了简单地形上 A 到 E 五个等间距的散射体，用“地面距离”标注的横轴表示这些散射体在地理编码图像上的位置。面向雷达的 BC 坡面出现透视收缩现象，而背向雷达的 CD 坡面则被拉伸了，这就是叠掩(layover)现象。它还引入了辐射畸变，假设 A 到 E 之间的散射体均匀地覆盖在地形上，我们可以发现在图像上 B 与 C 之间的功率密度比 A 与 B 或 D 与 E 之间的要高，而 C 与 D 之间的功率密度则比正常值要低。这样面向雷达坡面的亮度就增强了，这种现象被称为“亮点效应”(highlighting)，而背向雷达坡面的亮度相应地减弱(图 2.23)。图 2.22 右图是这些效应中一个极端的例子。B 与 C 之间的坡面被颠倒成像，而 C 与 D 之间的坡面因为没有被雷达照射而完全未能成像，这种现象被称为“阴影”(shadowing)。与光学阴影不同，因为大气不会散射任何辐射到阴影中去，雷达阴影完全是黑的。

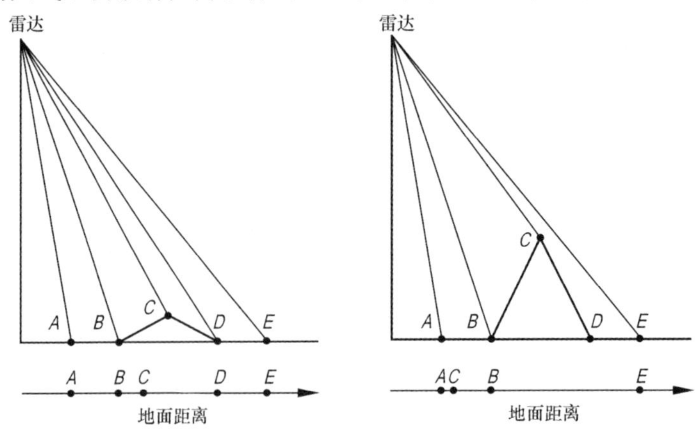

图 2.22　雷达图像中的叠掩和阴影(Rees，2001)

图 2.23 斯瓦尔巴群岛西北部分地区 ERS-2 SAR 图像(2000 年 4 月 21 日)
图像以布罗格半岛为中心(对照图 2.8)，覆盖面积为 100 km × 100 km。图像中的叠掩现象表现为山体向图像右边倾斜，亮点效应则表现为右边斜坡比左边呈现出更高的亮度(版权所有：ESA，2000)

如果有足够精确的数字高程模型(DEM)，除了阴影，所有这些效应都可以得到纠正，但纠正的过程不是那么简单直接。纠正后的图像通常被称为地形编码图像(terrain-geocoded)。与椭球编码不同，在用户获取图像时，地形编码一般不提供给用户。

上述论述的变形是倾斜视角观测引起的，这些论述对真实孔径或合成孔径雷达同样适用。因为合成孔径雷达利用雷达与目标之间的相对运动来获得高的方位分辨率，所以它也存在一些与运动相关的变形。其中最重要的一种是方位偏移(azimuth shift)。如果一个散射体相对地球表面移动，其速度在沿轨方向的分量是 u，则图像在方位向(沿航向)偏移的距离近似为：

$$\frac{uH\tan\theta}{v}$$

式中，H 为平台高度，θ为入射角，v 为平台速度。

对于典型的星载 SAR，这种影响的大小为每 1 m/s 的 u 可产生 50 m 的偏移。这在海洋环境观测中尤其重要。

2.9.3 辐射分辨率

成像雷达测量的基本量是后向散射系数 σ^0，它可由单基地雷达方程 (Rees，2001)定义为：

$$P_{\mathrm{r}} = \frac{\lambda^2 G^2 P_{\mathrm{t}}}{(4\pi)^2 \eta R^4} \sigma^0 A \tag{2.27}$$

式中，P_{r} 为雷达发射功率 P_{t} 照射到面积为 A 的目标物时所接收到的功率。雷达天线增益

为 G，效率为 η，发射波长为 λ，雷达与目标之间的距离为 R。σ^0 是一个无量纲的变量，本质上是散射截面与物理面积的比值。因为自然物质的 σ^0 观测值可能覆盖许多数量级，所以它通常用对数来表示，单位是分贝：

$$\sigma^0(\mathrm{dB}) = 10\log_{10}\sigma^0 \tag{2.28}$$

实际应用中，成像雷达接收的变量一般不是 σ^0，而是与之相关的 β^0 值，它被定义为每个像元面积内的平均雷达亮度。它们在数量上的关系为：

$$\sigma^0 = \beta^0 \sin\theta \tag{2.29}$$

式中，θ为局地入射角。

成像雷达或散射计的辐射分辨率一般用后向散射系数 σ^0 测量的不确定性来表示。因为 σ^0 是散射强度的对数表示，这也相当于是特指探测辐射的信噪比。对于相干成像系统如 SAR，噪声对图像的根本影响是斑点效应(speckle)，由许多单个散射体(对整个像元都有贡献)的信号之间的干涉所造成，在图像上呈粒状亮斑。整幅图像布满斑点时，σ^0 观测值的标准偏差很大(约 5.6 dB)。通过取平均值可以降低该偏差值，而实际上，提供给用户的大多数雷达图像都是多视向产品(multilook)，并已做过一些平均处理。散射计数据一般在面积上进行非相关平均，这样可获得非常高的辐射分辨率(0.1 dB 或更高)。

2.9.4 干涉 SAR

在 2.9.1 节中提到，SAR 成像过程中要求同时保留散射信号的振幅与相位。因为 π 弧度(半周)的相位差对应于从雷达到地表的单程距离中 1/4 波长的变化，而波长一般只有几厘米，所以 SAR 图像中潜在地包含了散射表面的高精度几何信息。SAR 干涉测量(或 InSAR)技术就是利用了这一潜力。

SAR 干涉测量的基本原理简单明了。从相距不远的两个位置对地表同一区域获取两张 SAR 图像。图像处理过程中保留其相位信息(因为它同时包含了振幅与相位，也就是实部与虚部，所以通常又称之为复合图像(complex images))。如果两幅图像的相位差完全来自两幅图像的几何差异，只要两雷达位置之间的基线向量已知，就可以确定表面的几何形状(图 2.24)。

可以预见，该技术实现起来不像上面说得那么简单，实践中还有许多复杂问题。从空间获取两幅图像的常见方式是重复轨道干涉测量(repeat orbit interferometry)，卫星在重复了一个轨道周期之后回到相对于地表的几乎同一位置。因为时间间隔为数日，两幅图像之间的相位差很可能不仅仅是由于几何变化引起的。在这种情况下，没有干涉条纹产生，技术就会失败。两幅图像间允许的最大时间间隔取决于表面的动态变化。海洋表面的几何变化在若干秒之内可达数厘米的量级(雷达辐射的波长)，而冰川表面几周之内可保持稳定(只要没有新降雪)，裸露岩石表面则可以保持几年。

其他难点与基线(baseline)有关，即获取两幅图像的位置之间的矢量位移。如果它太短，就会降低该技术的精度，而如果太长，相位变化又太快，以致不能对 SAR 图像进行解缠。应用中，基线应在 10 m 至 1 000 m 之间，而且基线长度值的测量精度要优于一定波长(厘米级)。通常，不太可能事先确定基线，因此适合 SAR 干涉测量图像对的获取带有一定偶然性，而且即使在图像获取之后也不能知道基线的任何信息，如所需精度等。因此，在数据处理当中需要做一些“精细调整”。

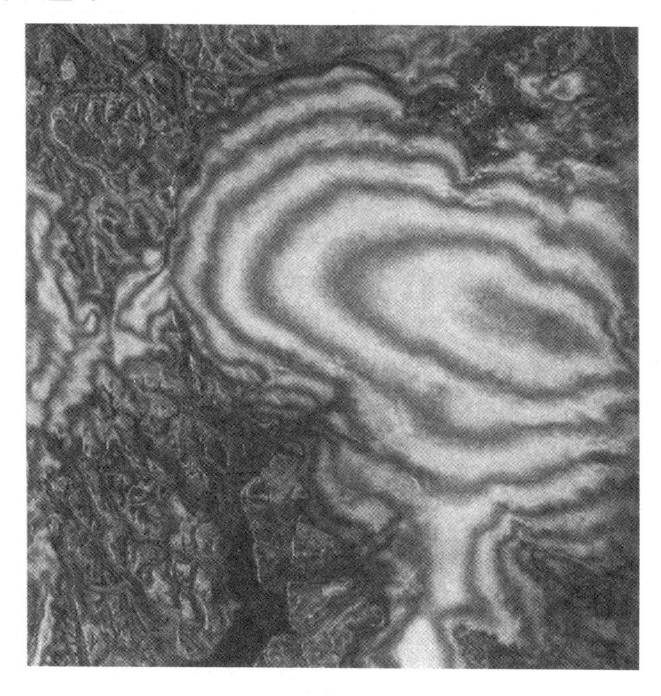

图 2.24　德文冰帽的 SAR 干涉图(见彩图 2.5)

由 ERS SAR 分别在 1996 年 4 月 6 日和 7 日获得的图像提取。两幅图像中，冰帽边缘和其他相位差发生变化的地方表现出地形高度的变化(图像由斯科特极地研究所 John Lin 提供)

尽管有这些困难，但 SAR 干涉测量已被证明是一种测量固体表面地形的有价值的技术，精度可达几米或更高，它也可被用来测量固体表面大块物体的位移(如冰川流动)，精度达厘米级。

2.9.5　实例

表 2.4 给出了一些主要的星载散射计，表 2.5 是主要的星载 SAR 系统。表 2.4 强调了散射计以低空间分辨率为代价获得宽覆盖的事实，但取平均的处理意味着其辐射分辨率是相当高的。自 1991 年 ERS-1 发射以来，已经获取了几乎覆盖全球的连续图像。表 2.5 省略了短周期的 SAR 系统，如 SIR(航天飞机成像雷达)计划，几乎覆盖全球的连续 SAR 图像同样可追溯到 ERS-1 的发射。Radarsat(1995 年发射)标志着星载 SAR 的重大进展，它引入了多模态系统，可采用多种入射角、空间分辨率和扫描带宽。表中显示的 Radarsat 与 Envisat 的最大纬度，对应于标准成像模式。宽覆盖模式可实现更大的覆盖范围(图 2.25)。Radarsat 在 1997 年和 2000 年分别应用于两个“南极制图计划”(Jezek，2002)：第一个产生了首张南极洲高分辨率的雷达拼嵌图(Jezek，1999)(图 2.26)，第二个重复该镶嵌工作并测量了冰运动的速度场。

表 2.4　主要的星载散射计

传感器	卫星	年份	频率(GHz)和极化	空间分辨率(km)	扫描带宽(km)	最大纬度(°)
SASS	Seasat	1978	14.6HH,VV	50	500 × 2	78.3
AMI-Scat	ERS-1,2	1991~	5.3VV	50	500	87.8N 75.1S
NSCAT	ADEOS	1996~1997	14.0HH,VV	50	600 × 2	88.3
SeaWinds	QuikScat	1999~	13.4HH,VV	50	600 × 2	89.5

图 2.25　宽幅 Envisat SAR 图像

显示了拉森半岛的部分区域和正在分解的拉森 B 冰架，2002 年 3 月 18 日。图像覆盖区域的宽度为 400 km，原始数据的空间分辨率为 150 m(由 ESA 许可(http://earth.esa.int/showcase/env/Antarctica/AntarcticPeninsulaLarsenB_ASAR_WS_Orbit00246_20020318.htm))

表 2.5 主要的星载合成孔径雷达

卫星	年份	频率(GHz)和极化	入射角(°)	空间分辨率(m)	扫描带宽(km)	最大纬度(°)	重复周期(天)
Seasat	1978	1.3HH	20	25	100	75.2N 68.8S	N/A
ERS-1,2	1991~	5.3VV	23	30	100	84.6N 78.3S	3,25, 178
JERS-1	1998~1999	1.3HH	35	18	75	86.2N 78.3S	44
Radarsat	1995~	5.3HH	20~49	25 × 28	100	88.4N 79.1S	24
			20~31	30~48 × 28	165		
			31~39	32~45 × 28	150		
			37~48	10 × 9	45		
			20~40	50 × 50	305		
			20~49	100 × 100	510		
			50~60	20 × 28	75		
			10~23	28~63 × 28	170		
Envisat	2002~	5.3HH,VV	15~45	30	56~120	85N 78S	35
				100	400		
				1 000	400		

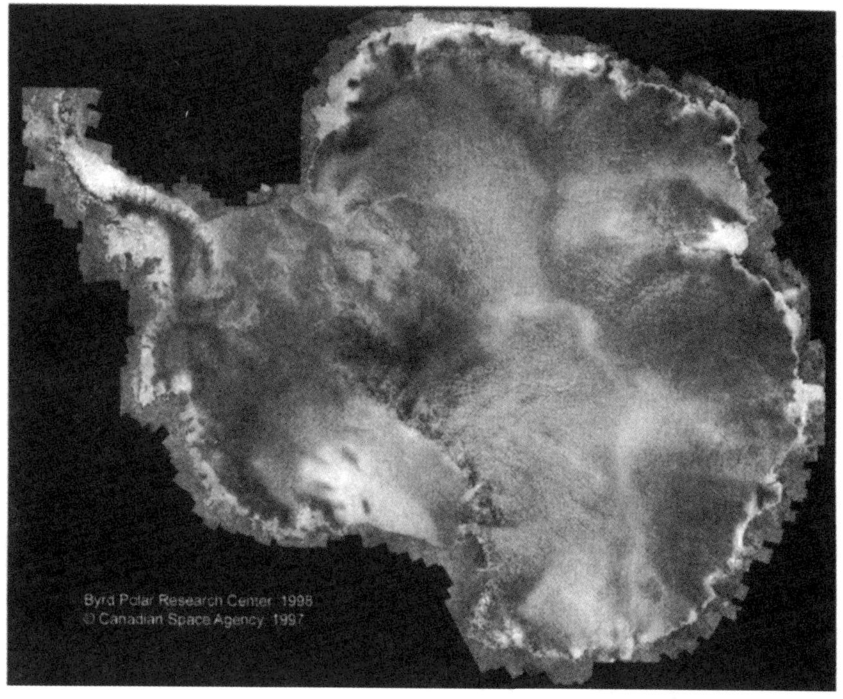

图 2.26 南极制图计划的南极洲雷达拼嵌图

(经 Byrd 极地研究中心和加拿大空间局许可(http://www.ccrs.nrcan.gc.ca/ccrs/rd/apps/map/amm/amm4_e.html))

2.9.6 小结

成像雷达，主要是合成孔径雷达(SAR)，是在微波区工作的主动成像系统，因此可全天候地获取图像，而且一般可穿透云层。通过复杂的信号处理，SAR 可提供 VIR 成像仪能达到的空间分辨率，但也付出了代价。在地形剧烈起伏的地区，成像雷达的倾斜观测产生了一些几何与辐射变形，但是如果有精确的数字高程模型，这些变形可以被纠正。SAR 成像所使用的相干辐射产生了其特有的斑点噪声，导致辐射分辨率降低。散射计是成像雷达的变种，它的设计特点是以粗糙的空间分辨率为代价，来获得高辐射分辨率。

使用 SAR 干涉测量可整合多幅 SAR 图像，以获得地球表面非常精确的几何数据(厘米级)。该技术用于测量固体表面地形，精度可达米级，测量固体表面大块物体的平移运动，精度可达厘米级。然而，这对 SAR 数据提供者及数据处理者都提出了相当高的技术要求。

3 图像处理技术

3.1 引言

任何一种遥感，其目的都是从图像或其他数据源中提取有用信息。有时，所需的数据处理方式与待处理数据的形式是紧密相连的(如对无线电回波数据的处理)。然而，多数情况下我们关心的是从图像中提取信息，而且这些问题是普遍的而不是特殊的。对图像(包括摄影像片和展现在纸质上的数字图像)的目视解译，一直都是重要的方法；不过要获取定量信息，一般还是通过对数字图像进行计算机处理。由于数字图像处理和理解本身就是一个庞大的研究领域，所以本章只对其最常用的技术进行简要的介绍。若欲在这方面有更深入的了解，可参考这方面的大量文献(Richards(1993)，Schowengerdt(1997)，Campbell(1996)等)。本章与 Rees(2001)在这方面的论述类似。

当然，数字图像处理可以由用户编写适当的计算机程序来从头开始实现。但是，当前已经有很多商业和非商业的软件包，它们简化了该过程所涉及的一些工作。其中有一部分与地理信息系统(GIS)密切相关，所谓的 GIS，本质上即是一个用于存储和处理地图信息的计算机系统。

首先，我们来定义什么是数字图像[1]——它是一个二维的数值矩阵[2]，其数值通常是整数，且每个值均代表传感器的一个探测值(一般是指从特定的方向进入传感器的辐射量)。矩阵的每个单元被称为像素(pixel，又叫像元)，其数值有不同的名字，如灰度值(gray level)、DN 值(digital number)或像元值(pixel value)。图像中像元的坐标由行和列确定，行号从图像顶端开始计算，列号从左侧开始。这些行列值通常从 0 开始，由于它们只计量单元格的数目，因此都是整数。每个特定像元代表的地表区域一般被称为一个分辨单元(rezel)(“resolution element”的缩写)[3]。传感器的光学元件规则排列，因此在平坦、水平的表面上，分辨单元为矩形或正方形。通常把图像的分辨单元大小看做是仪器的空间分辨率(resolution)，但实际上，采样过多时一些信号会溢出而进入相邻的像元，此时空间分辨率低于分辨单元。

上面一段是关于单波段图像的定义，它记录了单一量的空间变化。多数遥感器采集的是多波段图像，这时图像的结构可看做是一个三维阵列，其第三维对应的是光谱波段、极化状态等。

[1] 不是所有的遥感仪器都能够获取本书定义的图像，它们可能必须重新采样成规则格网数据。

[2] 这是由许多图像处理程序进行存储和操作的数字图像的定义，也被称为栅格格式(raster format)。与矢量格式(vector format)不同，矢量图像中的元素以几何实体(如点、线和面)来定义。矢量格式存储地图信息更为方便。

[3] 虽然在逻辑上不严格，但是地面单元一般就是指像元。

在考虑数字图像处理之前，有必要强调一下经过预处理和增强处理之后的目视图像解译。由于计算机的显示单元中可包含三个信息通道，它们分别代表红、绿、蓝三色光的强度，因此如果图像恰好由红、绿、蓝三个光谱波段组成，它就可以通过真彩色合成(ture-color composite)来显示。如果图像超过三个波段，就可以任意选择其中的三个波段，并将其赋予红、绿、蓝三个通道来合成显示，这种不同波段的组合在一定程度上可以揭示一些感兴趣的特征。

3.2 预处理

通常，图像处理的第一个阶段称为预处理，分为定标和地理坐标参考过程。定标(calibration)是指把传感器所测量的原始 DN 值转化成它们所代表的物理量(如辐射量或亮度温度)。图像的定标通常是由仪器运行管理机构来完成的，为用户提供相关的定标数据。在预处理过程中，有时用户还需要进一步考虑大气传输效应，将“卫星上的”数据校正为相应的“地表上的”数据。大气校正的具体步骤不在本章的讨论范围之内。

地理坐标参考过程(georeferencing)是在图像坐标(像元的行列号)和相应地面坐标之间建立关系的过程。地面坐标可以是经纬度坐标或者某一特定地图投影方式下的(x,y)坐标。解决这一问题的常用方法是利用地面控制点(GCP)，即图像中特征明显的点，并且已知其地面坐标，例如坐标已经被测量的点。然后，利用这些坐标值来确定图像与地面坐标关系模型中的参数。还有一种类似的方法，即将待参照图像与另一幅图像相对照，因此不需要事先知道相应点的地理坐标，在这种情况下，第二幅图像的参考坐标系由第一幅图像提供。这一处理过程的实例分析在 8.8 节中有描述。

用户可能不仅需要知道图像坐标和地面坐标之间的关系，还需要对图像进行重投影(reproject)，以简化两者间的对应关系。比如，新的行列号的方向和地图栅格的 x,y 方向排列一致。此外，对于在原图像中没有对应坐标点的像元，其像元值的确定一般是通过插值(interpolation)方法。最简单的插值方法是最近邻重采样(nearest-neighbor resampling)，不过它在本质上并不属于插值，而仅是选择原图像(未投影的)中最近邻的像元点的值作为新图像中的像元值。较为复杂的插值方法，如双线性卷积(bilinear convolution)和双三次卷积(bicubic convolution)等，则是把待插值点的值看做近邻像元的加权平均值；与最近邻重采样方法相比，这些方法产生的图像更光滑、更美观，但其不足之处在于它们产生的像元值不是遥感器直接测得的，故不能代表真实值(图 3.1)。因此，对于定量数据分析，最近邻重采样方法往往更可取。

通常，提供给用户的遥感图像至少应该有粗略的地理坐标信息，并且已经用某种常见的地图投影方式进行过重投影。

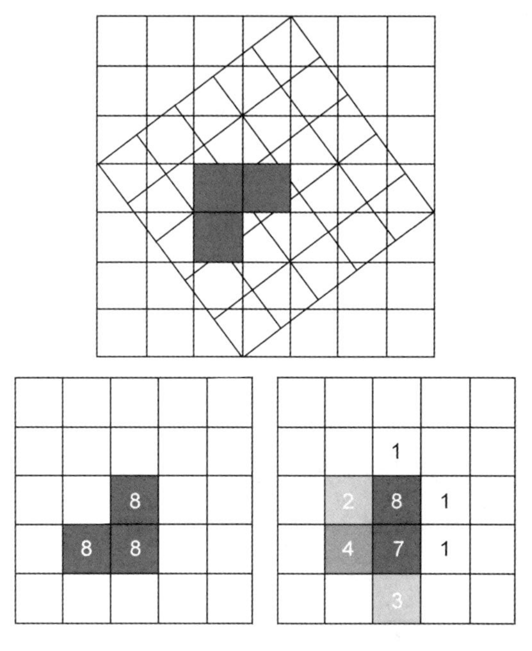

图 3.1　图像预处理示意

(上)黑色栅格表示原始图像。其中，有三个值为 8 的像元，显示为黑色，其余像元的值为 0，显示为白色。图像将重新投影到灰色格网上。(左下)使用最近邻重采样重新投影后的图像，其保留了像元值但扭曲了特征的形状。(右下)使用双线性卷积采样重新投影后的图像，其较好地表达了特征的形状，过渡更加平滑，但是产生了不真实的像元值

3.3　图像增强

图像增强的目的是改善计算机显示器上或打印出来的图像的可识别效果，其方式大致可分为两种过程，一是在不考虑邻近像元的情况下仅改变单个像元的值，二是考虑像元间的空间关系。前者称为对比度变换，后者称为空间滤波。本节中的图像增强还包括波段变换。波段变换是对多波段图像的一种处理方法，通过这种变换可以重新组合不同波段的数据(或者这些波段的一部分)。

3.3.1　对比度变换

一幅图像中像元值的直方图称为图像直方图(image histogram)。对比度变换的过程就是通过采用特定的转换函数(transfer function)，建立输入、输出像元值之间的关系，从而对原像元值进行重新分配，进而改变原图像的直方图。进行对比度变换通常是为了扩展像元值范围，从而获得更好的屏幕显示效果。大部分显示器是采用 8 比特数据来显示单波段图像，即 0~255 之间的整数值。如果图像直方图的灰度范围远远小于 255，则图像的细节就不能得到显示。通过扩展像元值的范围进行显示，称为对比度拉伸(contrast stretch)，可以极大地增强图像中的细节信息。图 3.2 是对比度拉伸的例子，其中的转换函数是线性的，因此该操作也叫对比

度的线性拉伸(linear contrast stretch)。输入直方图中像元值在 255 处的峰值意味着原图像中存在某些达到饱和的像元，当然对比度拉伸并不会改变这一事实。更有力的对比度拉伸方法(其变换函数的斜率更陡)，则会增加饱和像元值的数量。

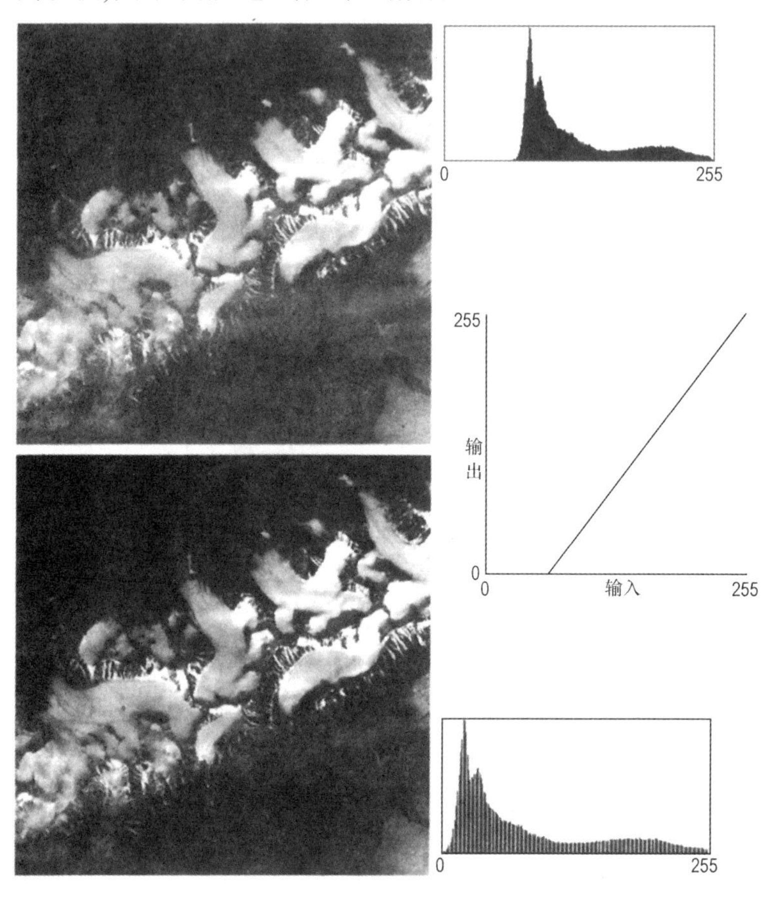

图 3.2 原始图像(左上)与对比度拉伸之后的图像(左下)，对应图像的直方图(右上和右下)及其转换函数(右中)

该图像是从斯瓦尔巴群岛布罗格半岛 ETM+图像波段 1 中提取的，面积为 12 km^2

对比度拉伸不一定是线性的，有些对比度变换可以使输出图像直方图有特定的形式，如均一值直方图或高斯分布直方图，还可与另一幅图像的直方图相匹配。

3.3.2 空间滤波

对图像实行空间滤波有多种目的，最简单的例子是均值滤波，常用于降低图像中的噪声(如 SAR 图像中的斑点噪声)。假设对一个 3×3 像元进行移动平均，其中每个像元值将用以它为中心的 3×3 区域内全体像元的算术平均值来替代。这个过程是一种与原图像进行卷积运算的函数表达形式，因此也被称为一个卷积核(convolution kernel)，可以用图 3.3 简单表示。其具体运算过程如下：首先将模板覆盖到以某一像元为中心的图像上，然后将模板下各个像元值乘以模板上的对应值(即权重)并相加，最后将计算所得结果作为新值赋予中心像元。

均值滤波器中的权重并不一定要相同，比如另一种常见的均值滤波器使用的就是高斯函数；核的大小也并非固定为 3×3，但最好使用奇数，这样便于确定中心像元。图 3.3 中的权重值相加等于 1，这就意味着滤波器并没有改变整幅图像或图像内某一均质区域内像元的平均值。这种滤波器称为归一化(normalized)滤波器。

均值滤波器有时也叫平滑滤波器(smoothing filter)，因为它可以抑制图像中的高频部分。与之相反，增强高频部分的滤波器就叫锐化滤波器(sharpening filter)，因为它可以突出图像中诸如边缘、斑点等细节特征。图 3.4 就是一个典型的 3×3 锐化滤波器，它也是归一化的。

$\frac{1}{9}$	$\frac{1}{9}$	$\frac{1}{9}$
$\frac{1}{9}$	$\frac{1}{9}$	$\frac{1}{9}$
$\frac{1}{9}$	$\frac{1}{9}$	$\frac{1}{9}$

图 3.3　3×3 均值滤波器的卷积核

$\frac{-1}{9}$	$\frac{-1}{9}$	$\frac{-1}{9}$
$\frac{-1}{9}$	$\frac{17}{9}$	$\frac{-1}{9}$
$\frac{-1}{9}$	$\frac{-1}{9}$	$\frac{-1}{9}$

图 3.4　3×3 锐化滤波器的卷积核

恒值滤波器(identity filter)也很有用，它可以保持图像不变。按照图 3.5 的形式，定义一个 3×3 的核。虽然这好像没有什么意义，但是它可以发展一个有用的符号。如果用 **I** 表示恒值滤波器，A 表示均值滤波器。如果 k(代表图像锐化的程度)大于 0，那么任意滤波器

$$\mathbf{S}=(1+k)\mathbf{I}-k\mathbf{A} \tag{3.1}$$

是一个锐化滤波器。例如，图 3.4 的锐化滤波器就是 k=1 时由图 3.3 中的均值滤波器得到的。

如果增强图像中的高频部分(如尖锐的边缘)而低频部分(均匀区域)保持不变，我们需要抑制低频而只保留高频，通常称之为边缘检测滤波器(edge-detection filter)或高通滤波器(high-pass filter)。高通滤波器 **H** 可以由均值滤波器 **A** 得到

$$\mathbf{H}=c(\mathbf{A}-\mathbf{I}) \tag{3.2}$$

式中，c 为任意常数，可正可负。该滤波器中的权重之和为 0，因此它不能归一化。这就意味着应用该滤波器后将产生有正有负的值，因此通常需要在结果上加一个常数偏移量。对于 8 比特数据，偏移量一般取 128，因为它是最小值 0 和最大值 255 的中值。

另一个权重和为 0 的重要滤波器是梯度滤波器(gradient filter)。图 3.6 中显示的是一种检测 i 方向上梯度大小的简单滤波器。通过简单的 90°旋转，即可得到相应的 j 方向滤波器。

前面所讨论的滤波器都是线性的，非线性滤波器(nonlinear filter)也很重要。最简单的例子是中值滤波器(median filter)，它用 $n\times n$(n 为奇数)区域内所有像元值的中间值来置换中心值。由于该滤波器在降低噪声的同时，还可以很好地保留边缘信息，因此对消除 SAR 斑点噪声特别有效。目前，已经发展了大量更为复杂的非线性滤波器，它们通常是基于对图像中可能出现的噪声类型的认知而发展的。图 3.7 是几种简单的空间滤波器的应用效果示例。

0	0	0
0	1	0
0	0	0

图 3.5　3×3 恒值滤波器的卷积核

0	0	0
$\frac{-1}{2}$	0	$\frac{1}{2}$
0	0	0

图 3.6　3×3 梯度滤波器的卷积核

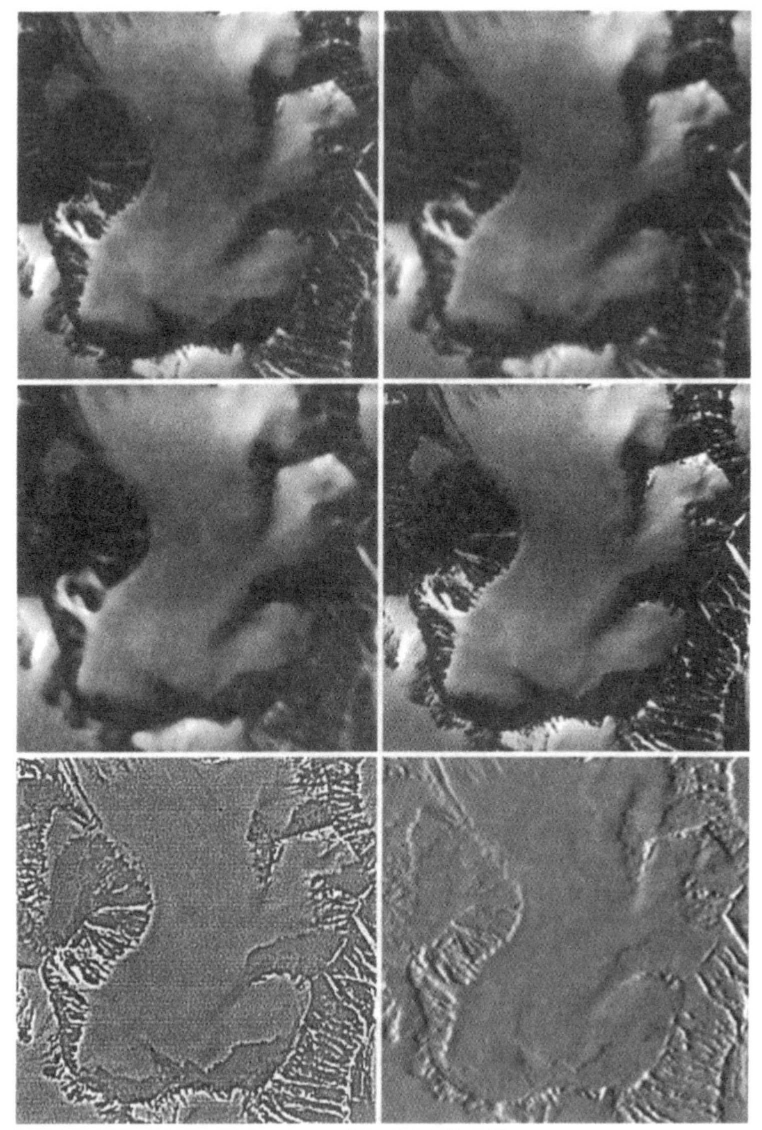

图 3.7　空间滤波效果图

原始图像(左上)；均值滤波后的图像(右上)；中值滤波后的图像(左中)；
锐化滤波后的图像(右中)；高通滤波后的图像(左下)；梯度滤波后的图像(右下)
(原始图像面积为 3km^2，由斯瓦尔巴群岛米德特拉文伯林冰川的 Landsat7 ETM+图像波段 8 提取)

3.3.3　波段变换

前面所讨论的各种图像增强方法只是针对单波段图像或者是多波段图像中的单个波段。相比而言，波段变换可对多波段图像中不同波段的信息进行比较。

在常用的波段变换方法中，一种最简单的方法是对两个波段求比值图像。当两波段中像元值之间的差异对某些研究的物理量或变量具有诊断意义，但是像元值又会随其他因素(如光照角度)变化时，该方法通常很实用。例如，假定水平地表波段 1 探测到的辐射为 L_1，波段 2 的探测值为 L_2。如果现在地表向太阳方向倾斜，那么波段 1 的辐射量将会

以某一因子 a 增加，同时波段 2 也以大致相同的因子增加。因此，尽管两波段的差增加了，但比值不会变化。第 4 章将进一步阐明，在可见光 0.5~0.6 μm 波段，对应于 Landsat TM 或 ETM+的波段 2，深雪层的反射率非常高(大于 0.9)，而在 1.55~1.75 μm 波段(波段 5)反射率较低(小于 0.2)。因此，雪面的波段 2 反射率和波段 5 反射率的比值很高(而且该比值的确具有诊断意义，如第 5 章所述)。实际中，更常用的是归一化差值指数(此时是归一化差值积雪指数 NDSI)：

$$\frac{r_2 - r_5}{r_2 + r_5} \tag{3.3}$$

而不是简单的比值：

$$\frac{r_2}{r_5}$$

其原因在于，比值是介于 0 和无穷大间的任意值，并且在分母接近于零时对误差非常敏感。而归一化差值指数(所包含信息与简单比值相同)一定是介于−1~+1 之间。图 3.8 给出了一个归一化差值指数的实例。

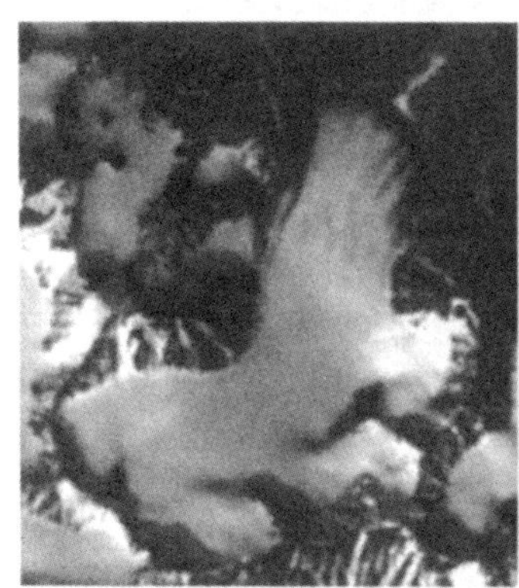

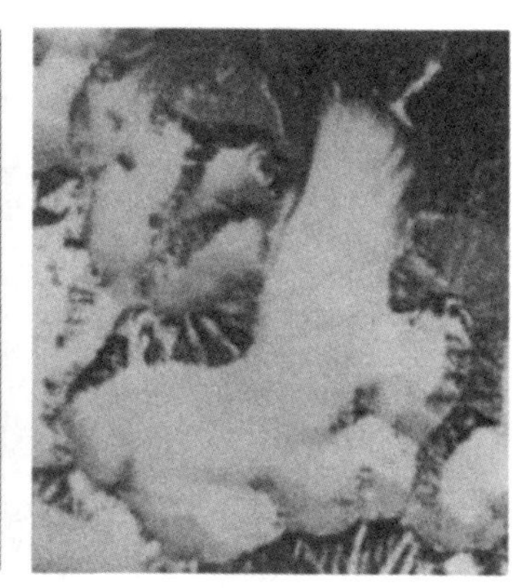

图 3.8　斯瓦尔巴群岛米德特拉文伯林冰川 Landsat7 ETM+的波段 2 图像(左)和波段 5 图像(中)及其经式(3.3)的归一化差值积雪指数(NDSI)计算后的图像(右)
(可以看出转换后地形变化的影响显著降低)

第二种主要的波段变换类型是主成分变换(或主成分分析，principal components transformation 或 principal components analysis)。假定有一个 n 波段图像，并且对于任一给定坐标的像元点，用 d_i 表示其在第 i 波段的像元值。我们可以利用这 n 个波段的原始像元值进行线性组合，得到新的像元值 d_1'：

$$d_1' = a_{11}d_1 + a_{12}d_2 + \cdots + a_{1n}d_n$$

图像中每个像元的系数 a_{11} 到 a_{1n} 是一样的。类似地，我们可以定义第二个线性组合：

$$d_2' = a_{21}d_1 + a_{22}d_2 + \cdots + a_{2n}d_n$$

依次类推：

$$d_n' = a_{n1}d_1 + a_{n2}d_2 + \cdots + a_{nn}d_n$$

主成分分析中，系数 a_{11} 到 a_{nn} 的选择必须满足以下两个条件：

(1)转换后波段 d_1' 到 d_n' 彼此不相关；

(2) d_1' 的方差大于 d_2'，d_2' 的方差大于 d_3'，等等。

图像 d_1' 称为第一主成分，依次类推。由于多波段图像各波段间往往存在着严重的自相关(之前讨论的地形因素是存在自相关的原因之一)，以致数据间存在冗余，而主成分变换的意义就在于降低这些冗余，因此十分重要。这是一种有效的转换方法，因为多波段图像往往表现出波段间的高度相关(其中一个原因就是前面讨论过的地形效应)，所以信息量比 n 个波段呈现出的信息量要少。从图 3.9 提供的例子中，可以清楚地看出原多光谱图像六个波段间存在很强的相关性，而转换后的第一主成分包含了总方差的 96.4%，而且前三

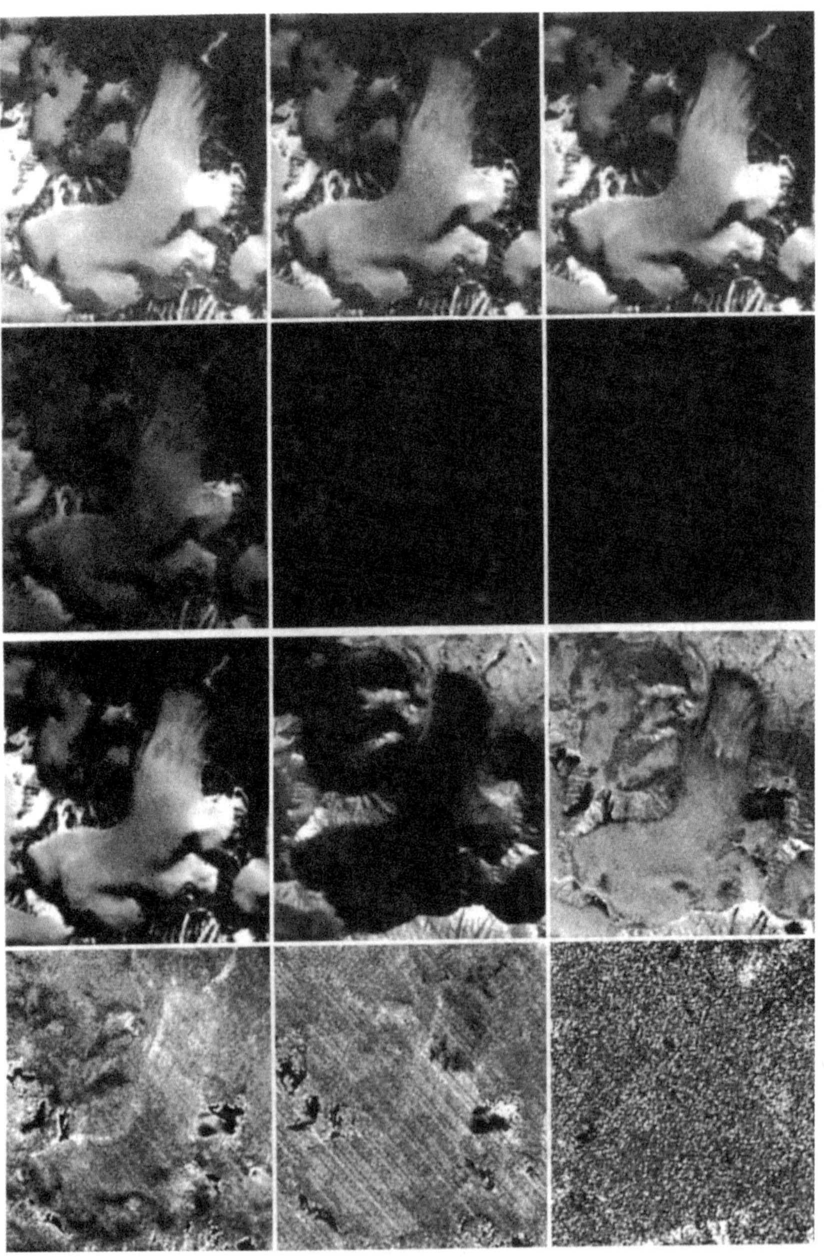

图 3.9　斯瓦尔巴群岛米德特拉文伯林冰川 Landsat7 ETM+图像六个波段(波段 1~5 和波段 7)图像(上)和该图的六个主成分图像(下)(参见彩图 3.1)

个主成分包含了 99.8%的方差。主成分变换将原多波段图像的信息重新记录到重要性逐渐降低的新波段中。此时，前三个主成分包含了原图像中几乎所有的“感兴趣”的方差，而后面几个主成分包含的几乎全是噪声，这也意味着原始六波段图像几乎完全可以重建为三个分量。

主成分变换最主要的缺陷在于，其转换后的波段一般没有明确的物理意义。然而，图像的简化足以弥补这一不足。主成分分析不仅仅局限于多光谱图像，也可用于多时相数据以分析时空变化趋势(5.2.3 节给出了该方法的实例分析)。

3.4 图像分类

本质上，分类就是通过规则将一幅图像转化为地图的过程。该过程可以人工解译 (可能事先经过某种增强处理)，也可以计算机自动处理。实际中，大多是把二者结合起来。本节简要阐述图像自动分类的主要方法，即通过规则来确定图像中每个像元的所属类别。

3.4.1 密度分割方法

密度分割是一种针对单波段图像的图像分类方法，即识别出特定范围内像元值的所有像元(或者是超出某一范围，此时就是所谓的阈值分割，thresholding)。其基本思想类似于绘制像元值的等值线图，所以它只有在像元值与所关注变量之间存在一个简单关系时才有意义。热红外和被动微波数据就是最好的例子，其像元值的大小与亮度温度有关，因而与实际温度有关(分析员也许想勾勒出物理温度大于 0 ℃的区域)。此外，当所关注的一类物体对应的像元值处于数据范围的一个极端时，如近红外图像，其中水体反射率远低于几乎所有其他地物，或者包含特征指数的图像(如 NDSI(式(3.3)))，这时也可采用密度分割方法。作为例子，图 3.10 就是图 3.8 经阈值分割处理后的结果。

图 3.10 图 3.8 的 NDSI 图像经阈值为 0.4 分割处理后的结果
(白色代表有积雪覆盖区)

3.4.2 多光谱分类方法

多光谱分类方法是利用多波段图像中的所有波段信息对每个像元进行分类。多光谱分类方法中有两个基本概念：光谱特征(spectral signature)和分类规则(classification rule)。光谱特征是指某种土地覆盖类型在图像的不同波段上像元值的特征变化，分类规则(或称分类器，classifier)用于决定像元属于哪一种土地覆盖类型。分类可以在监督(supervised)下进行，即数据分析员在图像中定义已知的土地覆盖类型区(称为训练区，training areas)，通过对这些训练区进行统计分析，建立相应的光谱特征。因此，基于训练区的分类也可以认为是一个空间外推过程——寻找与已知土地覆盖类型特征相似的像元。另外一种分类是在非监督(unsupervised)下进行，非监督分类是通过自动扫描图像，来获取图像中不同类别的统计光谱特征(有些非监督分类中，由用户指定分类特征数，而有些分类中，分类特征数则由计算机自动确定)。此时，分类过程可以认为是识别图像中：①彼此相似的像元；②不同于其他像元的像元。然后，数据分析员根据需要建立各光谱特征与土地覆盖类型之间的对应关系。

监督分类与非监督分类两种方法可以相互补充。监督分类可以确保得到数据分析者感兴趣的土地类型的光谱特征，但无法保证类型间不发生重叠，因此其分类过程存在模糊性。而非监督分类虽然可以产生清晰的、互不重叠的光谱特征，却无法保证它们与实际土地类型间的对应关系(图 3.11)。实际应用中，通常把两种分类方法结合起来使用，8.2 节给出了这两种分类方法的应用实例。

另外一种重要但不太常用的多光谱分类方法是混合光谱模型(spectral mixture modeling)。该方法假定图像中地物的类别数不多，并且分类的目的在于确定一个像元中各类别所占的比例大小。最简单而又常见的假设是，像元光谱(即像元值在图像波段上的变化)是各“纯”类别光谱的线性组合。为得到确定的结果，类别数不能超过图像波段数，因此这种方法适合于简单的自然状态(如图像中仅包含开阔水域和海冰两种地物类型)，或是图像有许多光谱波段——所谓的高光谱图像(hyperspectral image)。混合光谱模型中一个重要的概念是端元(end-member)，它代表“纯”类别像元的光谱特征，可以根据野外数据或是图像(实现时更为困难)来确定。

虽然这些方法的论述都是基于多光谱图像的，但是对任何多参数的数据集都适用。一个显而易见的扩展就是多时相数据，其图像中第三维数据代表的是时间，而不是波长(见 3.1 节)。6.2 节给出了另外一个例子，雷达高度计的波形数据就是用各端元的线性组合模拟得到的，而且实现过程与混合光谱模型类似。

3.4.3 基于纹理特征的分类方法

前面所描述的分类方法都是基于单个像元的分类，即假定图像中的各个像元与邻近像元无关。而基于纹理特征的分类方法将图像的空间变化作为最终决定像元分类的一个“特征”。尽管基于纹理特征的分类也可以逐像元地进行，但是与基于像元的分类方法相比，显然要损失一些空间分辨率。这是因为在此分类方法中，我们需要为各像元定义一个包含“邻近像元”的区域，并在该区域内测量各像元的空间变异大小。该区域定义得越大，就越有利于统计分析，

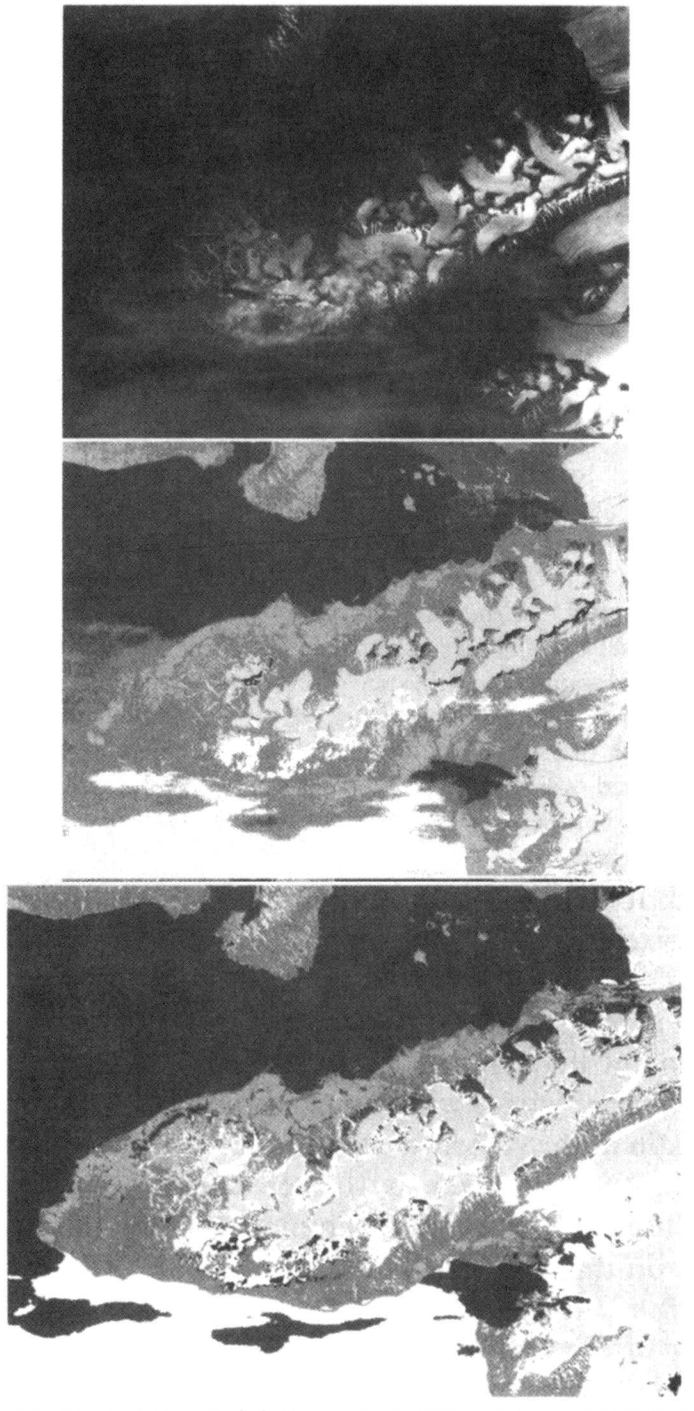

图 3.11 斯瓦尔巴群岛布罗格半岛的 Landsat7 ETM+图像(上)及其监督分类图(中)
(类别包括水体、含沉积物的水体、裸地、植被、积雪、阴影和云)和非监督分类图(下)
(类别包括水体、裸地、植被、积雪、云以及未分类)(参见彩图 3.2)
(图像中云的存在使分类产生了困难，在分类之前对图像进行掩膜处理，
剔除云覆盖区，会有利于分类)

不过其空间分辨率就越低，因此必须找到一个合适的折中区域，以同时保证可靠的统计结果和较高的空间分辨率。一旦确定了一个纹理或一组纹理测量方法，就可以将其认为是像元值外另一种描述像元的变量，然后可利用多光谱分类方法进行分类。

在纹理分类方法中，对空间变化的测量方法有多种方法。其中最简单的一种方法是以所关注像元为中心的邻域内像元值的标准差(standard deviation)(图 3.12)或方差，或者标准差与平均值的比值(即变异系数)。另一种方法是测量像元值的自相关函数(autocorrelation function)，并提取该函数的参数。第三种方法是基于灰度共生矩阵(GLCM，gray-level co-occurrence matrix)，也叫空间相关矩阵(spatial dependence matrix)，它是一个大小为 $N\times N$ 的方阵，其中 N 是图像中不同像元值的数目(比如对 8 比特数据而言，N 为 256)，矩阵元素 N_{ij} 是图像中像元值 i 出现在像元值 j 某特定一侧(如左侧)的频数。一旦计算出图像的 GLCM，就可以从中提取许多纹理测量参数。GLCM 方法的缺点在于计算量大。对一幅 8 比特图像，GLCM 需定义 256^2=65 536 个元素，但是除非邻域定义得特别大，否则矩阵中的元素大多等于零。

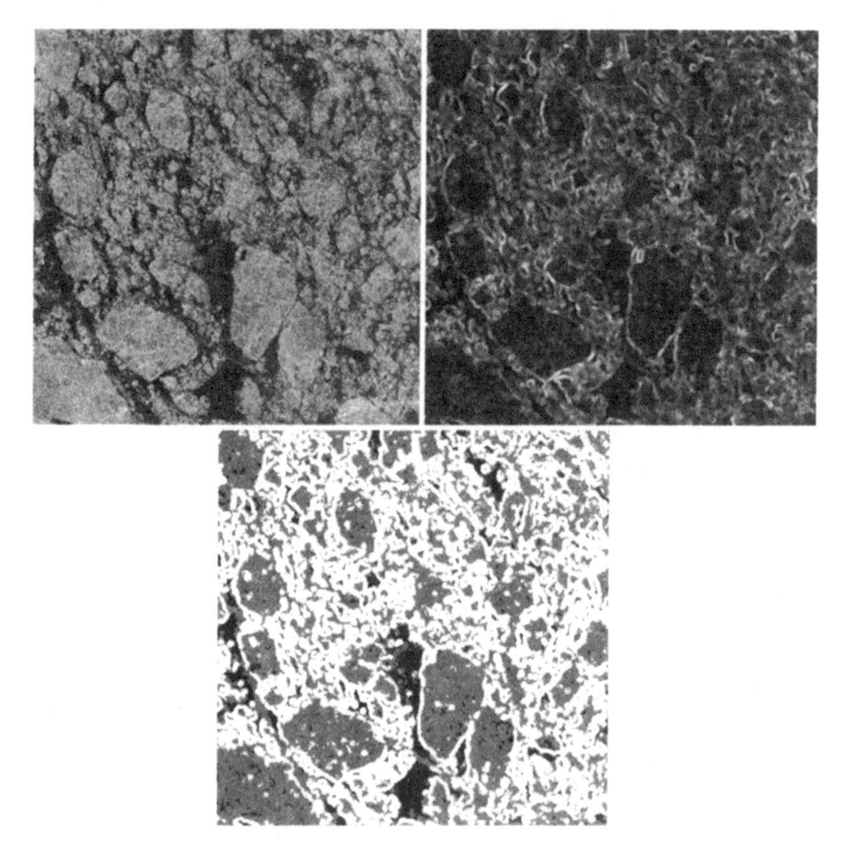

图 3.12　海冰的 SAR 图像(左上)及半径为两个像元的标准差图像(右上)和密度分割后的标准差图像(下)

低纹理区(黑色)总体上对应着地表水和薄冰，而高纹理区(白色)对应着浮冰的边界和小浮冰

在不能得到多波段数据时，例如单参数(单频率和单极化方式)的 SAR 图像，纹理分类方法就特别有用。该方法在海冰类型(6.3 节)、冰川表面(8.2 节和 8.3 节)和冰山(9.2.1 节和 9.2.2 节)等的特征研究中已有应用。

3.4.4 神经网络方法

与监督分类一样，神经网络法也是一个先训练已知数据后应用于未知像元的过程。然而，它要比标准的多光谱分类过程复杂得多。之所以叫神经网络法，是因为它在一定程度上模仿人脑通过加强某些神经元间的联系来进行学习的方式。图 3.13 是一个简单的神经网络(或者感知器)，它有许多层：一个输入层，一个或多个处理层(processing layers)，也叫隐藏层(hidden layers)，以及一个输出层。输入层用来输入数据，比如多波段图像中某些波段的像元值或纹理参数。处理层和输出层中均有很多处理单元，而每个处理单元有大量的输入。处理单元的输出结果是输入数据的加权函数。一个典型函数如：

$$\frac{1}{1+\exp\left[-\left(w_1x_1+w_2x_2+w_3x_3+\theta\right)\right]} \tag{3.4}$$

式中，x_1 到 x_3 是输入值(假定这个例子只有三个输入)，w_1、w_2、w_3 是权重(它本质上代表的是处理单元间的关联强度)，θ 是偏移量。权重 w_1、w_2、w_3 和偏移量 θ 都是处理单元的参数，通过训练过程来确定。

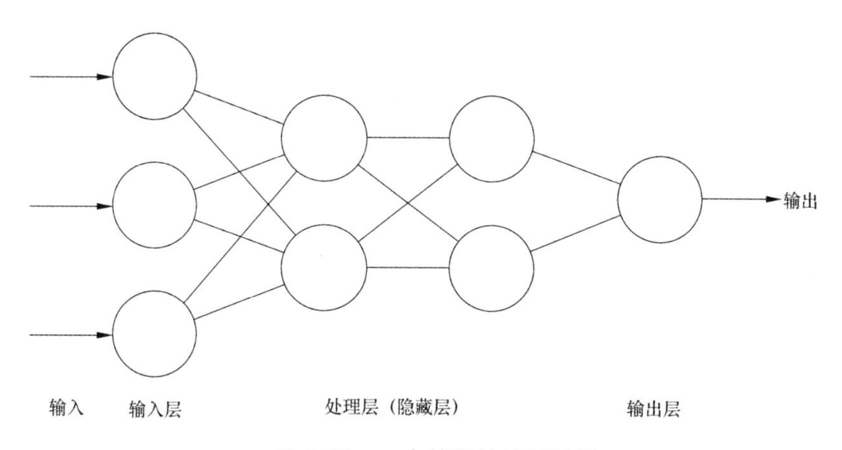

图 3.13 一个简单的神经网络

图 3.13 的例子仅有一个输出，即像元属于某一特定类别的概率，但是神经网络会有多个输出结果。训练，也叫后向传递(back-propagation)，是利用一组已知的输入和对应的结果来确定其权重，这是一个迭代运算的过程。

与常用的多光谱分类器相比，神经网络分类器更为有效，但其运行起来比较困难，并且在设计其网络结构时还需要一定的技巧。神经网络分类方法在处理被动微波数据等方面很有前景，如确定雪水当量(5.3.2 节)和海冰浓度(6.2 节)。

3.5 几何特征检测

有时需要检测图像中的几何特征，如边缘、线或环状，以此确定某海冰区海冰的脊线和冰间河道(6.6 节)。高通滤波器(边缘检测)可从图像中检测边缘，然后通过阈值法得到结果，其实例如图 3.15 所示。利用卷积滤波器可以识别一个像元宽度的线状地物，如图 3.14 所示。这两种滤波器分别用于检测水平方向和沿对角线从左下到右上方向的线性要素。旋转90°后还可以定义两个滤波器。如果对原始图像分别应用这四个滤波器，并取其结果的平方和，就可以利用密度分割得到该图像的"线密度"。事实上，图 3.14 代表的是一种更常用的技术，即模板匹配(template matching)。如果我们希望检测到给定形状、大小和方向的特征，可以定义一个合适的卷积滤波器，即所谓的模板。当模板在该特征上时，模板的输出最大，而在均质区域上方时，其值为 0。

−1	−1	−1
2	2	2
−1	−1	−1

−1	−1	2
−1	2	−1
2	−1	−1

图 3.14　线状检测模板

另一种重要的特征检测算法是利用霍夫变换(Hough transform)。最简单的霍夫变换可用于检测直线。直线可由两个参数表示，即斜率和截距。图像上每一个像元可处于许多具有不同参数线的任意一条上，这些可能的参数组合形成一个累加矩阵（accumlator array）。在对整幅图像或关注区域处理完成后，可从累加矩阵中提取最可能的参数组合。

3.6 图像分割

图像分割是确定图像中具有性质均匀、空间连续的区域的过程。例如，为了计算一幅图像中冰山的数量和面积，需要识别出图像中所有的可见冰山。由于图像中的分割区域可以由其边界——包围它的封闭曲线来定义，因此图像分割问题等同于确定其边界的问题。这个问题比较困难，而且没有哪种分割方法总是最优的。

如果目标物与背景间的对比差别大(如近红外图像中冰山和水体背景的对比)，简单的图像阈值也许就足以解决问题。这样就可将像元分为"目标"像元和"背景"像元的二值图像，随后，识别目标像元的连续区域就是一个相对简单的工作。此外，边缘检测法(3.3.2 节)也可用于识别边界。如果图像有噪声或者目标地物与背景的反差不大，边缘检测法识别的边界有许多缺点。这些边界可能不连续，而且可能在目标内部出现不是边界的边界，也可能出现那些与边界相连的不必要的边界。第三种图像分割方法是区域增长法(region-growing)。在一个目标物内部选择一个或一组像元作为"种子"，并且检验其相邻像元是否与该目标足够相似而可以被添加进来。随着像元的加入，区域逐渐增大，其统计特征也随之改变，加入新像元的标准也因此而变化。图 3.15 是图像分割的一个实例，其应用在 6.3 节、6.6 节和 9.2.3 节中都有论述。

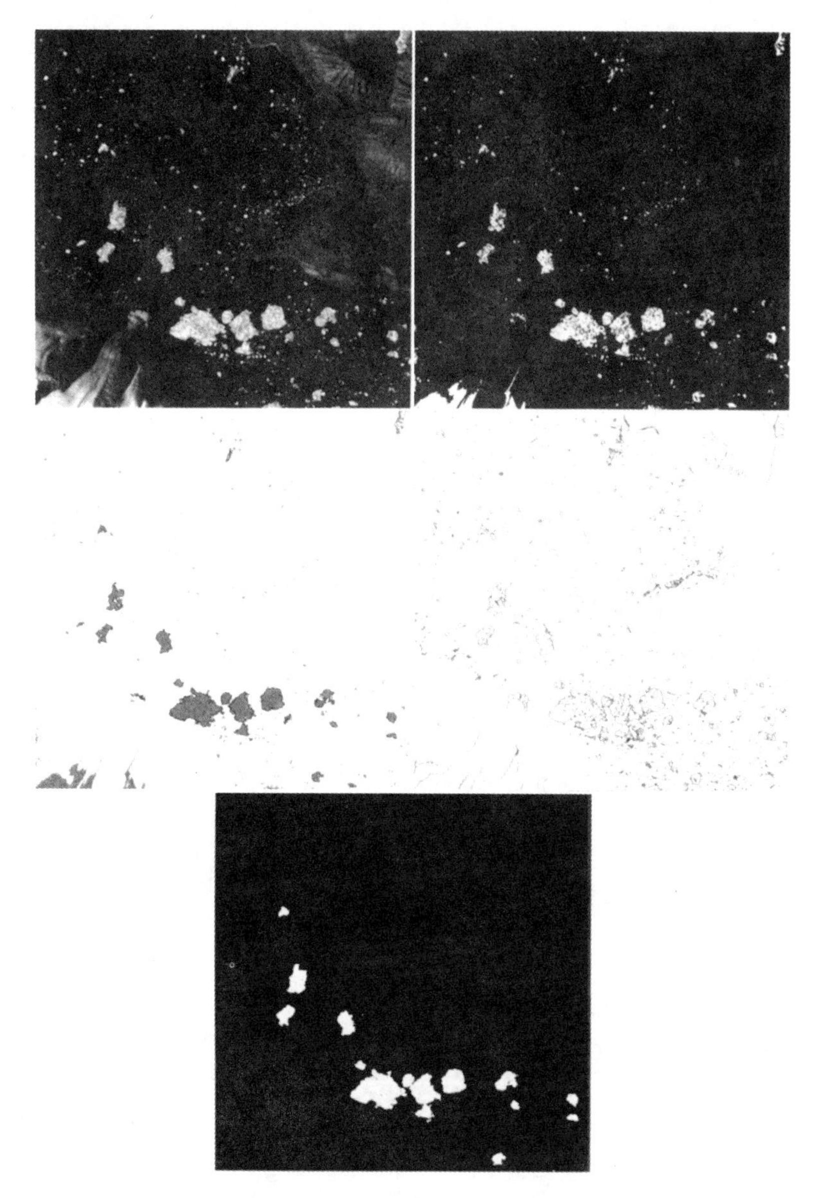

图 3.15　埃尔斯米尔岛多宾海湾 ASTER 图像的灰度等级图(图中有许多冰山)(左上)，原始图像经阈值处理的结果图(右上)，阈值处理后按边界分割的结果图(只有那些超过 100 个像元与图像边缘不连接的区域能被识别，内部的孔已被忽略)(左中)，原始图像经边缘检测后经阈值处理和“概化处理”的结果图(它将特征宽度减小到一个像元)(右中)，原始图像经区域增长法处理后的结果图(种子区由人工选择并且只选择了较大的冰山)(下)

3.7　变化检测

本章数字图像处理中最后一个将要关注的主题是序列图像中的时间变化检测。例如，需要确定冰川在一段时间内是否退缩(如果退缩，那么退缩了多少)，海冰在几天内如何移动，或者 10 年后积雪的年际变化与 10 年前积雪是否有很大的差别等。

以下几种方法都可用于变化检测。最简单的方法是对两幅图像通过求差值或计算比值直接进行对比。当图像中所关注特征对应的像元值与背景所对应的像元值的差值较大且一致时，该方法十分有效(图 3.16)，因此它多用于辐射定标后的数据，特别是经过太阳高度影响订正后的数据。当这些条件不满足时，可以对比分类后的图像。如果图像之间是几何配准的，很容易确定出两幅图像中类别已经变化的区域和没有变化的区域。一个类似的方法是特征追踪法(feature-tracking)，即识别出两幅(或多幅)图像中的几何特征，然后在不同图像中找出对应的特征，进而推断出它们的位移。该方法通常由人工实现，但有时也可对其进行自动化处理。比如，对两幅海冰图像进行分割以识别出浮冰。如果每个浮冰由一些与其形状和方向无关的参数来定义，就可以利用这些参数来匹配两幅图像中的浮冰。当所关注的目标在两幅图像中只有平移而未旋转时，测量其相对运动更为简单。这方面的例子可能是冰川表面特征的向下移动，或者浮冰区的整体移动(其密集度足够高而阻止了相对运动)。这种情况下，可以通过计算两幅图像(或图像的子区)的相关函数(correlation function)来确定位移，该函数在对应于二者的相对位移处达到最大值。计算相关函数的一个简单方法是利用傅里叶变换，图 3.17 给出了一个例子。

图 3.16 图像差值法变化检测示意图

下图显示了上面两幅图的差。灰色代表没有变化的区域，
黑色代表右上图中白色特征增长的部分，而白色代表退化部分

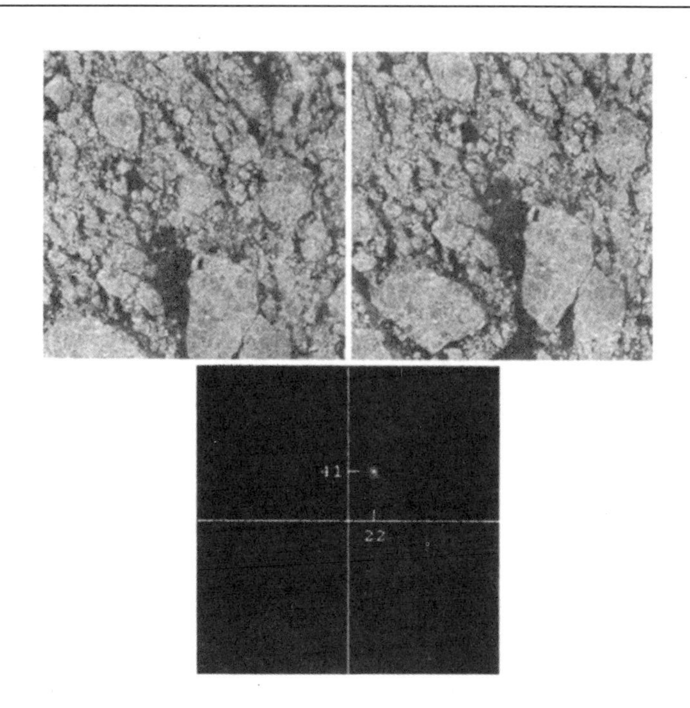

图 3.17　两幅 SAR 图像(上)及两幅图像的相关函数(下)

函数的峰值点表明两幅图像的相对位移在 *i* 方向上为 22 个像元，在 *j* 方向上为 42 个像元
（此例中两幅图像是人为地由同一原始图像产生的。这说明了相关函数中异常突出的峰值）

另一种应用两幅或多幅(几何配准后)图像的变化检测方法是“合成分析”（composite analysis）。首先，将这些图像合并为一个单幅图像的结构，比如将三个单波段的雷达图像看做是一幅多波段图像的三个“波段”。然后，对合成后的图像进行分析，如进行主成分变换。

最后，简单提一下变化向量分析(change vector analysis)。可用一个特殊而又简单的例子来说明。假如我们要研究积雪年分布的长期变化，并且我们有办法估算一幅图像中各像元上的积雪覆盖比例，以及有每个月份的图像。因此，可以用一组 12 个数值来表示每个像元，其中各数值依次代表一年中各月份的积雪，而且这些数值可以被认为构成了这一年的(12 维)矢量。在某一特定区域，该矢量的变化就代表了积雪长期的年际变化。整幅图像多年的矢量分析显示出平均趋势和变化程度，以此可以识别表现异常的区域。

4 雪冰的物理特征

4.1 引言

根据我们已经讨论并定义的术语，遥感是指从传感器接收的电磁辐射来推断地球表层的性质。这个推断过程要求我们建立物质的辐射特性和相应的物理特性之间的关系，本章将讨论这些特性和关系。冰冻圈的“原材料”是水和冰，所以本章就开始考虑这些原材料的化学和物理性质，而且将在自然环境下介绍冰和雪，而不是这些基本材料的纯样本。

4.2 积雪

4.2.1 物理特性

一般而言，积雪是冰晶体、液态水和空气的混合物。冰晶在大气降水、风力或者机械沉积作用下堆积在地球表面。如果积雪表面裸露于不干净的空气中一段时间，其上会覆盖一层烟尘和粉尘。

描述积雪最基本的参数是雪密度（density）ρ_s。雪密度范围一般在 0.2~0.6 Mg/m^3，除非在非常冷的条件下，新降雪密度可低到 0.01 Mg/m^3(Rott,1984；Hallikainen,Ulaby 和 Van Deventer,1987；Rott,Davis 和 Dozier,1992；Guneriussen,Johnsen 和 Sand,1996)。新降雪(新鲜雪或新雪，fresh snow 或 new snow)的典型密度约为 0.1 Mg/m^3。随着雪龄的增长，由于风和重力的密实过程及热变质作用，雪密度会增大。这个过程粗略的经验模型如式(4.1)(Martinec,1977)：

$$\rho_s(t)=\rho_0(1+t)^{0.3} \tag{4.1}$$

式中，t 是以天为单位的已过时间，并且 ρ_0=0.1Mg/m^3。这意味着经过一个月后雪密度约为 0.3 Mg/m^3，一年后为 0.6 Mg/m^3。

描述积雪内部结构最重要的参数是雪粒大小(grain size，或者说冰晶大小)，通常简单定义为平均半径或冰晶的等效半径，但是某些特性分析也包括晶体的形状和方向。一般雪粒径在 0.1~3 mm 之间，但是也有报道新的低密度雪粒径低至 0.01 mm。积雪表现出大尺度上的非均匀性，表现在密度的变化以及由于融雪再冻结形成的固体冰中肉眼可见的杂质等方面。很难描述这些特征，也很难根据电磁辐射与其相互作用进行模拟。

如果积雪的温度在 0 ℃以下，则不可能包含液态水，此时称为干雪（dry snow）。然而，温度在 0 ℃或 0 ℃以上时，会出现大量的液态水。此时，雪的湿度(wetness，含水量或液态水含量) w 被定义为液态水与整块积雪融化成液态水在体积上(有时也用质量)的比例。按体积计算的湿度的典型值是 0.1(10%)。单位体积的湿雪包含液态水质量是 $w\rho_w$，其中 ρ_w 是液态水的密度，湿度 w 特指体积比，因此冰的质量是 $\rho_s - w\rho_w$。假设冰晶所占的平均体积是 v，则雪堆中冰晶的平均数密度（number density）n 可表示为：

$$n=\frac{\rho_s - w\rho_w}{\rho_i v} \tag{4.2}$$

式中，ρ_i 表示冰密度。

假设晶体是半径为 r 的球体，则体积 v 可用下式估算：

$$v=\frac{4}{3}\pi r^3 \tag{4.3}$$

令 ρ_w 为 1.00 Mg/m^3，ρ_i 为 0.92 Mg/m^3，代入 ρ_s 的典型值 0.3 Mg/m^3, r 为 0.5 mm，可以发现干雪的数密度典型值就是每立方米 10^9 个。

与密度有关的是积雪的孔隙度（porosity）p。孔隙度被定义为空气占总体积的比例，它决定了积雪中空气弥散程度。对于湿雪而言，用下面的公式求得：

$$p=1-\frac{\rho_s - w(\rho_w - \rho_i)}{\rho_i} \tag{4.4}$$

如果雪密度的单位用 Mg/m^3，在数值上也可写成：

$$p \approx 1-1.09\rho_s - 0.091w$$

如果液态水不连续，则湿雪描述为环状的（pendular），如果液态水路径相连通，则描述为索道状的（funicular）。当湿度大约为 7%时，将从环状向索道状转变。

积雪中所含水的总量用雪水当量(snow water equivalent，SWE) d_w 表示，其定义是当积雪中所有的冰融化后可产生水层的厚度，也是单位面积上雪水量的度量。其计算公式是：

$$d_w=\frac{1}{\rho_w}\int_0^d \rho_s d_z \tag{4.5}$$

式中，积分是在整个积雪深度的垂直方向完成的，如果密度均匀，公式可简化为：

$$d_w=\frac{\rho_s}{\rho_w}d \tag{4.6}$$

所以，我们发现 SWE 一般约为深度的 1/3，但是也可以比这个值低很多。

4.2.2 表面几何

积雪表面的几何特征在电磁辐射和积雪之间的相互作用中发挥着重要作用[1]。几何属性在小的长度尺度上可称为表面粗糙度（surface roughness），而在更大尺度上称为表面地形（surface topography）。其差别依赖于所适用的空间分辨率，因此在实际中指定所定义特征的长度尺度范围很重要。

表面粗糙度最简单的测量是均方根(root mean square，RMS)高度离差（height deviation）σ，有时含糊地称为均方根高度。其定义如下：

[1] 这不仅适用于积雪，而且对我们将要考虑的所有物质都适用，因此这里给出完整的讨论。

$$\sigma^2 = \left\langle \left[h(x,y) - \left\langle h(x,y) \right\rangle \right]^2 \right\rangle \equiv \left\langle \left[h(x,y) \right]^2 \right\rangle - \left\langle h(x,y) \right\rangle^2 \tag{4.7}$$

式中，$h(x,y)$表示坐标值为(x,y)位置上高出某一任意指定水平面的高度。而尖括号〈 〉表示x和y值相匹配范围内的平均值。在几十厘米到1 m左右的空间范围内，测得σ的典型值范围在0.5~30 mm(Hallikainen, Ulaby和Van Deventer，1987；Rott，1984；Rtt, Davis和Dozier，1992；Rott和Nagler，1992；以及作者未发表的研究)。

均方根高度离差σ值反映出表面高度变化呈现出的变化，而不能(除非知道提取x和y坐标值的范围)看出这些变化的空间分布。最常用来确定水平尺度高度变化的方法是自相关函数(autocorrelation function，ACF)。为了避免使用更复杂而不必要的符号，首先定义通过雪表面的一维剖面的ACF，公式如下：

$$\rho(\xi) = \frac{\left\langle \left[h(x+\xi) - \left\langle h(x) \right\rangle \right] \left[h(x) - \left\langle h(x) \right\rangle \right] \right\rangle}{\sigma^2} \tag{4.8}$$

式中，$h(x)$是截面高度，σ是截面的均方根高度离差。和前面一样，尖括号表示空间平均计算。

ACF没有单位，是一个剖面水平移动距离ξ后与其本身相似度的测量。+1表示与剖面本身一致；–1则表示平移剖面距离ξ后与原来的剖面完全相反，即高出平均高度的高度移动后，变成了低于平均高度的高度；零值表示毫无关联。显然当ξ为0(即$\xi(0)=1$)时，ACF为1。描述ACF的简单方法是定义相关长度（correlation length）l_c,它是指ACF首次降到某一标准值时ξ的值，如1/2或1/e(或者甚至为0)。例如$\rho(l_c)=1/2$。因此，相关长度也是表面高度水平变化的度量。相关长度典型的取值范围是30~300 mm(Rott,1984；Rott, Davis和Dozier,1992；Rott和Nagler,1992；以及作者未发表的研究)。

ACF常用一个简单公式来模拟，其中最常用的是负指数（negative exponential）函数：

$$\rho(\xi) = \exp\left(-\frac{\xi}{l_c} \right) \tag{4.9}$$

和高斯（Gaussion）函数：

$$\rho(\xi) = \exp\left[-\left(\frac{\xi}{l_c} \right)^2 \right] \tag{4.10}$$

注意，以上两个公式都已经将相关长度定义为$\rho(l_c)=1/e$。

虽然式(4.8)定义了一维的ACF，但它显然可以扩展到二维。同样地，一维的ACF也能在雪表面上不同的方向进行测量。如果这些不同方向上的ACF值明显不同(如果不同方向上的相关长度不同)，则可以说表面粗糙度各向异性（anisotropic）。

我们也可以定义表面坡度，并由此提取粗糙度的统计值。如果表面高度定义为两个水平坐标x和y的函数，则表面坡度是一个二元矢量$\boldsymbol{m}$：

$$\boldsymbol{m} = \left(\frac{\partial}{\partial x} h(x,y), \frac{\partial}{\partial y} h(x,y) \right) \tag{4.11}$$

有时矢量的大小和方向用坡度和坡向来定义，而不用这里所用的x–和y–分量。如果只考虑坡度的x–分量，我们可以定义坡度变化的均方根σ_{mx}为：

$$\sigma^2_{mx} = \left\langle \left(m_x - \left\langle m_x \right\rangle \right)^2 \right\rangle \equiv \left\langle {m_x}^2 \right\rangle - \left\langle m_x \right\rangle^2 \tag{4.12}$$

类似地，可应用于 y–分量。对于各向同性的粗糙表面：

$$\sigma_{\mathrm{mx}} = \sigma_{\mathrm{my}} = \sigma_{\mathrm{m}} = \sigma\sqrt{-\frac{d^2}{d\xi^2}\rho(0)} \tag{4.13}$$

因此对于一个具有高斯自相关函数的表面(式(4.10))，可以发现：

$$\sigma_{\mathrm{m}} = \sqrt{2}\frac{\sigma}{l_{\mathrm{c}}} \tag{4.14}$$

因为这个公式表明，一个“典型的”表面坡度与高度变化在该典型的垂直与水平尺度上的比值相当，所以这是一个直观上合理的结果。

但必须注意，不是上述所有参量都可用来描述所有表面。对于一个具有负指数自相关函数的表面，不能描述 RMS 坡度变化，而且对于某些分维（fractal）特征的表面，自相关函数本身就不能被描述。在这种情况下，可用半变率（semirariogram）来描述表面特征。一维形式表示为：

$$\gamma(\xi) = \frac{1}{2}\left\langle\left[h(x+\xi) - h(x)\right]^2\right\rangle \tag{4.15}$$

与 ACF 不同，半变率有单位，并且包含了表面不规则性在垂直和水平尺度上的信息。当 ACF 有意义时，ACF 与半变率的关系是：

$$\gamma(\xi) = \sigma^2\left[1 - \rho(\xi)\right] \tag{4.16}$$

在一个最简单的分维表面上，定义 ACF 没有意义，而半变率有幂律形式：

$$\gamma(\xi) = a\xi^{4-2D} \tag{4.17}$$

式中，a 是常数，D 是表面剖面上的分维数。D 值在 1~2 之间。

4.2.3　积雪的热特性

在考虑融化与径流现象，以及积雪对大气和下覆地面之间热交换的影响时，积雪的热特性很重要。冰的融化潜热是 334 kJ/kg，也就是说 1 平方米 0 ℃的冰每融化出 1 cm 厚的水需要输入 3.34 MJ 的热量。积雪的热质（thermal quality）是指融化这些雪需要的热量与由 0 ℃的纯冰融化成相同质量的水需要的热量之比。雪堆中液态水越多，热质越小，在 0 ℃以下，随着温度下降热质增大。热质为 1 的积雪，深度 dr 的降雨量可以融化的深度表示为：

$$\frac{d_{\mathrm{r}} T_{\mathrm{r}} c_{\mathrm{w}}}{L} \tag{4.18}$$

这里 T_{r} 是 0℃以上的降雨温度，c_{w} 是水的比热容，L 是冰的融化潜热。T_{r} 的单位是℃，这个公式可近似表示为(Hall and Martinec,1985)：

$$\frac{d_{\mathrm{r}} T_{\mathrm{r}}}{80}$$

当考虑由于融化而不是降雨产出的融水时，常见的方法是通过一个系数 a 来建立融水(测量出水的厘米数)和融化的度日积累数的关系，系数 a 的典型值是 0.5 cm/度日，但可以更准确地估计为：

$$a = f\left(1-r\right)\cos\theta \tag{4.19}$$

式中，r 是表面反照率，θ 是太阳天顶角，f 为常数。f 值建议取 1.25/度日(Nagler 和 Rott，1997)。

积雪的热导率大致与其密度成正比。密度为 0.1 Mg/m^3 的积雪热导率一般为 0.05 W/(m ·K)，与玻璃丝绝缘体相似；密度为 0.3 Mg/m^3 时，热导率一般为 0.13 W(m · K)；密度为 0.5 Mg/m^3 时，热导率约为 0.44 W/(m · K)，与砖块相似。

4.2.4　可见光与近红外波段积雪的电磁特性

新鲜的干雪在人眼看来是白色的,也就是说，它具有很高的反射能力，并且在人眼能感觉到的波长范围 (0.4~0.65 μ m) 内变化很小。原因在于冰的介电特性，以及构成积雪的冰是一个高度分散的结构，如前所述，每立方米内的冰颗粒达到 10^9 个。

图 4.1 解释了上述原因，其数据来自 Warren(1984)，Rees(1999)。可见光在冰中的吸收长度达到 10 m，这也就意味着当光子穿过 2 m 厚的雪层(其中包含 1 m 厚的冰)时，它被吸收的概率可以忽略不计。另一方面，当光子穿过雪层时可能会遇到几千个空气–冰和冰–空气界面，其在每个界面被反射的概率是 0.02。因此，几乎可以确定光子将被散射回雪层外，而且因为冰的吸收和反射性质在可见光波段的变化不明显，所以这个性质在整个波段同样适用。

这个简单的论点，通过 Rees(2001)的发展而更完善，也表明雪粒径越大，雪层的反射系数应该越小，这是因为空气–冰界面的数量减小导致了散射机会也随之减少。此外，如图 4.1 所示，波长越长，反射系数一般越大(吸收长度越小)。而图 4.2 所示的现象，说明可见光波段反射率对粒径大小相对不敏感，而在 1.0~1.3 μm 范围内反射率对粒径大小高度敏感。

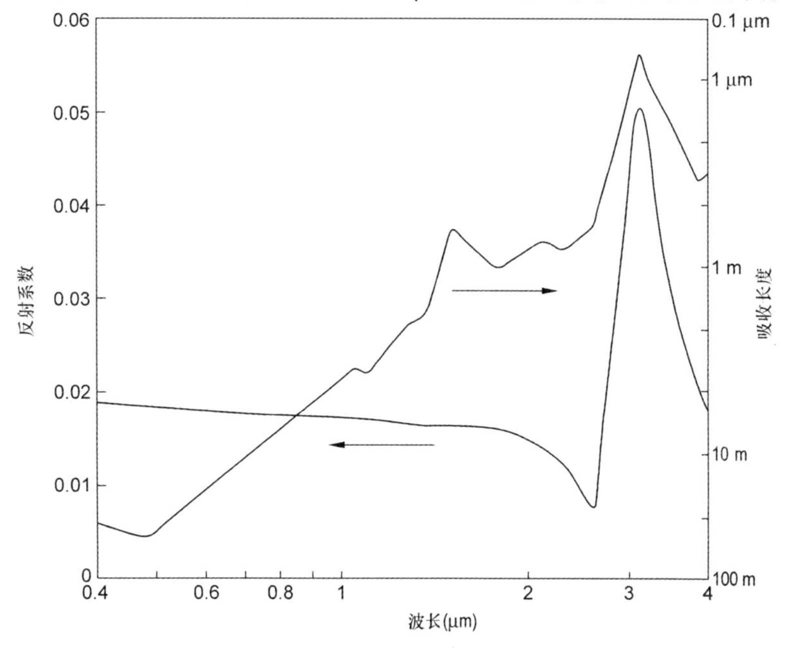

图 4.1　波长在 0.4~4.0 μm 之间的电磁辐射在冰－空气界面的反射系数及在冰中的吸收长度(简化图)

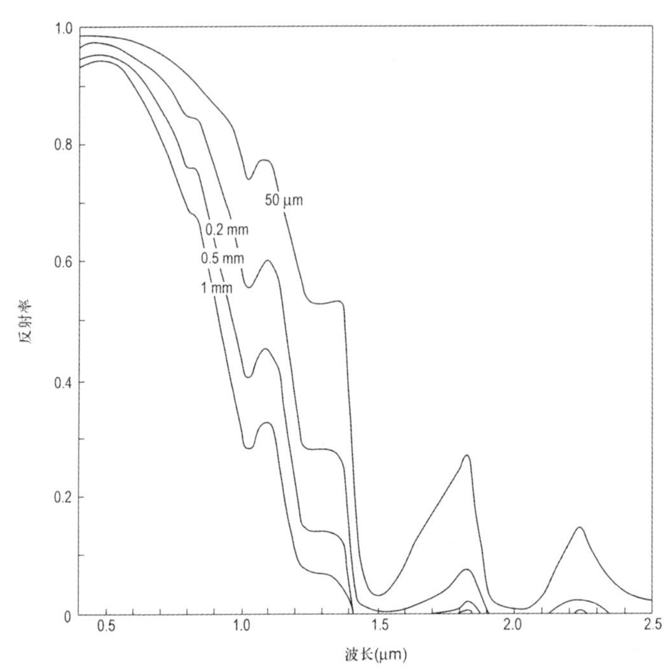

图 4.2　不同雪粒径大小条件下厚雪层光谱反射率(根据 Choudhury 和 Chang，1979)

雪的反射率不直接依赖于密度，但是式(4.1)描述了随着时间的推移，雪的密度增大，导致粒径的增大，从而反射率下降。随着雪的老化，积雪表面会覆盖一层粉尘和烟尘，也会降低反射率。新雪的反射率可超过 90%，对于脏雪这个值可降到 40%，或者甚至低于 20%(Hall 和 Martinec，1985)。

因为大部分光子能穿过薄雪层而不被散射，所以以上这些论点只适合于雪层足够厚的情况。这种现象可通过定义雪层的散射长度（scattering length）来定量描述。散射长度类似于吸收长度，它是指光线由于散射作用而使强度在传播方向上削减到 1/e 之前穿过介质的距离。均匀雪层的光学厚度（optical thickness）是其实际厚度与散射长度之比，它是不透明度的度量。我们认为散射长度应该与数密度和颗粒的截面面积两者成反比(Rees，2001)，而从式(4.2)和式(4.3)中可看到它与粒径大小(半径)成正比，与雪密度成反比。因此，在粒径大小一定的情况下，光学厚度主要依赖于雪水当量。试验观测表明，光学厚度为 1 时，雪水当量是粒径大小的几倍。

雪层中液态水的存在对反射率几乎没有直接的影响。由 4.2.1 节可知体积含水量几乎不超过 10%，并且在任何情况下水与冰足够大的介电差异确保多次散射现象不断出现。可见光和近红外波段在水中的电磁辐射吸收与冰中相似。另外，因为液态水使得冰晶聚集而导致有效粒径增大，从而降低了反射率，因此液态水的存在对光学性质有间接影响。Green 等(2002)给出了一个模拟模型，考虑了粒径大小和液态水含量对积雪反射的影响。含水量的增加最显著的影响是使得吸收波段 1030nm 向更短的波长有较小的偏移。

由于冰晶的反射增强了镜面反射，因此雪层的反射是各向异性的(不是严格的朗伯[1])(Middleton 和 Mungall，1952；Hall 等，1993；Knap 和 Reijmer，1998；Jin 和 Simpson，

[1] 无论如何照射，朗伯体表面各向同性地反射辐射，即所有方向辐射相同。它是一个“理想粗糙的”表面。

1999)。虽然它在计算积雪表面反照率时相当重要(见 5.5.1 节)，事实上，至今大部分的研究都忽视了这个影响(Konig，Winther 和 Isaksson，2001)。

4.2.5 热红外波段积雪的电磁特性

在热红外波段积雪的反射率不高。图 4.3 解释了反射率在波长 2~14 μm 之间和粒径大小从 10~400 μm 之间的变化。该图表明粒径大小在 100 μm 以上时，整个热红外波段的反射率不会超过 1%。

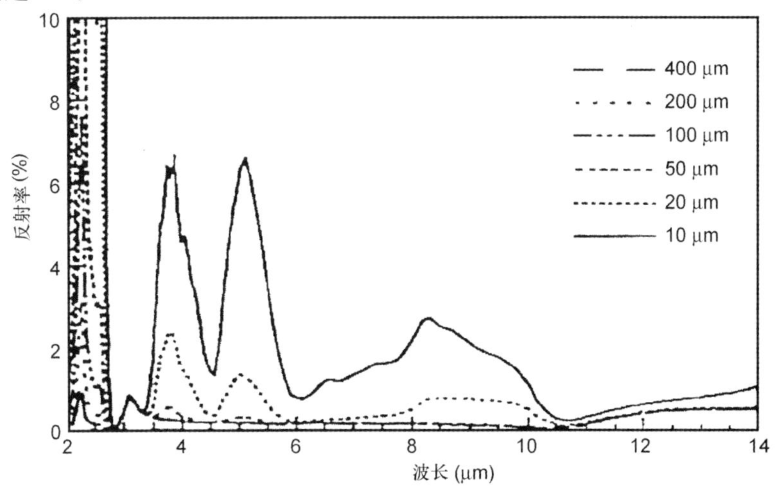

图 4.3 积雪在热红外区的光谱反射率

（原始数据来自于 Salisbury，D'Aria 和 Wald(1994)，Kuittinen(1997)重新制作。再版得到了欧洲遥感实验室协会的许可）

在热红外波段，干雪发射率一般是 0.965~0.995。在此电磁波区间，冰的吸收率高，最大值出现在波长接近 10 μm 处，而且雪良好的离散结构使其行为更趋向于黑体(即发射率趋向于 1)。图 4.4 中显示了两条 3~15 μm 波段的积雪发射波谱，它们都是经高分辨率测量的。在这个波段，水的发射率和积雪没有太大的区别，所以水的影响可以忽略。Kuittinen(1997)在积雪光学与红外特性方面进行了总结。

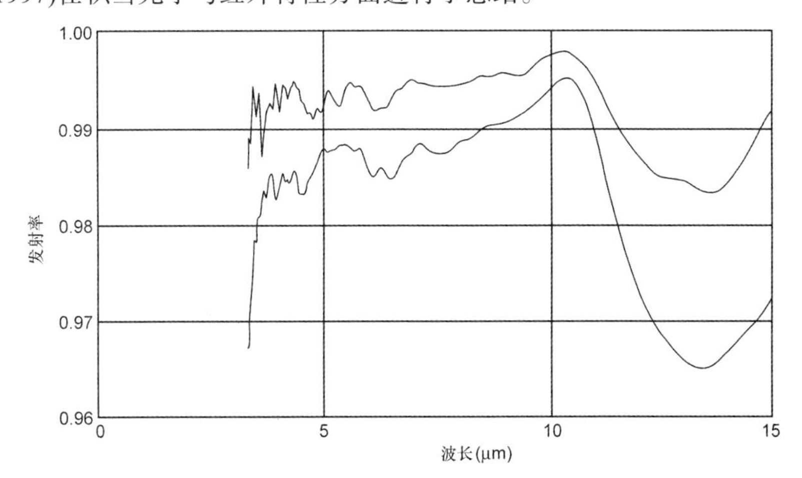

图 4.4 两个积雪样本的热红外发射率(Zhang,1999)

4.2.6 微波波段积雪的电磁特性

光滑雪面的反射是最简单的现象，其由到达雪面的入射角和雪的介电常数来控制。积雪和外部媒介(空气，即使假设它为自由空间，介电常数为 1，也不会有很大的误差)之间介电常数的差异越大，则反射系数越大。

在整个微波波段，冰的介电常数的实部实际上是个常数，其值是 3.17。因此，干雪介电常数的实部只依赖于雪密度，在数值上可以表示为(Hallikainen,Ulaby 和 Abdelrazik，1986)：

$$\varepsilon' = 1 + 1.9\rho_s \tag{4.20}$$

式中，ρ_s是积雪密度，Mg/m^3。密度为 0.3 Mg/m^3 时介电常数的实部约为 1.57。

介电常数的虚部决定了吸收率，对于干雪来说非常小。它对温度表现出一定的依赖。图 4.5 是介电常数虚部的半经验模型预测结果。

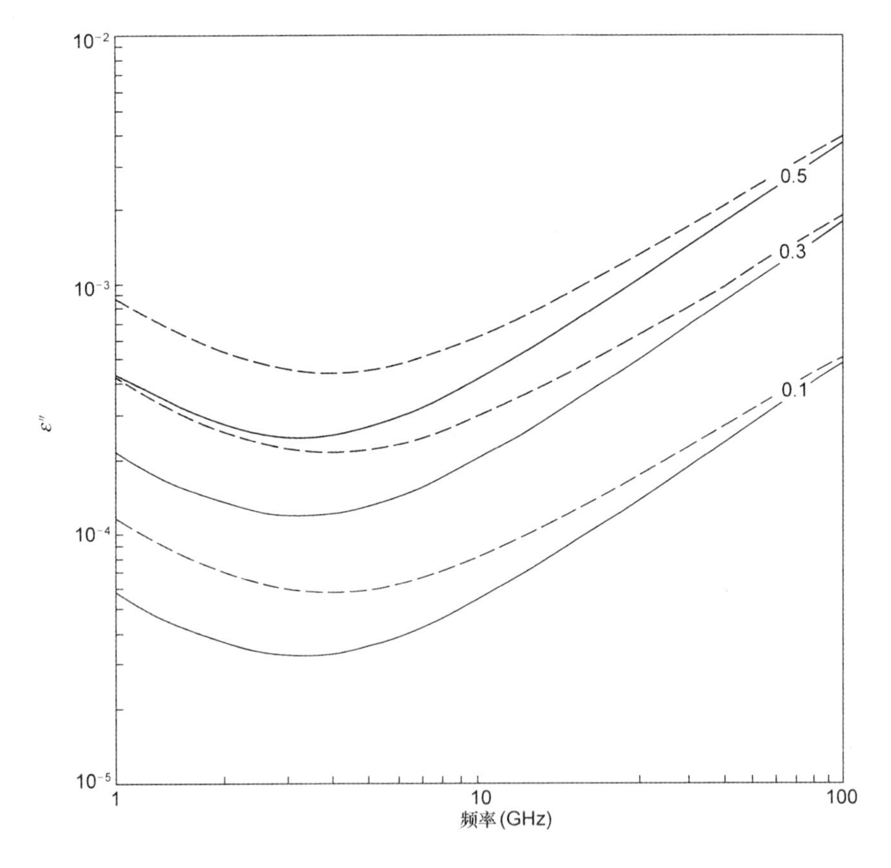

图 4.5 干雪介电常数的虚部

曲线上的注记是密度(Mg/m^3)，该曲线来自 Mätzler 和 Wegmüller(1997)及 Tinga、Voss 和 Blossey(1973)的工作。虚线表示温度为−5 ℃，实线表示温度为−15 ℃

由于吸收系数低，微波在干雪中的传播主要由散射控制(如4.2.4节所述，可见光和近红外辐射也是如此)。

图 4.6 给出了微波在干雪中的衰减长度（attenuation length）[1]。它对粒径大小的依赖与可见光波段相反。在可见光区，颗粒半径 r 比波长大得多，并且单个颗粒的散射截面与 r^2 大致成正比。在微波波段，颗粒半径比波长小得多，散射截面与 r 的更高次幂成正比，当颗粒足够小时可达 6 次幂(即瑞利散射，rayleigh scattering)。

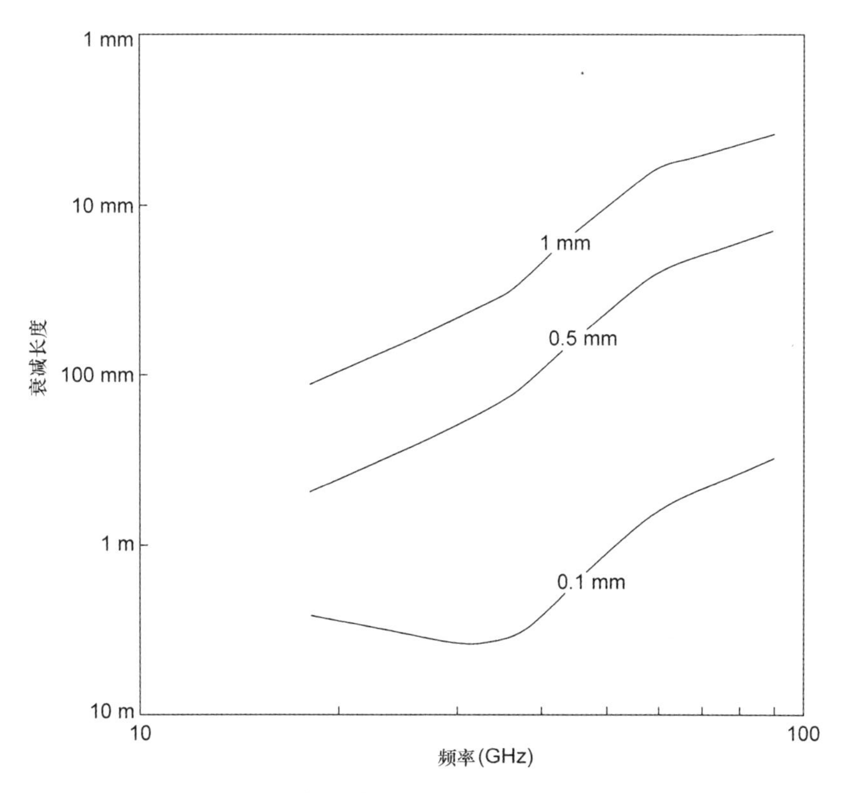

图 4.6　不同粒径半径和频率的积雪经验衰减长度
(Hallikainen，Ulaby 和 Van Deventer,1987)

Hallikainen 和 Winebrnner(1992)吸取了 20 世纪 80 年代各领域人员的试验和理论研究成果，全面地回顾了湿雪的微波介电特性。频率为 3~15 GHz 时，他们建议以下的经验模型：

$$\varepsilon' = 1 + 1.83\rho_{\mathrm{ds}} + 0.02w^{1.015} + \frac{0.073w^{1.31}}{1 + \left(f/9.07\right)^2} \tag{4.21}$$

$$\varepsilon'' = \frac{0.073\left(f/9.07\right)w^{1.31}}{1 + \left(f/9.07\right)^2} \tag{4.22}$$

频率为 15~37 GHz 时，模型更为复杂：

[1] 衰减长度的定义类似于吸收长度。衰减长度是同时考虑吸收和散射作用，辐射强度衰减到 1/e 时传播的距离。有时称为穿透长度或穿透深度。

$$\varepsilon' = 1 + 1.83\rho_{ds} + \left(0.016 + 0.000\,6f - 1.2\times10^{-5} f^{-2}\right) w^{1.015} +$$

$$0.31 - 0.05f + 8.7\times10^{-4} f^{2} + \frac{\left(0.057 + 0.002\,2f - 4.2\times10^{-5} f^{2}\right) w^{1.31}}{1+\left(f/9.07\right)^{2}} \tag{4.23}$$

$$\varepsilon'' = \frac{\left(0.071 - 2.8\times10^{-4} f + 2.8\times10^{-5} f^{2}\right)\left(f/9.07\right) w^{1.31}}{1+\left(f/9.07\right)^{2}} \tag{4.24}$$

式中，f是频率，GHz；w是水的体积百分比；ρ_{ds}是单位体积积雪中冰的质量，Mg/m^3。

图 4.7 显示了这些公式的结果。图中特别显示，少量的液态水对吸收就会有非常强的影响。例如在 10GHz，干雪的吸收长度达到 1m 左右，当液态水含量仅为 2%时，吸收长度降到仅几厘米。图示也表明在一定频率和含水量下，介电常数的虚部和吸收长度对雪的密度依赖性很小。

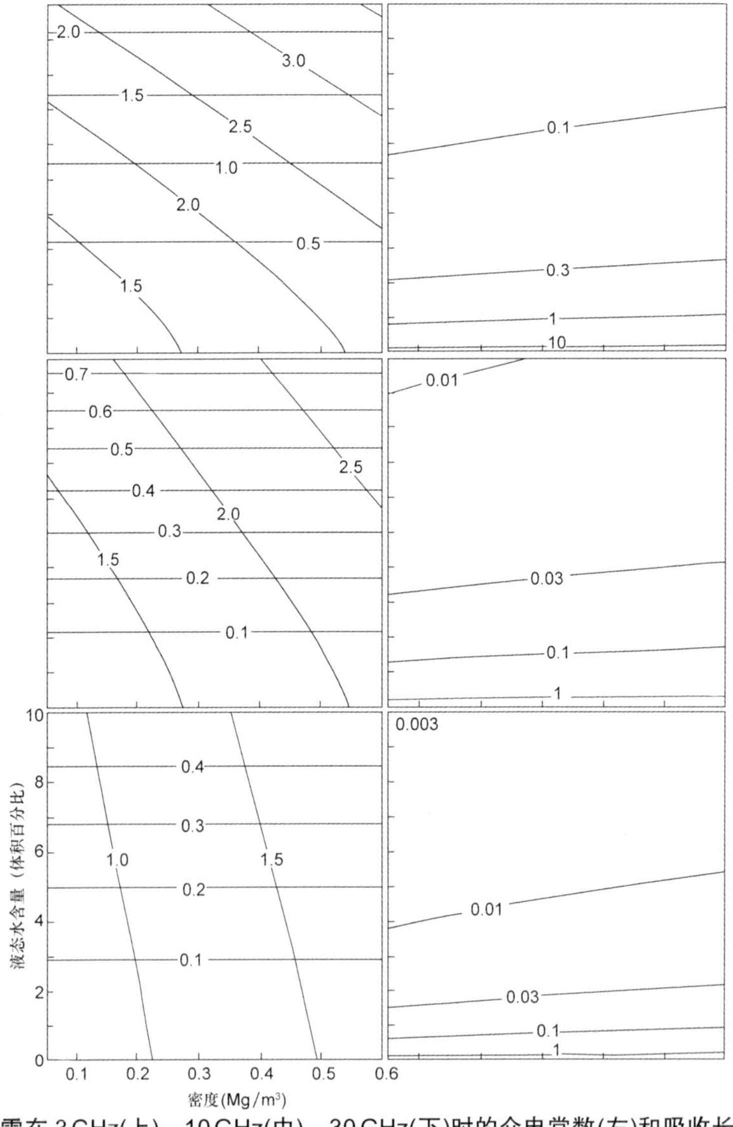

图 4.7　湿雪在 3GHz(上)、10GHz(中)、30GHz(下)时的介电常数(左)和吸收长度(右)

介电常数的图标有实部(斜线)和虚部(水平线)。右边的线标出了吸收长度(单位为 m)

一个更简单的模型(Rott，Mätzler and Strobl,1986)提出干雪的介电常数由于液态水存在而增加，增加量由以下公式表示：

$$\Delta\varepsilon' = \frac{23w}{1+\left(f/f_0\right)^2} \tag{4.25}$$

和

$$\Delta\varepsilon'' = \frac{23\left(f/f_0\right)w}{1+\left(f/f_0\right)^2} \tag{4.26}$$

式中，w 是积雪中的体积含水量(不是百分比)，f 是频率，并且 f_0=10 GHz。液态水含量较低时，这个简单模型往往会高估吸收作用。

4.2.7　积雪的微波后向散射

积雪表面(从任意表面)散射辐射依赖于表面的介电常数、粗糙度和散射的几何性质。已经建立了许多表面散射（surface scattering）的数学模型，有些是基于物理规律，有些是基于经验数据拟合的，还有些是结合了两者的模型。物理模型比其他模型更复杂，但应用范围更广。

基于“中等”粗糙表面的一个最简单的微波散射模型是稳定相位模型（stationary phase model）或几何光学模型（geometric optics model）。其后向散射系数为：

$$\sigma^0_{\mathrm{HH}}(\theta) = \sigma^0_{\mathrm{VV}}(\theta) = \frac{\left|R(0)\right|^2 \exp\left[-\left(\tan^2\theta/2\sigma_{\mathrm{m}}^2\right)\right]}{2\sigma_{\mathrm{m}}^2\cos^4\theta} \tag{4.27}$$

式中，θ 为入射角，σ_{m} 是式(4.12)中定义的均方根坡度变差，$R(0)$是光滑雪面的入射辐射的振幅反射系数，表示如下：

$$R(0) = \frac{1-\sqrt{\varepsilon}}{1+\sqrt{\varepsilon}} \tag{4.28}$$

式中，ε 是表面物质的复介电常数。这个模型满足下列条件时才有效：

$$\frac{\sigma\cos\theta}{\lambda} > 0.25$$

$$\frac{l_{\mathrm{c}}}{\lambda} > 1$$

$$\frac{l_{\mathrm{c}}^2}{\sigma\lambda} > 2.8$$

式中，λ是辐射波长，σ是均方根高度变差(式(4.7))，l_{c} 是不规则表面的相关长度(式(4.8))。对于具有高斯自相关函数的表面(式(4.10))，这些条件可以重新写为：

$$\frac{\sigma\cos\theta}{\lambda} > 0.25$$

$$\frac{\sigma}{\lambda} > 0.7\sigma_{\mathrm{m}}$$

$$\frac{\sigma}{\lambda} > 1.4\sigma_{\mathrm{m}}^2$$

如果表面太光滑以至于第一个条件不满足，但是$\sigma_m < 0.25$，则可以用稍微复杂一点的标量来近似表示。此时散射系数表示如下：

$$\sigma_{pp}^0 = \frac{8\pi^2}{\lambda^2}\cos^2\theta\left|R_p(\theta)\right|^2\exp\left(-\frac{16\sigma^2\cos^2\theta}{\lambda^2}\right)\times$$

$$\sum_{n=1}^{\infty}\frac{\left(16\sigma^2\cos^2\theta/\lambda^2\right)^n}{n!}\int_0^{\infty}\rho^n(\xi)J_0\left(\frac{4\pi\xi\sin\theta}{\lambda}\right)\xi d\xi \qquad (4.29)$$

式中，σ_{pp}^0是pp极化辐射的后向散射系数(即垂直极化或水平极化时，p分别为H或V)，$R_p(\theta)$是 p 极化以入射角θ向平面入射辐射的振幅反射系数，$\rho(\xi)$是表面自相关函数(式(4.8))。如果表面可用高斯自相关函数描述，则公式可稍作简化为：

$$\sigma_{pp}^0 = \frac{4\pi^2 l_c^2}{\lambda^2}\cos^2\theta\left|R_p(\theta)\right|^2\exp\left(-\frac{16\sigma^2\cos^2\theta}{\lambda^2}\right)\times$$

$$\sum_{n=1}^{\infty}\frac{\left(16\sigma^2\cos^2\theta/\lambda^2\right)^n}{n!n}\exp\left(-\frac{4\pi^2 l_c^2\sin^2\theta}{n\lambda^2}\right) \qquad (4.30)$$

当雪是干的且吸收长度相对较长时，雪层内部的散射更重要。体散射（volume scattering）就是透过表面的辐射被内部不规则介质散射，此时雪层内是冰晶。Stiles 和 Ulaby(1980b)提出了雪层内体散射最简单的模型，可表示为：

$$\sigma^0(\theta) = \left|R(\theta)\right|^4\frac{\sigma_v\cos\theta'}{\gamma}\left[1-\frac{1}{L^2(\theta')}\right]+\left|R(\theta)\right|^4\frac{\sigma_g^0(\theta')}{L^2(\theta')} \qquad (4.31)$$

式中，σ_v是体散射系数，γ是衰减系数(也就是衰减长度的倒数)，σ_g^0是下覆表面(地面)的后向散射系数。Rott 等(1985)建议体散射系数可简单地认为是散射系数的一半，也就是散射长度倒数的一半。θ' 是电磁波进入雪层折射后与表面法线的夹角，L是传播损耗因子，由下式得出：

$$L(\theta') = \exp\left(\frac{\gamma d}{\cos\theta'}\right) \qquad (4.32)$$

式中，d是雪层厚度。

式(4.31)和式(4.32)表明，如果损耗因子L接近1，体散射与下覆表面散射相比而言可以忽略。图 4.6 表明干雪在微波区的衰减长度大——细颗粒雪达到 1m 左右。因此，除非雪层很厚，干雪几乎是透明的，其后向散射系数实际上就是下覆地表的散射系数。

图 4.8 解释了湿雪的后向散射系数与入射角的一般关系。尽管这是在频率为 10 GHz 下获取的，但其是有代表性的。整个后向散射包含了表面散射和体散射两方面的贡献。当接近法线方向入射时，面散射达到峰值，而体散射仅仅随着入射角有非常平缓的变化。因此，入射角接近 0 时面散射占主导，而在大入射角时体散射趋于主导。

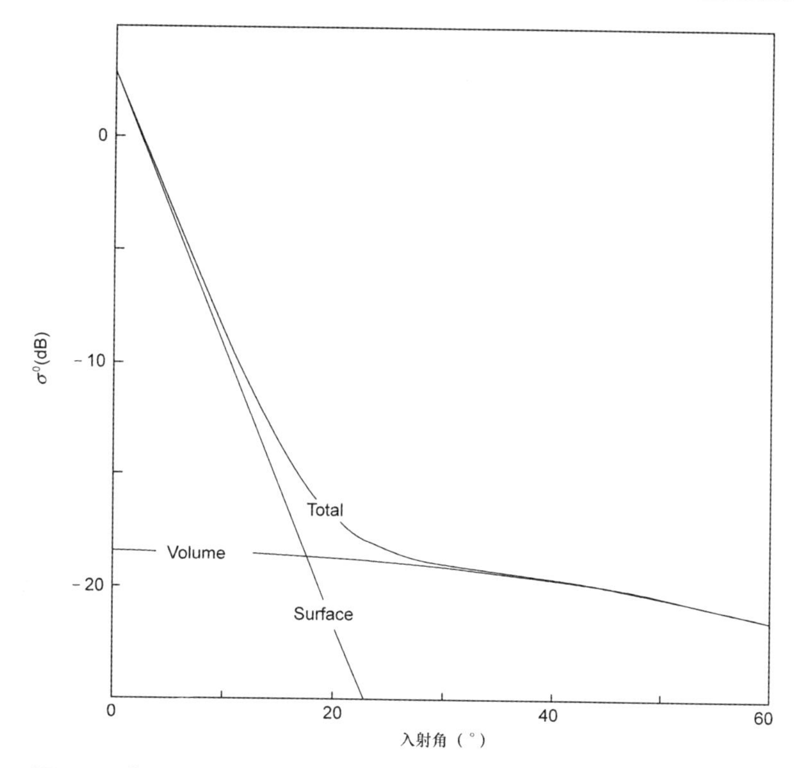

图 4.8 典型的湿雪同极化后向散射系数随入射角的变化示意图

Kendra、Sarabandi 和 Ulaby(1998)介绍了积雪微波散射的理论和试验研究，也包括了极化影响的讨论。

4.2.8 积雪的微波辐射

如 4.2.7 节所示，微波辐射相对容易穿透干雪，而且衰减通常由散射主导。因此，干雪中的热辐射来源于一定的深度范围，所以不能仅仅将发射率描述为一个简单的值。由于雪层中热传导存在时间滞后，厚的积雪中随着深度不同积雪的温度也不同，从而使问题变得复杂。如果雪层是均质的，则有效发射率依赖于冰的介电常数、粒径大小和厚度。在这种情况下，粒径大小的影响非常大。粒径越大，体散射系数越小，因而有效发射率也越小。20 m 的雪层，在物理温度为 250 K 时，理论计算表明(Chang 等，1976)：频率为 10.7 GHz，雪粒半径为 0.2 mm 时表面亮度温度大约 250 K，1 mm 时亮度温度降低到 150 K，5 mm 时为 10 K。在更高的频率下，亮度温度随粒径增大而降低的趋势向更小的粒径偏移：19.4 GHz 时，雪粒半径分别为 0.2 mm、1 mm、5 mm，近似的亮度温度分别为 250 K、65 K 和 10 K；频率为 37 GHz 时，亮度温度值分别变为 150 K、20 K 和 20 K。

对苔原地区和针叶树林地区的积雪，Sturm、Grenfell 和 Perovich(1993)根据经验证实了粒径大小对有效发射率的影响。这两种地区的积雪都是分层的，表面一层细颗粒覆盖在一层粗颗粒的深霜层上。他们认为，在 18 GHz，雪表面的发射率为 0.96~0.98(垂直极化)和 0.93~0.98(水平极化)，相比而言深霜层的发射率是 0.90~0.94(垂直极化)和 0.80~0.89(水平极化)。在 37 GHz，两层之间的差异更为明显：积雪表面的发射率为

0.85~0.97(垂直极化)和0.83~0.97(水平极化)，而深霜层的发射率是 0.65~0.72(垂直极化)和 0.60~0.68(水平极化)。所有这些数据都是在 50°入射角时获取的。

Rott、Sturm 和 Miller(1993)报道了入射角和极化影响的数据，并归纳在表 4.1 中。这里显示有效发射率的计算值，这些数据是三个南极粒雪采样点的平均值。数据表明，随着入射角的增大，水平极化的发射率单调下降，在入射角 50°附近，垂直极化发射率达到最大值。这本质上是布鲁斯特角现象的表现。

表 4.1　南极粒雪典型有效(体)发射率

入射角(°)	5.2 GHz		10.3 GHz	
	V	H	V	H
10	0.88	0.85	0.84	0.82
20	0.87	0.85	0.84	0.81
30	0.90	0.83	0.85	0.80
40	0.91	0.81	0.87	0.78
50	0.91	0.78	0.88	0.75
60	0.91	0.75	0.88	0.71
70	0.87	0.70	0.85	0.66
80	0.71	0.56	0.71	0.54

注：依据 Rott、Sturm 和 Miller(1993)。

即使部分雪融化，对雪层的微波辐射影响也很强。液态水的存在降低了体辐射的作用而增加了面辐射的作用，并且增加了有效发射率(Stiles 和 Ulaby，1980；Rango，Chang 和 Foster，1979)。在 37 GHz 频率，由于雪的融化，其亮度温度的增量可高达 50 K(Hofer 和 Matzler，1980)。在更高的频率下，融化对亮度温度的影响依然增加。Hewison 和 English(1999)报道了频率为 24~157 GHz 时天底点积雪的发射率，干雪在 0.63~0.72 之间，而湿雪大约为 0.96。

4.3　河湖冰

4.3.1　物理特性

湖泊和河流的水一般不含盐，水里的溶解物总含量不超过 0.2‰(相比较而言，海洋一般为 34‰)。这不足以引起冰点明显地降低，并且河湖冰被认为是纯冰，0 ℃开始结冰(Welch,1991)。

湖泊结冰的初始阶段，在表面附近有几厘米大小的小冰片和针状冰晶，这些叫做水内冰针冰(frazil)(海冰的形成也有相似的过程，也用水内冰针冰这个术语)。虽然这些冰晶最初呈随机朝向，但是优先沿着结晶的 *c* 轴生长，一旦它们形成大约 10 cm 厚的连续层，那么下表面沿着 *c* 轴平面完全由冰晶组成。这种形式的冰叫冻结冰(congelation ice)或黑冰(black ice)，实际上它是纯淡水冰，形态是几乎没有杂质或者表面不均匀的光滑透明板状(冻结冰也指一种海冰，4.4.1 节里有叙述)。如果湖冰表面积压了很重的雪，这个重量会压坏表面，而且水可以沿着冰里的缝隙上升且充满覆盖的积雪。这一层会再冻结而形成一个白冰(white ice)覆盖层(Welch，Legault 和 Bergmann，1987)。

由于冰的生长和河流的动力相互作用，河冰的形成更为多变 (Beltaos 等,1993)。开始阶段再次形成水内冰针冰，并且沿着河岸产生冻结冰，其方式和湖冰一样。在流速较快的河段(很可能是激流)，水内冰针冰可能分布于整个水柱，并且形成大量岸固冰(anchor ice)黏附在河底。河冰的基本形式可看做一层光滑透明的冻结冰。和湖冰一样，冻结冰可以形成白冰，也有可能与被河水冲出来并漂流在表面的岸固冰混在一起。另外一种重要的积累形式是冰锥(aufeis)或积冰，通常是没有冻结的河水流入冰表面而形成的。冰锥也可能形成于深的地下水中。

河床和河冰的相互作用，岸固冰或冰锥的存在，以及浮冰(来自连续冰层中被损坏的冰，尤其是在春季融化期)之间的机械运动都会破坏河冰的平滑形态。不断的降雪、融化和再结冰可以产生冰内部的层状结构。

4.3.2 可见光与近红外波段淡水冰的电磁特性

黑冰在可见光和近红外波段的基本特性可从图 4.1 推测出来；整个可见光波段的反射率低于 2%解释了黑冰这个名字的来源。粗略地讲，这种冰在小于 1.5 μm 的波长下是透明的，在更长波段就变得不透明了。白冰的反射特性和积雪相似，在图 4.2 中有描述。白冰的吸收长度在波长低于 0.6 μm 时一般大约为 1 m，而波长为 1 μm 时降到 1 cm(Perovich,1989)。

4.3.3 淡水冰的热红外辐射特性

图 4.9 显示了最近一些淡水冰的热红外发射率测量结果。可以认为它们和图 4.4 中积雪的热红外发射率测量结果非常相似。

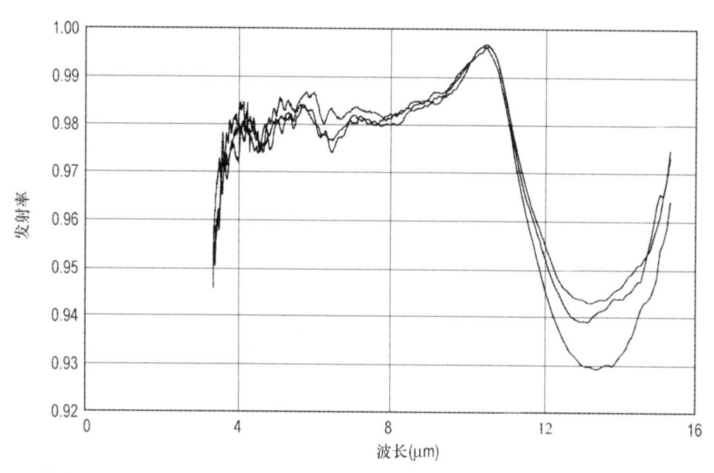

图 4.9 淡水冰在 3~15 μm 之间的发射波谱变化的三个测量结果(Zhang,1999)

4.3.4 淡水冰的微波电磁特性

如 4.2.6 节所述，淡水冰在整个微波区的介电常数的实部是 3.17(Matzler 和 Wegmuller, 1987; Cumming, 1952)，虚部依赖于频率和温度，已经发表的数据有些不同(Warren, 1984; Ulaby,

Moore 和 Fung，1986；Hallikainen 和 Winebrenner，1992)。事实上，这些值很小，相应的吸收长度大。表 4.2 归纳了由 Hallikainen 和 Winebrenner(1992)经验模型的模拟数据。Nyfors(1982)的经验模型考虑了频率 f(Hz)和温度 T(K)：

$$\varepsilon'' = 57.34\left(f^{-1} + 2.48\times10^{-14} f^{1/2}\right)\exp\left(0.036\,2T\right) \tag{4.33}$$

表 4.2　淡水冰介电常数虚部与相应的吸收长度的预测值、温度和频率的关系

频率 (GHz)	−5 ℃		−15 ℃	
	ε''	吸收长度(m)	ε''	吸收长度(m)
1	0.002 8	30	0.001 4	61
3	0.001 5	19	0.000 8	36
10	0.002 0	4.3	0.001 3	6.5
30	0.004 5	0.63	0.003 6	0.79
100	0.012 7	0.067	0.012 0	0.071

因此，我们认为一般的淡水冰在微波波段光学厚度较薄，吸收可忽略，并且微波散射主要由冰–水和水–冰界面之间的反射所控制。在冰面非常光滑的情况下，上层和下层表面的反射会出现干涉作用。

上层或下层冰表面的粗糙度、非均匀性的存在(例如冰中的气泡)、白冰、表面的水雾膜等都会改变这种情形。纯冰的介电常数是 3.17，而已观测到的乳冰(具有很高的气泡浓度)的介电常数为 3.08，内含半径大于 6 mm 气泡的冰的介电常数为 2.99(Cooper，Mueller 和 Schertler，1976)。

有关淡水冰的被动微波发射率的数据很少，可能是相对于大部分河湖冰的大小，星载被动微波系统的空间分辨率低的原因(Eppler 等，1992)。在 C 波段(5 GHz)伊利湖的光滑湖冰天底亮度温度一般为 195~210 K，离陆地较远亮度温度稍微有些增加(Eppler 等，1992；Swift，Harrington 和 Thornton，1980)。粗糙一点的冰，包括冰脊，亮度温度通常超过 220 K。比较而言，开阔水域在这个频率下发射率大约为 0.36，所以它的亮度温度大约为 100 K。

淡水冰的微波后向散射特性主要依赖于它的粗糙度，因此也依赖于它的形成方式。这将在第 7 章详细讨论。

4.4　海冰

4.4.1　物理特性

尽管海冰和淡水冰有大量相似的物理性质，但是盐分的存在和海冰所处的动力环境使得海冰和淡水冰有一些明显的差异。海冰的研究内容非常广，本节只概要地介绍最普遍最重要的方面。Tucker 等(1992)给出了一个更为详细的评述。

海冰和淡水冰第一个重要区别在于海水中溶解盐分的存在使得海冰的冰点更低，一般盐浓度为 34‰时，冰点大约为−1.8 ℃。盐分高于 25‰，密度达最大时，海水的温度实际上低于冰点。因此，水中热量的不断失去引起密度分布不稳定，导致对流产生，直到整个水体达到冰点。事实上，海洋的密度和盐分结构将这个过程限制在几十米深度的表层。

像淡水冰一样，第一个阶段是水内冰晶体的形成。当水中冰晶的密度足够大而出现黏稠状时，称为脂状冰(grease ice)。这些冰凝固就形成 10 cm 厚的连续冰层，就是尼罗冰(冰壳，nilas)，或形成直径几米的很少黏在一起的饼状冰(pancake)。随着新冰冻结到已有冰层的下部，冰层进一步变厚。海冰冰晶的生长方向和淡水冰一样受到控制(Weeks 和 Ackley,1986)，并且随着冰晶的形成，盐水被挤出并封闭在冰晶之间的空隙，称为盐水泡(brine pocket)。如此，在冰的生长过程中没有流出而被封闭在冰层中的盐水的比例依赖于冰层生长的速度，冰层生长的速度越快，它封闭的盐水越多。新形成的冰中盐水的含量一般在 5‰~12‰之间变化(Maykut,1985)。随着冰龄的增加，盐水在重力作用下排出，从而越来越多的盐分排出。冰的形成过程中还封闭了气泡。

一年冰(first-year ice)是那些还没有经历夏季融化期的海冰。在南极，一年冰的厚度在很小的 0.5 m 到海湾地区的 3 m 范围内变动。厚度小于 0.3 m 的冰叫做薄冰(thin ice)，归类到新冰(new ice)和初冰(young ice)。在北冰洋中部，一般常见的厚度为 1~2 m，但是在冰缘地区，由于成筏作用厚度有所增加(Drinkwater 和 Squire，1989)。度过至少一个夏季的冰叫多年冰(multiyear ice)，与一年冰在许多重要的方面存在差异。在夏季，脱盐作用不断加速，尤其是那些表层冰和积雪融水引起淡水冲刷的区域。北极多年冰的体积含盐量下降到 3‰，而南极的值通常是北极的两倍。另外一个重要的变化是表面融水池(melt pond)的形成，其在冬天会再冻结。融水池的出现进一步发育成更加不规则的冰丘(hummocky)表面。

在风力和海流的作用下，一年和多年海冰保持几乎连续的运动。这样导致连续冰层破碎，形成分离的浮冰(floes)，由于浮冰与其他浮冰碰撞，脆性和塑性变形造成沿着边缘的聚结而产生可达几十米高冰脊(ridge)，浮冰进一步破碎就形成了碎块冰 (rubble)。通常，这个过程使得冰层的厚度和不规则性增加，并且使得浮冰的大小自由分布，浮冰的数量 $N(A)$在面积 A 到 $A+\mathrm{d}A$ 之间，一般用幂函数表示：

$$N(A) = kA^{-n} \tag{4.34}$$

式中，k 是依赖于天气条件的常数，n 一般为 1.6 ± 0.2(Korsnes 等，2004)。无冰水面的长条形区域，称为冰间水道(lead)，在浮冰之间展开。开阔的二维区域也能发展成冰间湖(polynyas 或者 polynyi)(Martin 等，1992)。

海冰的小尺度表面粗糙度变动范围很大(Onstott,1992)。对水内冰针冰，均方根高度离差 σ在 0.3~0.8 mm 之间，相关长度在 5~15 mm 之间。一年的冻结冰(这个术语类似淡水冰的定义，见 4.3.1 节)通常不是很粗糙，σ的值在 0.4~2 mm，而相关长度在 5~25 mm，但在夏季这两个值却高达 10 mm 和 80 mm。多年冰的 σ在 1~10 mm 之间，相关长度大约为 30 mm。

4.4.2 可见光与近红外波段海冰的电磁特性

新冰和正在生长的海冰的可见光特性与其他类型的冰有很大的不同。盐水冰和纯冰的吸收特性或多或少依赖于温度，初冰的可见光特性受散射效应控制。最大的影响因素包括盐度，其次是气泡、生长速度和温度(Grenfell,1983)。图 4.10 概括了多种类型海冰的光谱反射率，反射率从蓝波段到红外波段呈现下降趋势，并且受气温的强烈影响。在更长的红外波段，至少达到 2.5 μm，反射率仍很低(Grenfell,1983)。在 0.4 μm 处，吸收长度由新冰的 1 m 变化到多年冰的 8 cm，这主要受盐分的影响。波长小于 0.6 μm 时其吸收长度几乎是常数，但是随着波长增大吸收长度快速增加(Perovich 和 Grenfell,1981)。

图 4.10 所示都是冰厚大约为 20 cm 的数据，观测的反射率随冰的厚度增加而增大。

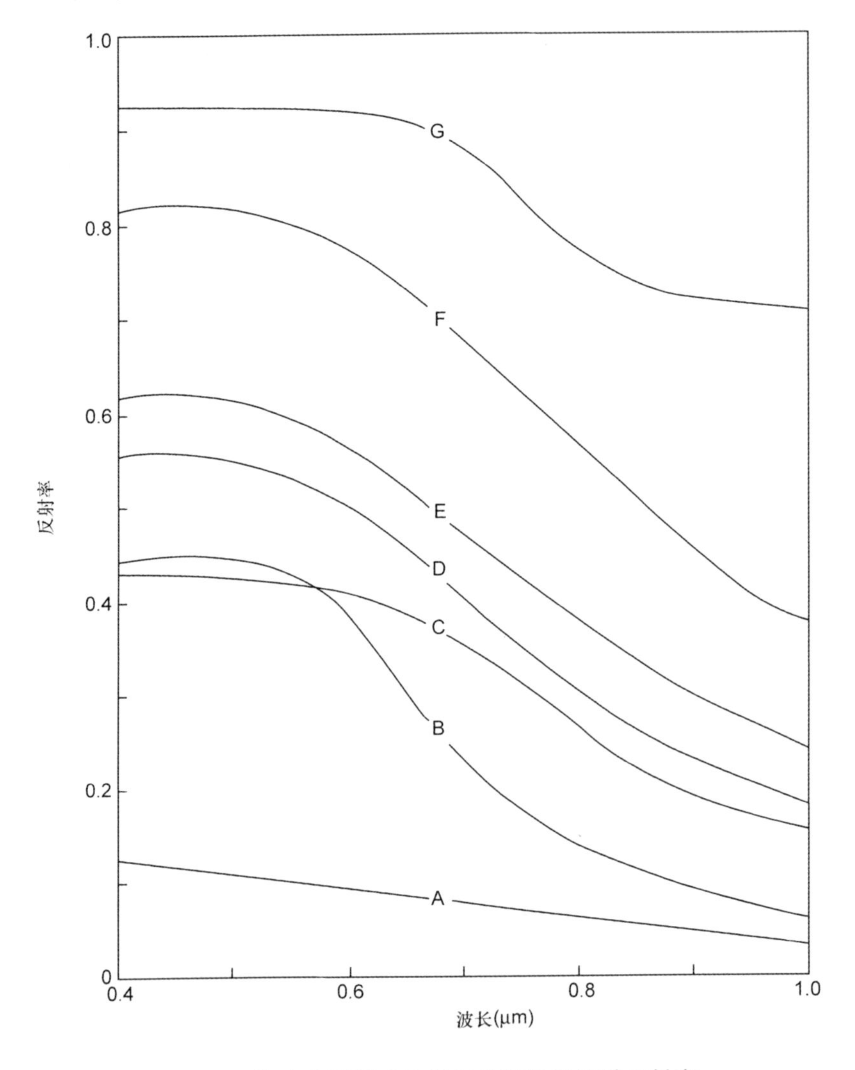

图 4.10　海冰在可见光和近红外波段的波谱反射率

A：新的含气泡冰；B：融化中的一年蓝冰；C：充满盐分的一年冰，温度−10 ℃；D：充满盐分的一年冰，温度−20 ℃；E：充满盐分的一年冰，温度−30 ℃；F：正在融化的多年冰；G：充满盐分的一年冰，温度−37 ℃(根据 Perovich 和 Grenfell(1981)重新绘制)

4.4.3　海冰的热红外辐射特性

海冰的热红外辐射特性与淡水冰的相似，发射率一般为 0.98。

4.4.4　海冰的微波电磁特性

在微波波段，海冰介电性质依赖于多个因素，包括频率、温度、盐度、冰类型和冰的构造。对所有这些因素的关系进行全面研究需要收集大量的数据,但是这项研究还没有完全开展。然而，对此已有丰富的认识，其中很大一部分工作由 Hallikainen 和 Winebrenner(1992)进行了论述，并可由此得出一些结果。

微波频率低于大约 15 GHz 时，主要的影响因素是盐度，然后是温度，频率的作用相对较小，图 4.11 对此进行了阐述。该图是根据 Hallikainen 和 Winebrenner(1992)从大量资料中收集的数据绘制而来的，描述了一系列冰类型，包括人造冰和实验室中生长的冰，频率范围为 0.9~16 GHz。

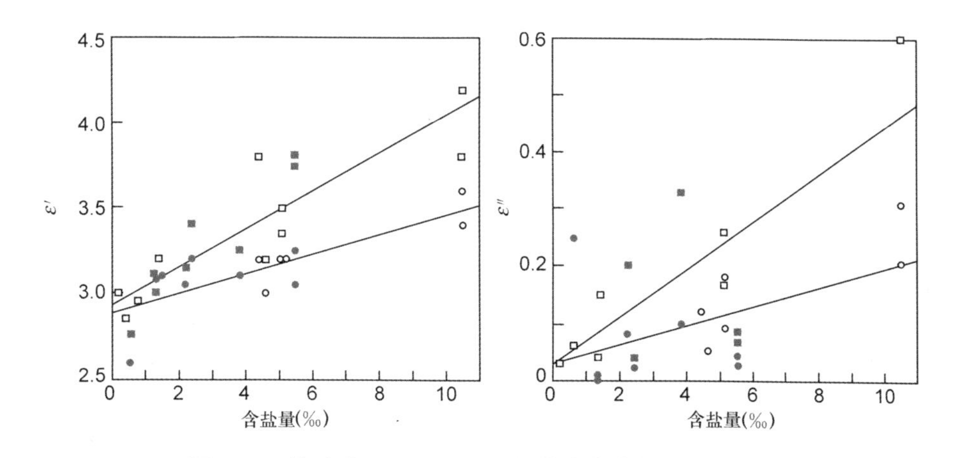

图 4.11　海冰在 1~16 GHz 之间的介电常数实部和虚部

黑色符号是在–20 ℃，灰色符号是在–5 ℃。空心圆圈代表一年冰，实心圆圈代表多年冰，正方形代表人工助长的冰。直线是数据的线性回归拟合

从图 4.11 可以看出，介电常数的实部和虚部都随盐分的增加而增大。这并不奇怪，因为海水的介电常数比纯冰大得多。例如，频率为 10 GHz 时，纯冰的介电常数基本上只有实部，数值为 3.17，而 0 ℃的海水介电常数一般为 42–47i。该图还表明，–5 ℃冰比–20 ℃冰的趋势更明显，并且随着温度接近融点，对温度的依赖关系持续增大。

图 4.11 中的数据已经近似地用线性回归拟合，公式为：

$$\varepsilon' = \begin{cases} 2.89 + 0.057s & (T = -20°C) \\ 2.93 + 0.112s & (T = -5°C) \end{cases} \tag{4.35}$$

$$\varepsilon'' = \begin{cases} 0.030 + 0.017s & (T = -20°C) \\ 0.026 + 0.042s & (T = -5°C) \end{cases} \tag{4.36}$$

但是其离散度较大。其中，s 代表盐度(‰)。通常在 37 GHz，典型的衰减长度多年冰到达 10 cm，一年冰为 1 cm。在更低的频率，这些值会增大。

在微波波段，不同种类的海冰发射率有很大不同。图 4.12 给出的垂直和水平极化辐射下不同类型海冰的发射光谱说明了这一点。图中曲线是用入射角度为 50°的数据，而非垂直视角，因为这是被动微波辐射计的常见配置。图 4.12 中的曲线由 Eppler 等(1992)通过多种途径的数据绘制，而且这些曲线已经由他们通过拟合二次多项式获得。这些曲线发射率的不确定性一般在 ± 0.04。

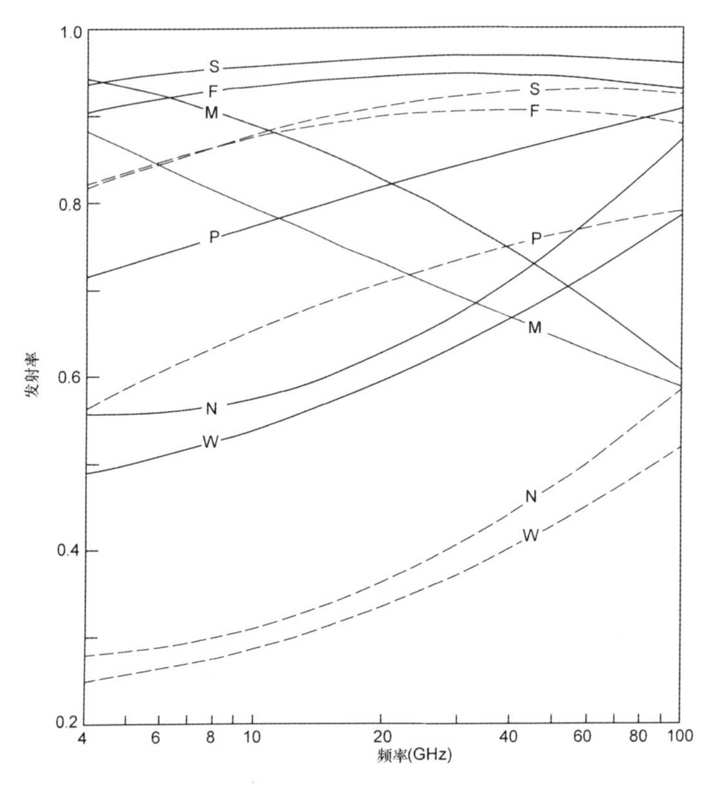

图 4.12　入射角为 50°时不同类型海冰的发射率

实线代表垂直极化，虚线代表水平极化。W：开阔水域；
N：新冰；P：饼状冰；M：多年冰；F：一年冰；S：夏季融冰

对图 4.12 进行分析可发现许多有趣的现象。首先，我们注意到在 4~100 GHz 之间的所有频率，对所有的冰类型，垂直极化下的发射率大于水平极化的。一般认为这种现象出现在那些发射主要来自表面的物质，因为这种物质水平极化的菲涅尔反射系数大于垂直极化的。我们还注意到，除一年冰和正在融化的冰外，发射率随着频率的增加呈强烈的上升趋势，但多年冰呈下降趋势。这些不同点使得用多频率(和双极化)的方法区别冰类型成为可能。

海冰的微波后向散射特性复杂，与之有关的因素也很多，除了雷达图像的参数(频率、极化状态和入射角)，还包括冰的类型和结构、积雪的存在和状态及环境条件。Onstott(1992)对这些因素进行了全面的论述，Lewis 等(1994)给出了进一步的数据。图 4.13 是根据 Onstott(1992)的数据绘制的，归纳了一年冰和多年冰的后向散射系数随入射角的变化而改变。它也显示了平静水面的后向散射特性。图 4.13 的数据来自 HH 极化观测，与 VV 极化观测结果大致相似。

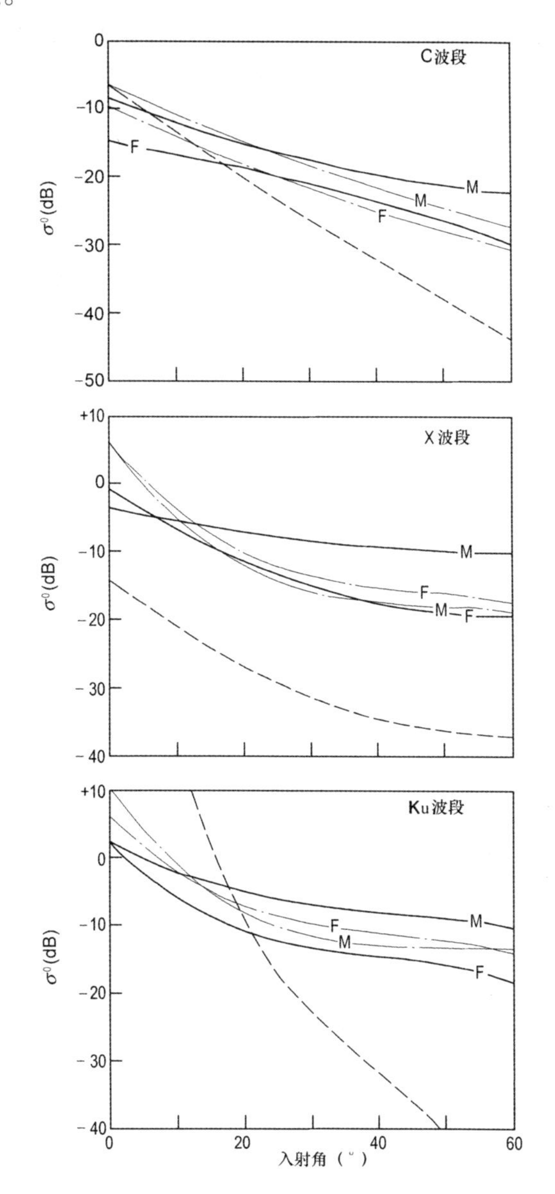

图 4.13 一年冰(F)和多年冰(M)的 HH 同极化后向散射系数随入射角的变化

实线代表冬季，点画线代表夏季，虚线代表平静开阔水域。图中显示了三种不同频率：C 波段(5 GHz)，X 波段(10 GHz)和 Ku 波段(13 GHz)

4.5 冰川

4.5.1 物理特性

冰川是陆地上有自己发源地的大块冰(通常面积大于 10 hm^2)，而且通常表现出一些运动特征。冰川在上部积累区(accumulation area)物质的净收入与下部消融区(ablation area)物质的净损失一般处于近似的动态平衡状态，这两个区域由平衡线（ equilibrium line ）分开。图 4.14 阐明了这些区域和冰川内部冰的流动之间的关系。冰川的输入是降雪，输出则主要是融水，而如果冰川的终端在水中，则分离并漂走的冰山也是其输出形式之一。积雪经过一系列的机制转化成冰。

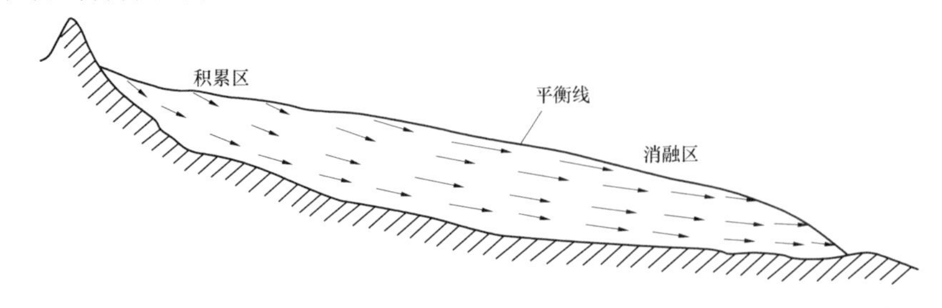

图 4.14 理想冰川的示意图(经 Elsevier 许可，根据 Paterson(1994)再版)

冰川表面可分为许多带或面，这个概念由 Benson(1961)和 Müller(1962)提出。图 4.15 是由 Paterson(1994)改编而来的，解释了这一概念。最上层是没有任何融化发生的干雪带（ dry-snow zone ）。这个带可在格陵兰岛的内陆地区[1]和大部分的南极冰盖，以及最高的山地冰川出现，在这些地方每年的平均温度低于某个临界值，最初提出的临界值是–25 ℃ (Benson,1961)，但现在认为是–11 ℃(Peel,1992)。接下来是渗浸带（ percolation zone ），在此带中夏季表面出现融化现象，融水往下渗透并且再冻结形成层状、菱形和管状的冰包含物。干雪带和渗浸带由干雪线（ dry-snow line ）分开。渗浸带以下是湿雪带（ wet-snow zone ），由湿雪线（ wet-snow line ）将其分开，这个带所有当年的降雪融化。在这之下，由雪线(snow line，有时称为粒雪线(firn line))分开的是附加冰带(superimposed ice zone)。在附加冰带，表面大范围融化，融水再冻结成连续的冰体。附加冰带的下边界是平衡线。

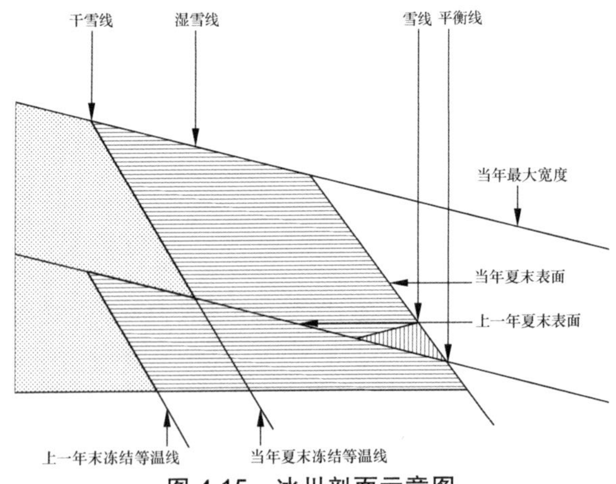

图 4.15 冰川剖面示意图

阐述了表面是怎样被干雪线、湿雪线、雪线和平衡线分隔的。点表示积雪，水平线表示粒雪，竖线表示附加冰

[1] 格陵兰冰盖表面大约 1/4 经历着夏季融化过程（ Abdalati 和 Steffen，2001 ）。

并不是所有的冰川都包含这些带，如前所述，只有最冷的冰川才有干雪带。温冰川，除了上部几米，所有温度都在冰点，只表现出湿雪带和消融带(附加冰带通常忽略，因此雪线和平衡线重合)。冰架（ice shelf）是冰川或冰盖延伸到水上的部分，它没有消融带，但是损耗主要来自冰川的崩解作用。

积雪在多种机制下转为冰川冰，包括机械沉降、等温变质作用[1](干雪带)、融水的再冻结和升华冰再冻结形成深霜（depth hoar）。冰川密度随深度增加而增大。一旦转变过程开始，冰川中的物质不再称为雪，而称为粒雪（firn），粒雪(法语中称为 néné)的密度通常大于 0.55 Mg/m^3。粒雪是多孔的，因此它包含了相互连通的空气通道。然而，一旦密度增大到 0.83 Mg/m^3 以上，空气通道则被封闭，形成有封闭气泡的冰。冰川中粒径大小一般随深度而增大，从接近表面的 0.5~1 mm 到深层的几毫米，深霜层的粒径尺寸可达 5 mm。

4.5.2 可见光与近红外波段冰川的电磁特性

冬季，冰川的表面通常由积雪覆盖。积雪的光学特性已经在 4.2.4 节中论述。然而在夏季，其他表面会露出来。图 4.16 给出了有关冰川表面光谱反射特性的试验数据。光谱 a、c、e 和 f 分别代表新雪、粒雪、干净的冰川冰和不干净的冰川冰(根据 Zeng，Cao 和 Feng[2] (1984)重绘)，光谱 b 和 d 分别代表格陵兰岛福宾德尔斯冰川的积累和消融区(根据 Hall 等(1990)重绘)。对照图 4.2 和曲线 a 表明，此时雪粒径大小约为 0.2 mm。

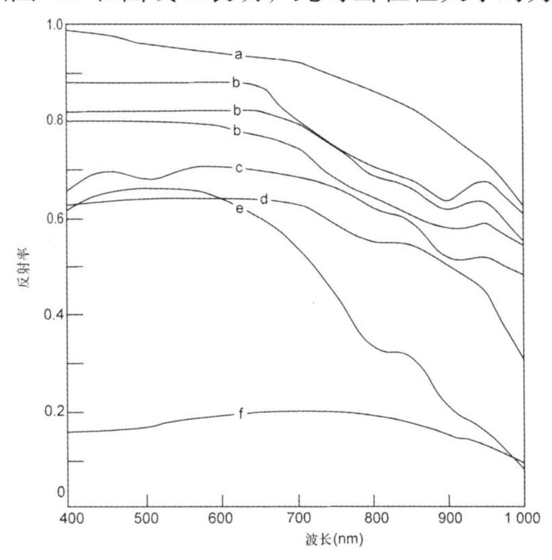

图 4.16 不同冰川表面的光谱反射率(简化的)

a:新雪；b:积累区；c:粒雪；d 和 e:冰川冰；f：不干净的冰川冰

从图 4.16 可以发现一个总体趋势：夏季冰川表面的可见光波段反射率随着海拔从消融区向上而增大。图 4.17 显示了夏季实地测量的斯瓦尔巴群岛的米德特拉文伯林冰川的宽波段反照率，解释了这一点。反照率对结构细节(如颗粒大小)(Winther,1993)及冰内的气泡数量和大小更敏感，使得观测更为发散，但是波长大于 600 nm 时可以发现同样的总体趋势。

---

[1] 译者注：该机制类似于炭化过程，即积雪在低于融点温度的条件下受热(太阳辐射)，使得雪颗粒相互黏附在一起，经过很长时间而成冰。

[2] 译者注：原著中是 Qunzhu，Meisheng 和 Xuezhi。

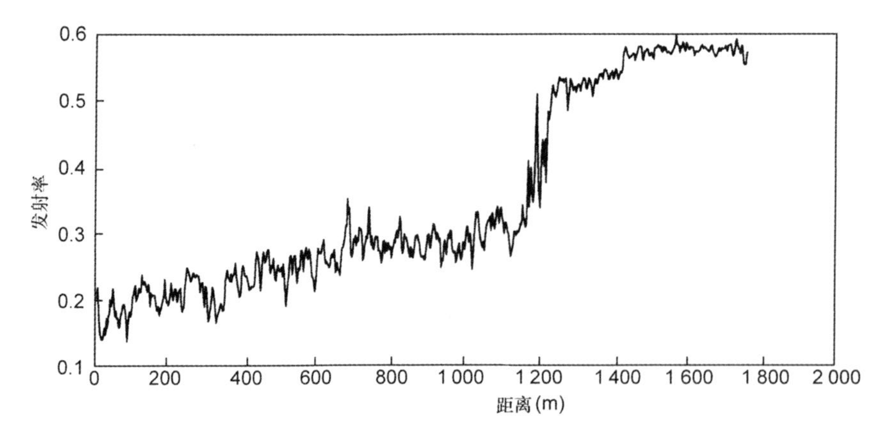

图 4.17　斯瓦尔巴群岛米德特拉文伯林冰川的纵剖面及夏季反照率的变化图
(数据由斯科特极地研究所的 N.S.Arnold 博士提供)

4.5.3　冰川的热红外辐射特性

图 4.4 和图 4.9 分别显示了雪和冰的热红外发射率，而图 4.18 显示了纯水的发射率光谱。从图中可看出在 11 μm 左右所有发射率非常相似(0.993~0.998)，而远离这一波长时有明显的差别。

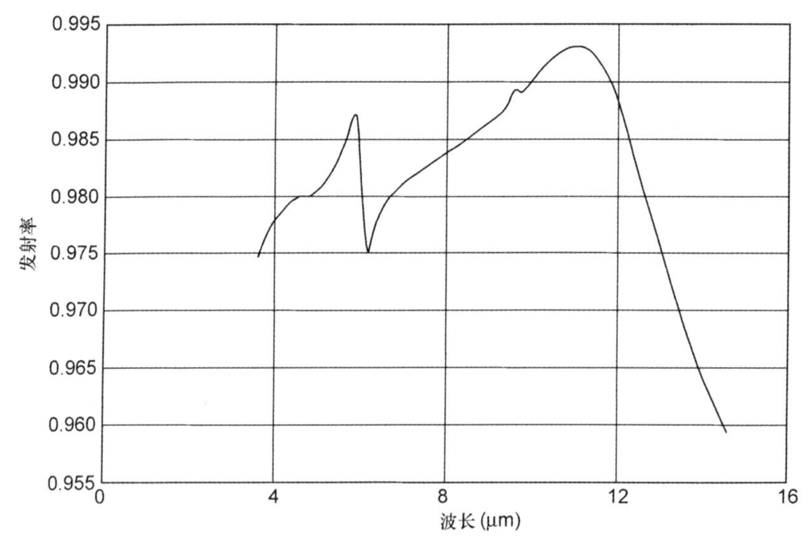

图 4.18　纯(蒸馏)水的发射率光谱(Zhang,1999)

4.5.4　冰川的微波特性

大部分冰川的微波散射特性季节波动很大(Rott，Nagler 和 Floricioiu，1995；Rees，Dowdeswell 和 Diament，1995)。在夏季，积累区(不包括干雪区)通常覆盖有湿雪，其散射主要是表面散射(Marshall，Rees 和 Dowdeswell，1995)。因此，雪中的液态水含量(决定介电常数)和表面粗糙度(如 4.2.6 节所述)两个因素控制微波散射特性。雪表面是光滑的，除非入射角很小(即除非雷达视角几乎垂直于表面)，反向散射系数通常很低，而且后向散射和表面地形有显著的相关关系(Dowdeswell，Rees 和 Diament，1993)。消融区也是表面散射占主导地位，并且主要受表面粗糙度的控制，其后向散射系数通常高于积雪覆盖区(Brown，Kirkbride 和 Vaughan，1999)，并且由于融化，整个夏季都在增强。冰裂隙地区的后向散射值很高，尤其是裂隙的方向和雷达的观测方向垂直时(Rees，Dowdeswell 和 Diament,1995)。

在冬季，积雪是干的，因此对微波辐射而言实际上是透明的(见 4.2.6 节)。在消融区，后向散射主要由冰和其上覆盖的积雪之间的界面散射所控制。在积累区，体散射占主导地位，有效体散射来自冰粒，而不是冰层、冰棱和管状冰 (Rott，Sturm 和 Miller，1992；Rott，Nagler 和 Floricioiu，1995；Engeset 和 Ødegård，1999)。除了干雪带(不包含任何大块冰)，后向散射系数很高。夏天向冬天的过渡期，粒雪的后向散射特征会显著增加(一般 10 dB 或更多)，由于冰川深层的热量传递引起的时间延迟，该特征出现要比表面结冰晚几个星期(Rott，Nagler 和 Floricioiu，1995)。与渗浸带和湿雪带相比，干雪带的后向散射系数通常很低(C 波段通常为–10 dB)。Bindschadler、Fahnestock 和 Kwok(1992)及 Forster 等(1999)论证了后向散射系数和积累速率之间的显著关系，积累速率越高，后向散射系数越低。

图 4.19 概括了同极化和交叉极化观测的 C(5 GHz)和 L(1.3 GHz)波段冰川的后向散射系数。实线是奥地利厄茨谷冰川数据的平滑图，由 Rott、Nagler 和 Floricioiu(1995)提供。单点是 Rees、Dowdeswell 和 Diament(1995)从斯瓦尔巴群岛的东北地岛获取数据和由 Engeset 和 Ødegård(1999)从斯瓦尔巴群岛的斯拉克冰川获取数据的平均值。需要说明的是，因为冰川之间的表面粗糙度和冰层等的分布差异很大，所以这些数据只具有指示性。

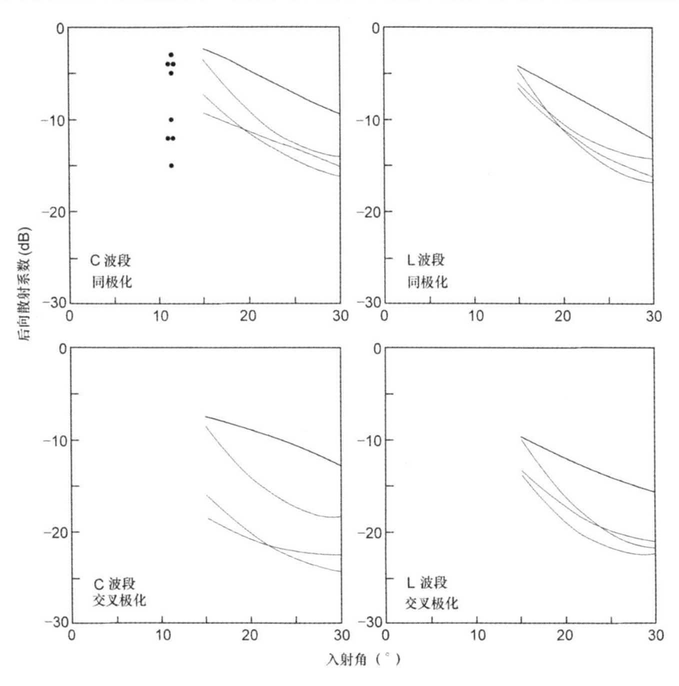

图 4.19 冰川的后向散射系数随入射角的变化

黑色：冬季，灰色：夏季，实线：积累区，点线：消融区

冰川的微波发射特性已在 4.2.7 节中大量论述(积雪的微波辐射)。

4.5.5 冰川在 VHF 和 UHF 的辐射传输

因为长波只能提供低的角分辨率，所以在遥感中甚高频(VHF：30~300 MHz)和超高频(UHF：300 MHz~3 GHz)波段不常应用。但是在这些电磁光谱波段冰和雪实际上是透明的，因此它们在冰川研究中起到了重要作用。这就构成了大家所熟知的测量冰川厚度的无线电回波（radio echo sounding）技术的基础(Macqueen，1998；Bogorodsky，Bentley 和 Gudmandsen，1985)，以及应用于冰川时类似探地雷达(GPR)技术的基础。这是一种脉冲技术，电磁辐射的短脉冲向下传播到冰川，返回信号的时间延迟提供了冰川厚度信息，更微弱的中间介质的回波信号包含了冰川的层理信息。时间延迟和厚度之间的转化需要传播速度，或者相当于大家所知的复折射率。传播速度对密度有强的依赖，对温度有弱的依赖，而且对整个 VHF 和 UHF 波段的依赖可以忽略。依赖于密度的折射率 n 与密度 ρ 之间的关系可以描述为：

$$n = 1 + K\rho \tag{4.37}$$

式中，常数 K 一般为$(8.4 \pm 0.1) \times 10^{-4}\ \mathrm{m^3/kg}$(Rees 和 Donovan,1992)。Kovacs、Gow 和 Morey(1995)建议 K 取值 $8.45 \times 10^{-4}\ \mathrm{m^3/kg}$。Eisen 等(2002)论述了确定传播速度和密度的优化技术。

4.6 冰山

4.6.1 物理特性

冰山是从延伸到水里的冰川末端和冰架中脱离(“崩解”)的碎块，或从其他的冰山崩解而来。依据形状和大小对冰山进行分类，有两个分类系统被广泛使用(Willis 等，1996)。世界气象组织(WMO)主要根据形状分类，它定义了冰山(icebergs)、浮冰块(bergy bits)和碎冰山(growlers)。冰山的出水高度[1]高于 5 m 的冰山，可再细分为平顶的、圆丘形的、尖顶的、风化的和冰川冰山。浮冰块的出水高度在 1.5~5 m 之间，面积通常在 100~300 m^2，而碎冰山的出水高度低于 1 m，面积一般是 20 m^2。国际冰情巡逻队(IIP)分类系统只根据大小进行分类，汇总在表 4.3 中。

表 4.3 根据国际冰情巡逻队(IIP)的冰山分类

类型	出水高度(m)	宽度(m)	典型质量（t）
碎冰山	<1.5	<5	10^3
浮冰块	1.5~5	5~15	10^4
小冰山	5~15	15~60	10^5
中等冰山	15~50	60~120	10^6
大冰山	50~100	120~220	10^7
极大冰山	>100	>220	$>10^7$

注：数据来源于 Willis 等(1996)。

[1] 出水高度就是水位线以上的高度。

最大的平顶冰山(tabular)，有时叫浮冰岛(ice islands，但是这个术语有时仅用于接地冰山)，从南极冰架崩解，宽度可达数十千米甚至数百千米。平顶冰山也出现在北极，有些从艾利斯摩尔岛的冰架崩解而来(Koenig 等，1952)。

源冰川的形态和结构影响由它形成的冰山的形状和大小(Dowdeswell, 1989; Løset 和 Carstens，1993)及其内部结构，而且随着冰山融化和遭受分裂与侵蚀，在其生命期会发生进一步变化。如果平顶冰山不倾覆，初期将保留原来冰架的特征，表面相对平坦(尽管有时裂隙很大)而边缘陡峭。更小的冰山，尤其是小型冰山和碎冰山的形状往往更不规则。

4.6.2 可见光与近红外波段冰山的电磁特性

冰山可看做是大块的冰川冰或粒雪，它的可见光和红外波段的属性已描述过。冰山的厚度远超过了辐射的衰减长度，所以冰山“在光学上是厚的”(不透明的)。

4.6.3 冰山的微波电磁特性

类似地，微波与冰山相互作用的基本原理在考虑冰川的微波特性时已有描述。淡水冰的介电常数相当小(3.15~3.20)，所以冰山表面的微波后向散射相对微弱。因此，在雷达观测中，大部分入射能量将进入冰山体内而发生体散射，这些体散射来自封闭在冰内的气泡，以及包括内部裂隙在内的其他异质性。如果频率足够低，或者冰山足够小，雷达辐射可穿过整个冰山并且受到底部的面散射(Gray 和 Arsenault，1991)。另外一个重要机制是“二次散射”过程，在这个过程中雷达辐射首先经过冰山壁的散射，然后是它漂浮着的水表面散射(顺序有时倒过来)。“二次散射”过程可以产生很强的镜面散射，但因为“二次散射”过程依赖于冰山的一个壁面，这个壁面垂直于水面，而且面向雷达，所以这种反射对于冰山的朝向是敏感的。作为一个多次散射过程，“二次散射”为冰山的后向散射截面贡献了显著的交叉极化成分(Kirby 和 Lowry，1979)。

5 积雪遥感

5.1 引言

积雪是个大尺度现象，北半球冬季积雪覆盖最大面积约 460 万 km^2，但地面观测网的空间密度太低而不能提供足够的积雪分布特征(Mognard，2003)，因此遥感成为一种理想手段，并且取得了良好的进展。在光学(包括近红外)和被动微波两个电磁波段，积雪反射与辐射的特征明显，相对容易探测，因此这两类数据在积雪遥感应用中最为重要，但合成孔径雷达在积雪遥感检测中也正在发展。在可见光–近红外波段，积雪反照率很高(见彩图 2.4 和图 5.1)。在微波波段，由于积雪内部体散射作用，积雪覆盖地区的亮度温度远远低于无积雪地区。积雪也是发射率随频率增加而降低的一种特殊地物(Mätzler，1994)。

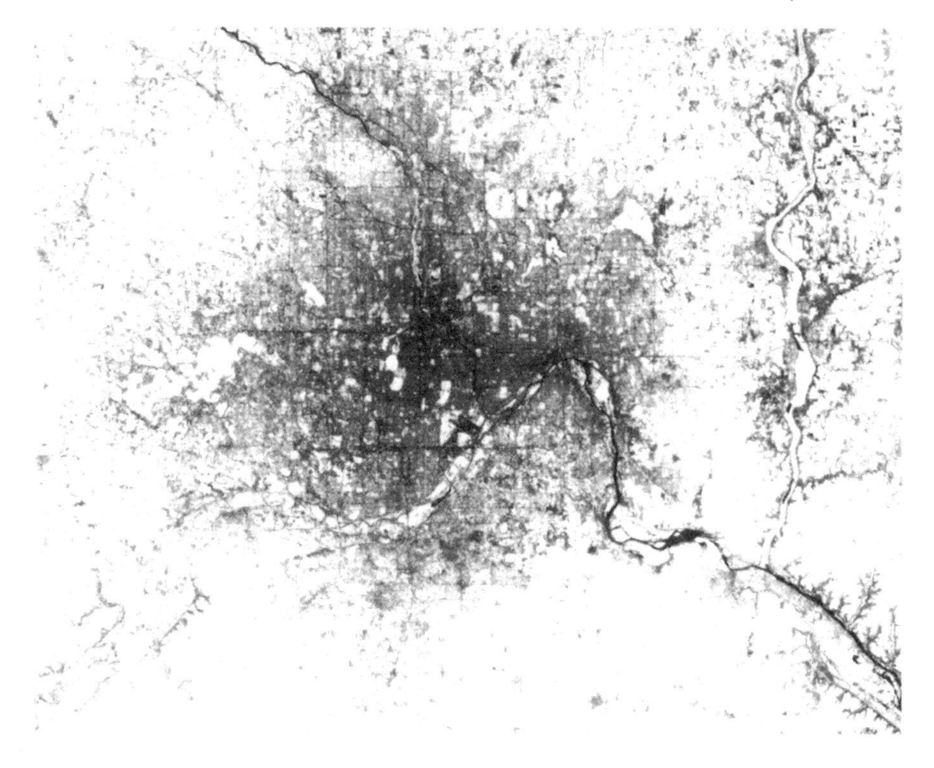

图 5.1　Landsat 7 ETM+可见光波段图像的一部分

2001 年 3 月 15 日明尼苏达州明尼阿波里斯市和圣保罗地区。大雪引起大量洪水

(该数据由 EROS 数据中心和 Landsat 7 科学组提供，由 NASA“可视地球”网站：http://visibleearth.nasa.gov 下载)

1960 年 TIROS-1 卫星获得的第一幅图像就观测到了积雪(Singer 和 Popham，1963)。1966 年以后，开始利用光学图像从太空对积雪进行业务监测(Matson 等，1986)，并且自 1978 年开始使用被动微波图像(Hall 等，2002)，这两种方法可进行互补。光学遥感空间分辨率较高，但它只能在白天和无云层条件下工作(Frei 和 Robinson，1999)。在具有海洋性气候的地区，如英国，云层常常和积雪一起出现，积雪的光学遥感尤其困难(Archer 等，1994)。被动微波遥感可用于夜间，并可穿透云层，但空间分辨率很低。在水文应用方面，被动微波遥感的分辨率太低(Standley，1997)，但光学和 SAR 数据也许更适合。

所有的积雪遥感方法面临一个共同的问题，世界上季节性积雪大量出现在森林地区(Hall 等，2001)和复杂景观的地区(Walder 和 Goodison，1993；Solberg 等，1997；Vikhamar 和 Solberg，2000；Klein，Hall 和 Riggs，1998；Säthli，Schaper 和 Papritz，2002)。

5.2 空间范围

下面按空间尺度由小到大的顺序来论述积雪覆盖面积的监测。

5.2.1 小尺度

5.2.1.1 VIR 图像

在最精细的空间尺度上，传感器的空间分辨率典型尺度为几十米量级，如 Landsat，大多数积雪监测方法都是基于 VIR 图像的分析，但是 SAR 也是一个有潜力的技术。如 4.2.4 节和 5.1 节所述，积雪的反射率非常高，至少在波长小于 0.8 μm 时是这样的，因此从无雪地表背景中识别积雪相对容易(图 5.1)。最基本地，通过简单地设置阈值，单波段图像就可以区分无雪和有雪地区。但有时候确定合适的阈值比较难，而且可能需要辅助信息。由于正对太阳辐射的表面比倾斜表面反射到遥感器中的辐射量更多，因此阈值也可能依赖于局部地形。使用单波段图像的另一个缺点是云层会引起不确定性。

更常见的方法是使用多波段图像，最有效的方法是可见光波段与一个中心为 1.65 μm 附近的近红外波段组合。其依据是，虽然积雪和云层在波长低于 1 μm 时的反射率非常相似(Massom，1991；König，Winther 和 Isaksson，2001)，但是它们在近红外波段表现出差异，并在 1.55~1.75 μm 之间差异最大(云层反射率高于雪)(图 5.2)[❶]。此外，使用两个波段可以校正前面提到的地形影响。太阳—地表—传感器三者之间几何关系的变化引起传感器接收的辐射变化，在所有波段上是一致的，因此波段的辐射比不会受几何关系的影响。事实上，该比值不容易确定，因为它可以是 0 到无穷大之间的任意值。因此，可用归一化差值指数(Normalized Difference Index)来代替它。识别积雪时，常用的指数叫归一化差值积雪指数(Normalized Difference Snow Index，NDSI)[❷]，用 Landsat TM 和 ETM+的波段定义如下：

❶ 用这种方法时薄卷积云很难与积雪区分开来(Hall, Riggs 和 Salomonson，1995)。

❷ NDSI 是归一化差值指数大类中的一个特例，其中 NDVI(归一化差值植被指数)最先出现并且用得最多。它和 NDSI 的定义相似，只是用近红外反射率(例如：TM 或 ETM+的波段 4)代替波段 2 反射率，用红外波段反射率(例如：TM 或 ETM+波段 3)代替波段 5 反射率。

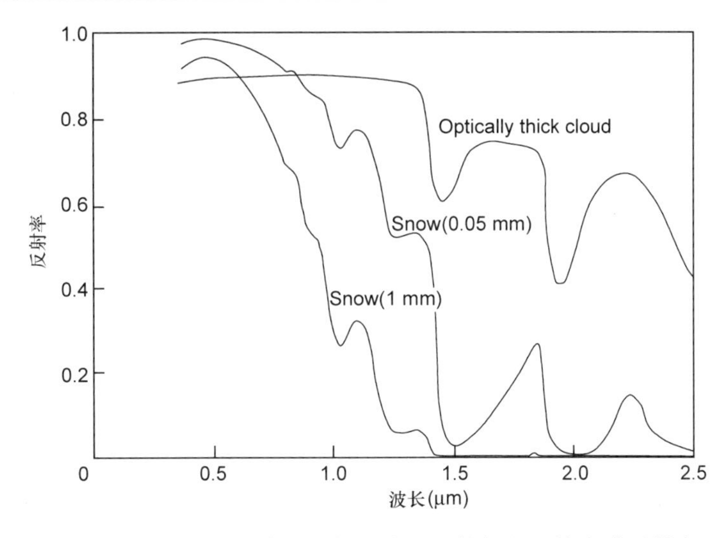

图 5.2 光学厚度大的云层与两种不同粒径积雪的光谱反射率

$$\mathrm{NDSI}=\frac{r_2-r_5}{r_2+r_5} \tag{5.1}$$

式中，r_2和 r_5分别是波段 2 和 5 的反射率(中心波长分别为 0.57 μm 和 1.65 μm)(Dozier，1984，1989)。如果 NDSI 超过 0.4，通常认为有雪存在(Dozier，1989；Hall，Riggs 和 Salomonson，1995)，但最新研究表明，最佳阈值随季节变化。Vogel(2002)在瑞典阿比斯库的野外研究认为，7 月的阈值取 0.48 较合适，而 9 月取 0.6 更好。

Vogel(2002)的研究表明，多光谱分析和简单阈值法的结合在将积雪的分析扩展到更高空间分辨率方面具有大的潜力。如前所述，在单波段数据中应用阈值法的主要问题是阈值可能随时空发生变化。但是，通过多光谱图像从无雪背景地区识别出积雪覆盖地区，就可以为更高分辨率的单波段图像确定适合局地的阈值。这足以吸引研究者利用 Landsat7 ETM+数据开展积雪识别研究，因为 ETM+可提供分辨率为 30 m 的多光谱图像和分辨率为 15 m 的全色图像(波段 8)。通过结合 NDSI(波段 2 和 5)和多光谱(波段 2，4，5)合成图像的目视判读分析，Vogel(2002)针对波段 8 图像确立了一个局地的阈值，并以此绘制了分辨率为 15 m 的小区域积雪图。对于阴影，可以利用地形数字高程模型(DEM)予以消除(Baral 和 Gupta，1997；Datcu，1997)。

5.2.1.2 SAR 图像

早在 1980 年就有学者讨论过合成孔径雷达图像监测积雪的可能性(Goodison，Waterman 和 Langham，1980)，认为它具有高空间分辨率、对云层不敏感及可在夜间工作等优点，但是相应的电磁波相互作用很复杂。在冷且干的积雪中，微波辐射的衰减长度很大(见 4.2.6 节)，这种雪相对于微波是透明的，因此雷达探测不到积雪(Rott 和 Sturm，1991)，除非雪厚或者雷达频率在 10 GHz 以上，但 SAR 很少使用这些高频。然而，当积雪中液态水含量超过 1%时，衰减长度下降到几厘米，此时雷达散射以表面散射为主

(Ulaby，Stiles 和 Abdelrazik，1984；Rott 和 Sturm，1991)。这种雪能否与无雪地表区分开来，取决于积雪和无雪地表的几何特征与电磁特征。许多研究表明，湿雪一般能与无雪地表区分开来(Rott,1984；Hallikainen 等，1992；Rott 和 Nagler，1995；Baghdadi，Fortin 和 Bernier，1999；Rees 和 Steel，2001)。由于识别能力随着频率增大而增大，因此可首选 X 波段，但一般来说，C 波段图像就可以满足要求(Shi 和 Dozier，1993)。大多数情况下，在入射角约为 23°时(ERS 仪器的典型值)，湿雪在 C 波段的同极化后向散射比无雪区低 2~3 dB (Hallikainen 等，1992；Koskinen 等，1994；Rees 和 Steel，2002)(图 5.3)。但这并不能保证所有情况下都适用。在有些情况下，例如在茂密的森林区(Koskinen，Pulliainen 和 Hallikainen，1997；Baghdadi，Gauthier 和 Bernier，1997；Rees 和 Steel，2001)，湿雪和无雪区无法辨别(Haefner 等，1993；Rees 和 Dozier，1997)。Koskinen，Pulliainen 和 Hallikainen(1997)提出了森林区影响微波的模拟方法。研究表明，入射角越大，区分能力越强(Guneriussen，1998；Baghdadi，Livingstone 和 Berier，1998)。

图 5.3　ERS-2(CHH)SAR 图像探测湿雪的能力

图像显示的是校正后的苏格兰高地 28.5 km^2 的区域。左侧图像是参照图像(1997 年 2 月 3 日)，显示的是无雪期；中间图像(1999 年 3 月 15 日)是湿雪覆盖时期；右侧图像的白色区域表示后向散射系数下降最少 2 dB 的区域，对应着积雪覆盖区(ERS-2 图像版权：ESA，1997，1999；数据来自作者的研究)

利用 SAR 监测积雪一般采用两种方法。利用多时相的图像建立不同地区无雪时后向散射的参照关系(Haefner 和 Piesbergen，1997；Rott 和 Nagler，1993)。干雪覆盖在冻土之上的冬季图像是最佳的参照图像，这样可以避免土壤湿度变化对后向散射的影响(Baghdadi，Fortin 和 Bernier，1999)。然后，利用参照图像设置一个随空间变化的阈值，以此判别湿雪。Baghdadi、Fortin 和 Bernier(1999)提出了推断湿雪的算法：

$$\sigma_r^0 - \sigma^0 \geqslant a \quad 且 \quad b \leqslant \sigma^0 \leqslant c \tag{5.2}$$

式中，σ^0 是观测的后向散射系数，σ_r^0 是参照的后向散射系数(无雪或干雪)，a、b、c 是基于试验观测的模型参数。

另外，如能获得足够精确的高分辨率数字高程，则可使用后向散射随入射角变化的经验模型对图像进行入射角纠正。纠正后的图像可通过阈值法识别湿雪区。如果下垫面土地覆盖类型不同，对不同的土地覆盖类型需要建立不同的阈值，这需要有土地覆盖类型图(Rees 和 Steel，2001)。这是个数据融合的简单例子，其土地覆盖类型图可通过 VIR 图像的多光谱分类产生。

目前大多数研究表明，单一入射角的单波段 SAR 图像存在一定的局限性。多极化多频率 SAR 则显示出更强的区分能力(Shi 和 Dozier，1997；Narayanan 和 Jackson，1994)，InSAR 技术也有很好的应用前景(Shi 和 Dozier，1997；Strozzi，Wegmuller 和 Mätzler，1999)(湿雪的变质降低了图像之间的相干性)。尤其是在提取积雪范围和物理特性时，多极化 SAR 比单极化 SAR 对地形变化的敏感程度要小得多(Shi，Dozi er 和 Rott，1994)。

5.2.2 中尺度

在中尺度上(空间分辨率为 1km 量级)，利用遥感数据进行积雪制图的原则和小尺度类似。像元覆盖地表的范围越大，混合像元的可能性越大，从而导致制图更加困难。另一方面，若降低对空间分辨率的要求，则满足需求的传感器会增多。此外，低空间分辨率的图像通常扫描宽度较大，可以提高数据潜在的时间分辨率，因此更容易获取瞬时或快速变化的现象。虽然如此，但是云的存在通常会阻碍图像数据的获取，尤其在瞬时积雪地区(Archer 等，1994)。

最早用于中尺度积雪制图的卫星图像系统是 AVHRR(改进的甚高分辨率辐射计)。该系统 1979 年开始运行，而且自 1998 年以来，最新几代 AVHRR 传感器增加了中心波长在 1.6 μm 处的波段，更适合雪和云的区分。AVHRR 图像广泛用于区域积雪监测计划，例如，将 ASCAS(高山积雪分析系统)应用在阿尔卑斯山(Baumgartner 和 Apfl，1993；Baumgartner，Apfl 和 Holzer，1994)、格陵兰岛(Hansen 和 Mosbech，1994)、挪威(Solberg 和 Andersen，1994)和英国(Harrison 和 Lucas，1989；Xu 等，1993)等地区。在俄罗斯，使用 AVHRR 数据的同时，开发了类似的 MSU—S 系统(Burakov 等，1996)。

用 AVHRR 数据进行积雪制图有两种主要方法：一种是辅以假彩色合成人工分类的非监督分类法；另一种是基于 NDVI 的线性内插法。第二种方法中(Slater 等，1999)，一个像元中积雪覆盖的比例估计如下：

$$\frac{N_c - N_w}{N_s - N_w} \tag{5.3}$$

式中，N_c表示 NDVI 的当前值，N_w表示无雪覆盖时植被的 NDVI 最大值(需要根据季节调整)，N_s是积雪覆盖时的 NDVI 值(通常取 0)。

与 AVHRR 大体相似的传感器是 1988 年搭载在 SPOT 系列卫星上的 VEGETATION❶。与 AVHRR 一样，VEGETATION 没有 Landsat 波段 2 的等效光谱区。Xiao、Shen 和 Qin(2001)提出了另一个归一化差值雪冰指数(NDSII)，对于 Landsat TM 数据，可表示为：

$$\text{NDSII} = \frac{r_3 - r_5}{r_3 + r_5} \tag{5.4}$$

即波段 3(红色：0.63~0.69 μm)与波段 5(中红外：1.55~1.75 μm)反射率的比值。该方法也适合 VEGETATION 传感器。

2000 年以来，Terra 卫星上搭载的 MODIS 传感器❷开始提供数据(图 5.4)。从积雪制

❶ http://www.spot-vegetation.com。
❷ http://modis-snow-ice.gsfc.nasa.gov/snow.html。

图的角度看，MODIS 比 AVHRR 的进步在于其更高的空间分辨率(250m 或 500m，而 AVHRR 是 1.1km)和更多的波段。利用 MODIS 数据进行积雪制图，一般用波段 2、波段 4 和波段 6 (分别对应 0.86μm、0.56μm 和 1.64μm)判断积雪是否存在，并用波段 1(0.64μm)和波段 2 计算植被指数来提高茂密森林区的探测能力(Klein，Hall 和 Riggs，1998)。对于 MODIS 数据，NDSI 可表示为：

$$\mathrm{NDSI}=\frac{r_4-r_6}{r_4+r_6} \tag{5.5}$$

式中，r_4 表示波段 4 的反射率，以此类比，所以它实际上等同于式(5.1)定义的 Landsat NDSI。在无茂密森林覆盖区的地区，积雪判别如下(Hall 等，2002)：

$$\mathrm{NDSI}\geqslant 0.4 \quad , \quad r_2\geqslant 0.11 \quad 且 \quad r_4\geqslant 0.10 \tag{5.6}$$

式中，波段 2 和波段 4 的阈值用于剔除 NDSI 值也很高的水面。这一算法通常可以很好地识别积雪，但有可能高估零散的积雪面积。这可能是采用“二值”方案产生的结果。

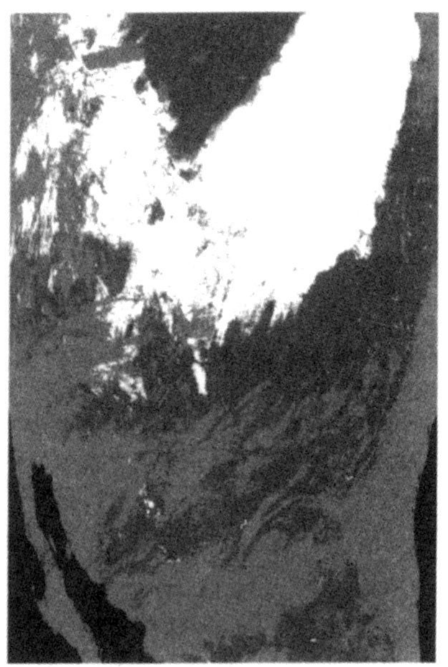

图 5.4 2002 年 2 月 1 日美国中西部 MODIS 图像(见彩图 5.2)

(左)多光谱合成图；(右)对应的积雪分类图，其中雪、云、无雪地表和水的灰度依次变深

(http://modis-snow-ice.gsfc.nasa.gov/MOD10_L2.htm)

如前所述，积雪经常出现在景观复杂的地区，例如，包括森林覆盖地区及明显有树的地区。低空间分辨率使混合像元问题更为严重。解决复杂景观问题的一个方法是利用足够高的光谱分辨率图像的光谱混合模型(“光谱分解”)。Nolin、Dozier 和 Merees(1993)将该方法成功地应用于机载 AVIRIS 数据。AVIRIS 在 400~2460nm 之间有 224 个通道。该技术包含了识别图像中代表“端元(end-member)”的像元，认为这些像元代表均质的土地覆盖类型，并确定这些端元的反射光谱。另外，还认为图像中的其他像元是这些纯的土地覆盖类型的线性组合，所以在波段 i 的反射率 r_i 可表示为

$$r_i = \sum_{j=1}^{N} f_j r_{ij} + e_i \tag{5.7}$$

式中，f_j 为土地覆盖类型 j 在像元中的比例，r_{ij} 是土地覆盖类型 j 在波段 i 的反射率，e_i 是线性模型中的误差，N 是土地覆盖类型的总数。光谱分解过程需要确定系数 f_j 使误差 e_i 的平方和达到最小。Rosenthal 和 Dozier(1996)用 Landsat TM 图像阐述了类似的方法。

5.2.3 全球尺度

国家或全球尺度上的积雪制图和监测可通过上节描述的中尺度技术来实现。事实上，更大的覆盖范围对空间分辨率的要求会进一步降低，这就使利用被动微波遥感成为可能。前面已提到，较低空间分辨率的星载被动微波遥感数据(如 SSM/I 在 19 GHz 一次扫描的足迹大小为 70 km × 45 km)使得全球积雪数据在水文方面的潜在应用存在很大问题。因此，人们开始关注SSM/I 85 GHz数据的使用。虽然其覆盖范围设计为15 km，采样间隔为12.5 km，但通过重采样和去卷积处理可得到分辨率为 5 km 的数据(Standley 和 Barrett，1994，1995)。

5.1 节中提到，积雪的发射率随频率的变化而发生独特的变化，并利用这个特点发展了几个运用多频率数据的算法。例如，Grody 和 Basist(Grody，1991；Basist 和 Grody，1994；Grody 和 Basist，1996)利用 SSM/I 数据进行了一系列试验来识别散射物质，并剔除非雪信息。其系列试验算式如下[1]：

$$T_{22\text{V}} - T_{85\text{V}} > 0 \text{ 或 } T_{19\text{V}} - T_{37\text{V}} > 0 \tag{5.8}$$

可以此识别为散射介质。

$$T_{22\text{V}} > 257 \text{ 或 } T_{22\text{V}} - 0.49T_{85\text{V}} > 165 \tag{5.9}$$

表示为降水。

$$T_{19\text{V}} - T_{19\text{H}} > 17 \text{ ，} T_{19\text{V}} - T_{37\text{V}} < 10 \text{ 且 } T_{37\text{V}} - T_{85\text{V}} < 10 \tag{5.10}$$

表示寒漠(如伊朗中部，戈壁沙漠（蒙古和中国西北部）和西藏高原)。

$$T_{22\text{V}} - T_{85\text{V}} < 8 \text{ 或 } T_{19\text{V}} - T_{37\text{V}} < 8 \text{ 且 } T_{19\text{V}} - T_{19\text{H}} > 7 \tag{5.11}$$

表示冻土。

积雪和降水具有类似的信号，如果只使用被动微波数据，剔除降水是个问题(Standley 和 Barrentt，1999；Negri 等，1995；Bauer 和 Grody，1995；Standley 和 Barrett，1995)。为了解决此问题，开展了被动微波数据和热红外数据的融合处理研究。这些方法包括使用 SSM/T 传感器(Bauer 和 Grody，1995)和甚高分辨率的 OLS(Standley 和 Barrett，1999)，这两个遥感器都搭载在 DMSP 卫星上，也就是携带 SSM/I 被动微波辐射计的卫星。

通过修改雪深算法(5.3 节)，也可以得到识别积雪范围的算法。例如，Hall 等(2002)修改 Chang、Foster 和 Hall(1987)的雪深算法，他们发现该算法比 Grody 和 Basist(1996)的方法更可靠。雪深(mm)估计如下：

$$\text{SD} = 15.9\left(T_{19\text{H}} - T_{37\text{H}}\right) \tag{5.12}$$

如果

[1] 在这些和接下来的方程中，字符 T_{fp} 表示在频率 f 和极化 p 状态下的亮度温度(K)。

$$SD>80，T_{37V}<250 \text{ 且 } T_{37H}<240 \tag{5.13}$$

则为积雪像元。此公式和其他用于全球积雪制图的公式类似，用在高海拔地区时需要做一些订正，如在喜马拉雅地区(Saraf 等，1999)，这里的大气光学厚度更小，系数需要稍微做些修正。对于 SMMR，建议采用如下公式(Saraf 等，1999)：

$$SD = 20\left(T_{18H} - T_{37H}\right) - 80 \tag{5.14}$$

式中，雪深 SD 单位仍然是 mm。

Mätzler(1994)提出一种不同的方法。该方法包括从被动微波数据估算地表温度，利用温度推断不同频率和极化方式下的有效发射率，依据得到的发射率数据形成一套规则来判定是否存在积雪，其步骤可以表示如下(Hiltbrunner 和 Mätzler，1997)。首先，地表温度(K)可以估计为：

$$T = \frac{1.95T_{19V} - 0.95T_{19H}}{0.95} \tag{5.15}$$

观测到的亮度温度和地面温度之比作为有效发射率，并根据得到的发射率，计算发射率线性组合：

$$C = \varepsilon_{19V} - \varepsilon_{19H} + \varepsilon_{37V} - \varepsilon_{37H} + 3\left(\varepsilon_{19V} - \varepsilon_{37V}\right) \tag{5.16}$$

如果

$$C>0.14 \text{ 且 } T<293\text{K} \tag{5.17}$$

那么该区域地表为积雪。除了森林覆盖地区，该方法很有效。

Armstrong 和 Brodzik(2002)比较分析了几种不同被动微波算法得出：对全球的积雪覆盖面积估计最好使用水平极化通道数据(Chang，Foster 和 Hall，1987)，垂直极化算法(Goodison，1989)往往高估冻土和沙漠地区的积雪覆盖面积。被动微波算法往往低估了积雪覆盖面积，秋季偏差最大，春季最小，这很有可能是因为忽视了厚度小于 3 cm 的薄雪而引起的(Chang，Foster 和 Hall，1987；Hall 等，2002)。通过使用 SSM/I 85 GHz 波段可以改善对这些薄雪的敏感探测(Nagler，1991；Grody 和 Basist，1996)，但这样又趋向于高估全球的积雪覆盖面积。

与中尺度制图一样，复杂(非均质)地形的影响问题对全球尺度积雪覆盖制图也很显著。Pivot、Kergomard 和 Duguay(2002)对此问题进行了分析，通过对时间序列数据进行主成分分析(3.3.3 节)来识别时空变化。由于树冠伸展于积雪上方，并且自身发射电磁辐射，因此在被树“污染”的地区判断积雪特别困难。Tait(1998)通过利用土地覆盖分类，发展了解决该问题的方法。

实际应用中，通常利用多源数据进行全球积雪制图。在北美，已经开发了利用 GOES、AVHRR 和 SSM/I 数据进行积雪制图的自动化程序(Romanov，Gutman 和 Csiszar，2000)。其分辨率为 0.04°(大约 4 km)，与多源数据人工分类结果的一致性大约为 85%。NOAA/NESDIS 的北半球每周积雪制图(从 1999 年以来是逐日的)是基于 AVHRR、GOES 和其他可见光卫星数据的人工分类合成图(Robinson，Dewey 和 Heim，1993；Ramsay，1998)(http://www.ssd.noaa.gov)。美国国家水文遥感中心(NOHRSC)用 AVHRR 数据绘制北美积雪周图，其分辨率为 1.1 km(http://www.nohrsc.nws.gov)(König，Winther 和 Isakson，2001)，挪威水资源与环境委员会(NVE)也使用了类似方法(Andersen，1982；König，Winther 和 Isaksson，2001)。

1999年以来，NESDIS用Terra卫星上的MODIS数据提供500 m或1 km分辨率的逐日和8天合成积雪数据。图5.5是卫星数据估算的北半球1979~2003年积雪覆盖范围。数据显示平均积雪覆盖面积以每年0.4%的趋势减少，但不是整个北半球都呈递减趋势，有些区域趋势相反。从20世纪80年代中期开始，由于积雪覆盖面积下降引起的变化大多出现在春季和夏季，而秋季和冬季没有明显的变化趋势(Robinson，1997，1999)。与历史时期的实测数据比较表明，20世纪积雪覆盖面积的下降是在一个面积普遍增大之后出现的，而且主要出现在冬季(Brown，2000)。最新的NOAA积雪周数据分析资料表明，20世纪80年代积雪覆盖面积在下降，而在90年代却在增加(Brown和Braaten，1998)。

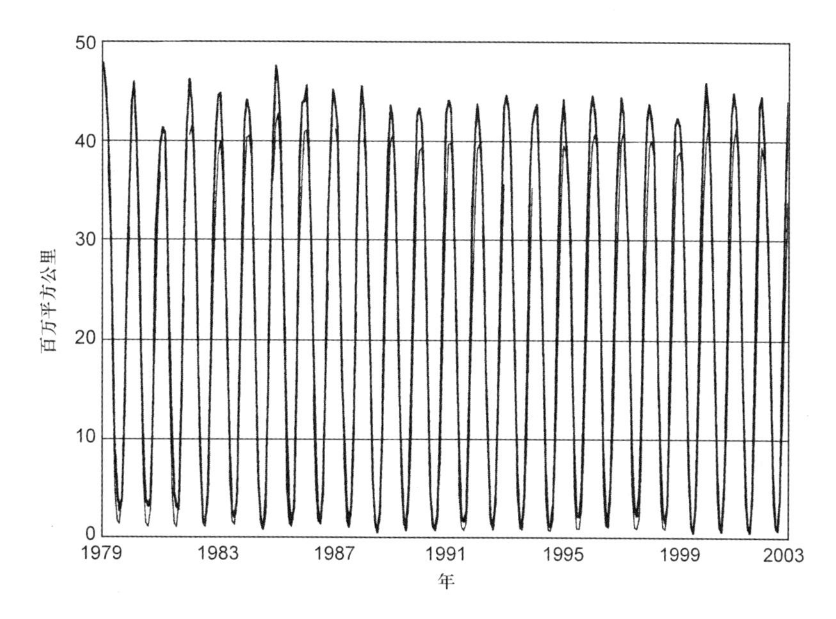

图5.5　1979~2003年北半球积雪覆盖面积(不包括格陵兰)

测量结果来自VIR(粗线)和被动微波图像(细线)(数据由美国国家雪冰数据中心，R.L Armstrong和M.J.Brodzik提供(http://nsidc.org/sotc/snow_extent.html))

5.3　雪水当量与雪深

5.3.1　小尺度与中尺度

在局地到区域尺度上，估算雪水当量(SWE)和雪深的方法很多。雪深可由机载数字立体摄影测量获得(Cline，1993；Smith，Cooper和Chapman，1967)，其思想是先测量无雪表面的高度，然后测量积雪表面的高度。其难点在于，如何在立体像对上从积雪这种相对无特征的地物中识别共轭点(匹配点)。该思想也可以扩展应用到机载激光剖面仪测量方法中。

除非使用摄影测量的方法，雪深不能直接通过VIR图像来确定，但可以使用间接方法(Säthli，Schaper和Papritz，2002)。其中一个方法是使用积雪衰退模型(snow depletion model)(Cline，Bales和Dozier，1998)，该模型建立了积雪覆盖面积与其平均深度的关系。

顾名思义，其设计主要为了建立融雪季节积雪覆盖面积和径流的关系。通过建立与海拔之间的回归关系并借助于 DEM，可以提高该方法的估计精度(König，Winther 和 Isaksson，2001)。进一步的尝试应用于植被覆盖区，把植被作为第二个解译变量(Forsythe，1999；Säthli，Schaper 和 Papritz，2002)，除森林地区外反演结果的精度得到了进一步改进(Stähli，Schaper 和 Papretz，2002)。

机载伽马射线可用来估算 SWE。自然产生的伽马辐射被水(无论是冰还是积雪)衰减，从而可用于计算最高达 35 cm 的 SWE(Dahl 和 ødegaard，1970；Garroll 和 Carroll 1989)。该方法经常应用于北美大平原。

通过 VV 和 HH 极化后向散射系数的差值比较，极化 SAR 也可用于雪深测量(Shi，Dozier 和 Davis，1990；Shi 和 Dozier，1995)。最近，Guneriussen 等(2000)提出用 InSAR 测量干雪的 SWE。

5.3.2 全球尺度

尽管最近的研究表明雷达高度计可以测量雪深(Papa 等，2002)，但被动微波辐射计是唯一的已被证明有能力提取 SWE 数据的星载技术(Walder 和 Silis，2002)。被动微波遥感的物理基础是雪层衰减了下垫面地表的辐射，而体散射的大小依赖于雪层中的积雪量。被动微波遥感只可能用于体散射机制占主导的干雪。从被动微波数据中提取 SWE 已有大量研究(Chang，Foster 和 Hall，1990；Goodison 和 Walker，1995；Tait，1998；Pulliainen 和 Hallikainen，2001；Chang，Foster 和 Hall，1987；Hallikainen 和 Jolma，1992；Grody 和 Basist，1996)，并且发展了许多算法。这些算法基本上都是利用两个波段发射率之间的差值，一般是 18 GHz 或 19 GHz 和 37 GHz。例如：加拿大气象局(MSC)基于 SSM/I 19 V 和 37 V 的亮度温度差发展了应用于加拿大中部的算法。反演算法的一般形式如下：

$$\mathrm{SWE}=a-b\left(T_{37\mathrm{V}}-T_{18\mathrm{V}}\right) \tag{5.18}$$

式中，SWE 是雪水当量，以 mm 为单位，a 和 b 是经验系数。

下垫面土地覆盖类型对 SWE 的估计影响很大(Kurvonen 和 Hallikainen，1997)，在 MSC 算法里不同的土地覆盖类型(开阔地、落叶林地、松林地和稀疏林地)，经验系数取值不同。在开阔的大草原 a=–20.7，b=2.59(Walker 和 Silis，2002)。如果用 19 GHz 波段代替 18 GHz，系数也要做相应的调整，Josberger 等(1998)建议，此时 a=–0.7，b=5.14。从 1988 年开始，该算法和以前算法的结果就已经被业务化使用(Derksen 等，2002；Goodison 和 Walker，1995)，与实测 SWE 相比，精度一般达到 10 mm 或 20 mm 以内，但在湖泊多或 SWE 特别高的地区出现严重的低估现象(30 mm 或更多)(Derksen 等，2002；Walker 和 Silis，2002；De Seve 等，1997)。粒径大小也有很大的影响：更大的颗粒降低雪层的有效发射率，因此也就降低了观测的亮度温度(Chang 等，1981；Hallikainen，1986)(图 5.6)。积雪的变质(4.2.1 节)对发射率的影响很复杂，随着冬季积雪性质的改变，已有算法出现误差(Rosenfeld 和 Grody，2000)。事实上，如果雪层中雪粒大小差异显著，那么假设颗粒大小为常数的简单模型会严重低估雪深(大概一半)(Mognard 和 Josberger，2002；Sturm，Grenfell 和 Perovich，1993)。这种情况一般发生在非常冷且温度梯度超过大约 20 K/m 的雪层(Armstrong，1985)，如美国大平原、加拿大、阿拉斯加和西伯利亚。可以利用气温数据估计雪层中的温度梯度对其校正(Josberger 和 Mognard, 1998; Mognard 和 Josberger，2002)。

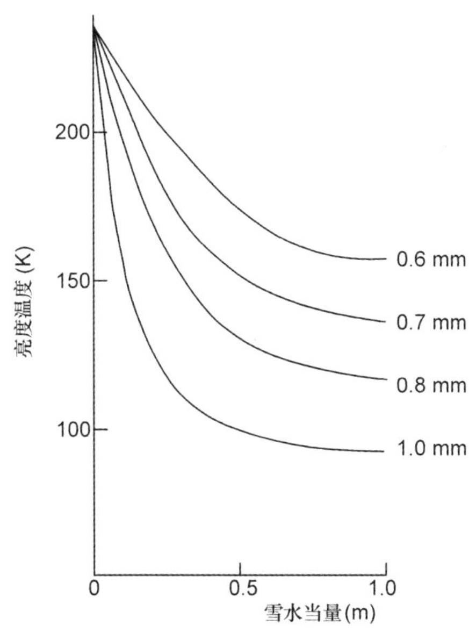

图 5.6 粒径大小对积雪微波亮度温度的影响(37 GHz 垂直极化)

(数据来自 Chang 等 (1981)，由 Armstrong 等(1993)提供。再版经国际冰川学会许可)

Chang 和 Chiu(1991)提出了森林覆盖区的校正方法：

$$\text{SWE} = a\left(T_{19\text{H}} - T_{37\text{H}}\right) + f\left(T'_{19\text{H}} - T'_{37\text{H}}\right) \tag{5.19}$$

式中，T' 是无雪的森林覆盖像元的亮度温度；f 是像元中森林覆盖的比例；a 为经验系数。

Hallikainen(1984)提出了另一个算法，首先计算同一区域冬季和秋季的亮度温度差 ΔT：

$$\Delta T = \left(T_{18\text{V}} - T_{37\text{V}}\right)_{\text{winter}} - \left(T_{18\text{V}} - T_{37\text{V}}\right)_{\text{autumn}} \tag{5.20}$$

那么 SWE 可表示为：

$$\text{SWE} = a\Delta T - b \tag{5.21}$$

式中，系数 a 和 b 在芬兰南部分别为 10.1 和 98.0，在芬兰北部分别为 8.7 和 108.0。时间的差异降低了土地覆盖变化的影响。

最近，出现了用神经网络方法从被动微波数据中提取 SWE 的新研究方向(Chang 和 Tsang，1992；Lure 等，1992；Tsang 等，1992；Davis 等，1993；Wilson 等，1999)。

在确定大尺度的积雪分布方面，一个很有意思的新思想是使用卫星的重力测量(Mognard，2003)。

5.4 融雪和径流模拟

遥感数据在监测融雪过程和模拟融雪径流方面能够发挥重要作用。最简单的融雪模型使用典型值为 0.5 cm 的“度–日系数”，也就是说，在没有降水的情况下，融化 1 个“度–日”，积雪会融化出 0.5 cm 的水。更复杂一些的模型考虑了降水的影响，以及积雪融化和观测站出现融雪水的时间延迟(Marinec, Rango 和 Major, 1983; Hall 和 Martinec, 1985)。广泛应用的是融雪径流模型(SRM)(Martinec，Rango 和 Major，1983)，例如 ASCAS 系统。SRM 可表示为：

$$Q_{n+1} = Af\left(1-k_{n+1}\right)\left[c_{\mathrm{s},n}\alpha_n\left(T_n^{+}+\Delta T_n\right)+c_{\mathrm{r},n}P_n\right]+k_{n+1}Q_n \tag{5.22}$$

式中，Q_n 是第 n 天模拟的流量(单位时间内的体积)，A 为流域面积或流域的高度分带，k 是退水系数(它描述了如果没有融水和降水的情况下，径流随时间的变化)，c 是径流系数，下标 s 表示融雪，r 表示降水，T^{+}是融化的度–日数，通过调整ΔT得到温度测量点和流域或分带之间的温度直减率，P 是降水对径流的贡献，f 是单位转换因子[1]。

简化的 SRM 模型将径流描述为降水、温度和积雪覆盖面积比例的线性组合(Wang 和 Li，2001；Schaper，Seidel 和 Martinec，2000)。

从式(5.22)可清楚看出，SRM 模型需要遥感图像获得的积雪覆盖面积(Seidel 和 Martinec 1992；Shashi Kumar 等，1992；Swamy 和 Brivio，1996)，以及一些无法从遥感图像中获取的辅助数据，如温度、降水和径流。SRM 本质上是一种融合不同来源数据的地理信息系统。通过区分冻结和正在融化的积雪，可提高模型的性能，这可通过 VIR 尤其是 SAR 数据(Koskinen，Pulliainen 和 Hallikainen，1997；Maxfield，1994；Nagler 和 Rott，1997；Running 等，1999)或微波散射计数据获取。

5.5 积雪的物理特征

5.5.1 反射率与反照率

反照率的卫星监测已经得到公认(König，Winther 和 Isaksson，2001)。根据 König、Winther 和 Isaksson (2001)，其反演过程可总结如下：首先，行星反射率(planetary reflectance)表示为在卫星测量的辐亮度和大气层顶(外大气层)相应波段的太阳辐亮度之比(后者可由太阳辐射的已知特征和日地距离来计算)。如果假设表面是朗伯反射体，则行星反射率 R 可表示为(如 Koelemeijer，Oerlemans 和 Tjemkes，1993)：

$$R = \frac{\pi L}{E_{\mathrm{sun}}\cos\theta} \tag{5.23}$$

式中，L 是观测到的辐照度，E_{sun} 是太阳辐照度，θ是太阳高度角。利用辐射传输模型对

[1] 译者注：径流深度与径流量的单位不一致。

行星反射率进行大气传输影响校正，如“5S”模型(Tanré 等，1990)。不进行大气影响校正会引起较大的反射率误差(Hall 等，1989)。

能量平衡计算需要宽波段反射率，也就是太阳光谱有效范围内(0.3~2.5 μm)的平均反射率，而卫星传感器通常提供窄波段数据。获取宽波段反射率的方法有多种，包括窄波段反射率的线性或二次方程拟合(Duguay 和 LeDrew，1992；Knap，Reijmer 和 Oerlemans，1999；Li 和 Leighton，1992；Knap 和 Oerlemans，1996；Jacobsen，Carstensen 和 Kamper，1993)、可见光波段(此波段反射率变化不是很大)反射光谱内插(Hall 等，1989)，以及根据积雪反射率随粒径变化的理论模型计算(例如：Choudhury 和 Chang，1979)(5.5.2 节)。将反射率转化为半球(漫)反照率❶，还需要积雪表面的二向性反射分布函数。我们经常假设雪面为一个朗伯体，但是如 4.2.4 节中所述，积雪呈明显的各向异性特征。

在地形起伏明显的地区，地形归一化很重要，它可减少坡向、阴影和不同大气传输的影响(Li，Koike 和 Chen❷；Dozier，1984；Dozier 和 Marks，1987)。为解决地形归一化问题，已提出了多种方法，Li、Koike 和 Chen(2002)对此进行了总结。这些方法包括波段比(Holben 和 Justice，1980)、“余弦定理”的应用或 Minnaert 模型❸(Eyton，1989；Colby，1991)，以及假设积雪表面是朗伯散射、利用数字高程模型来同时模拟太阳辐射和进行大气校正的确定性模型(Proy，Tanré和 Deschamps，1989；Dozier 和 Frew，1990)。Li、Koike 和 Chen(2002)及 Scherer 和 Brun(1997)使用了直接考虑漫射辐射(天空光)影响的改进模型。

Klein 和 Hall(1999)针对 MODIS 数据，发展了一个初步的反照率算法，其反照率产品可从美国国家雪冰数据中心获得(http://nsidc.org)。严格地讲，由于该算法假定入射辐射是平行光，所以估计的反照率是具有方向性的半球反射率。Klein 和 Stroeve(2002)概括了其运算过程，主要包括以下几个步骤：①对传感器定标以确定 MODIS 窄波段的大气层顶(TOA)反射率；②利用 DEM 获取表面坡度及离散坐标辐射传输模型(DISORT)(Stamnes 等，1988)进行大气影响校正(Vermote 和 Vermeulen，1999)和反射率各向异性影响校正；③窄波段向宽波段转化，即提取光谱积分的反照率。

5.5.2　粒径大小

粒径大小的确定非常重要，因为它可提供积雪的受热过程(Tanikawa，Aoki 和 Nishio，2002)。干雪的粒径大小影响近红外波段反射率(Dozier，1984，1989；Wiscombe 和 Warren，1980)，因此可以通过卫星图像估算干雪的粒径大小(如 Bourdelles 和 Fily，1993；Dozier，Schneider 和 McGinnis，1981；Fily 等，1997；Fily，Dedieu 和 Durand，1999；Shi 和 Dozier，1994)。利用 Landsat TM(或 ETM+)中波段 5 和波段 7 相应波长的图像数据(分别是 1.55~1.75 μm 和 2.08~2.35 μm)似乎是一种最可靠的方法。对于更短的波长，辐射会穿透积雪而更具复杂性。图像数据必须经过大气和几何校正。许多研究者用逆散射模型从 Landsat TM 卫星数据(Bourdelles 和 Fily，1993；Fily 等，1997)和机载 AVIRIS 数据(Nolin

---

❶ 可以定义为在所有可能的入射方向上的平均反照率。当入射是各向同性时，它也等价于总散射能量与总入射能量之比。

❷ 译者注：原著中是 Xin，Koike 和 Guodong (2002)，后面同样做了修改。

❸ Minnaert 模型假设表面二向性反射分布函数与 $(\cos\theta_0 \cos\theta_1)^{a-1}$ 成正比，其中 θ_0 和 θ_1 分别为入射辐射和反射辐射与表面法线的夹角，a 是常数。当 a=1 时，余弦定律对应着朗伯散射。

和 Dozier，1993，2000)反演雪粒径。但是，这些研究均未考虑积雪中杂质的影响，而杂质可以显著地改变反照率，尤其是在近红外波段(Warren 和 Wiscombe，1980)。此外，大多数试图由反射率来反演雪粒径的研究都基于积雪的散射各向同性假设，而这可能是一个不充分的假设(Grenfell，Warren 和 Mullen，1994)。Tanikawa、Aoki 和 Nishio(2002)描述了考虑这两方面影响的最新研究，利用波长分别为 0.545 μm、1.24 μm、1.64 μm 和 2.23 μm 等 4 个波段的航空图像，同时反演粒径大小和杂质浓度。

粒径大小也影响积雪的微波辐射特性。如 5.3.2 节所述，粒径大小影响微波发射率，尤其对微波的低频部分(例如 6~18 GHz)亮度温度的谱梯度影响较大(Sherjal 等，1998；Surdyk 和 Fily，1993)。雷达图像也可用来估计积雪参数，包括粒径大小。通常，受体散射、面散射及积雪下垫面地形的影响(4.2.7 节和 5.5.4 节)，其相关关系很复杂。在这一点上，多频率和(或)多极化雷达将很有用，因为积雪物理参数的影响随着频率而变化(Kuga 等，1991)。

5.5.3 温度

积雪表面温度可由热红外测量进行反演。在 10.5~12.5 μm 波段范围，积雪的发射率接近于 1[1](Warren，1982)(4.2.5 节)，因此 Landsat 波段 6 或与其类似的波段提供了测量雪表温度的好方法。大气传输引起的误差最大可达 10 K，但因为大气影响不会随着地点快速变化，所以这些误差可通过模型或根据地表数据进行校正(Orheim 和 Lucchitta，1998；Pattyn 和 Decleir，1993)。ERS ATSR 传感器有两个观测方向，利用其数据可以直接进行大气校正(Bmber 和 Harris，1994；Stroeve，Haefliger 和 Steffen，1996)。

5.5.4 雷达特性

所谓的雷达特性，是指那些控制微波后向散射系数的特性，如 4.2.7 节所述，它包括多个因素。如果积雪干而且厚，积雪的主要机制是体散射，最重要的变量是密度和粒径大小。对薄的干雪，积雪厚度和下垫面地形特征也很重要。对于湿雪，主要机制是表面散射，最重要的变量是积雪的介电常数(由密度和液态水含量决定)、表面粗糙度和局地入射角。因此，总的来说，单变量的雷达图像(如单频率和单极化下的后向散射系数)无法将这些变量的影响解释清楚，而只能说明这些变量值的范围。然而，也已经有一些有效的定量研究。例如，Guneriussen(1997)利用挪威南部克维克尼地区的 ERS 数据，对 SAR 后向散射和积雪特性的相互关系进行了精细研究，对于表面散射，使用基尔霍夫驻留相位模型，对于体散射，则使用瑞利模型(4.2.6 节)，拟合了 RMS 坡度值与平均介电常数。利用 DEM 对后向散射数据进行局地几何校正，采用了两种方法：①物理模型，即基尔霍夫/瑞利模型；②经验校正，假设后向散射系数随局地入射角以一种简单形式变化，如 Muhleman 模型：

$$\sigma^0 \propto \cos\theta \tag{5.24}$$

或是修改的 Muhleman 模型(Stiles 和 Ulaby，1980a)：

$$\sigma^0 \propto \frac{\cos\theta}{(\sin\theta + 0.1\cos\theta)^3} \tag{5.25}$$

[1] Salisbury, D'Aria 和 Wald(1994)报道积雪的发射率依赖于雪粒径大小、密度和雪水当量。

6 海冰遥感

6.1 引言

与积雪一样，海冰在遥感图像上容易识别。在可见光和近红外波段，海冰的反照率比背景——开阔水域高很多，由此可以区分海冰(见彩图 2.4)。随着 20 世纪 60 年代中期 TIROS-9 和早期的 NIMBUS 和 ESSA 卫星的发射，可见光和近红外波段(VIR)的空间观测就开始了，其纬度覆盖范围很大，足以观测到极地的大部分地区，但最早具备 1km 左右空间分辨率的星载传感器直到 20 世纪 70 年代初才出现，那就是搭载在 NOAA-2 上的 VHRR(甚高分辨率辐射计)，也就是 AVHRR(改进型甚高分辨率辐射仪)的前身。AVHRR 的重要性很早就得到了认识，并用于海冰监测(Hufford，1981)。但它易受云层影响，而且很难识别薄冰，这些问题一直是该数据应用的障碍。

海冰的微波发射率也明显不同于开阔水域，所以这两种地物在被动微波图像中也容易区分(Parkinson，2002；Parkinson 和 Gloersen，1993)(图 6.1)。从 1972 年研制的第一个星载被动微波辐射计 ESMR(电子扫描微波辐射计)开始，被动微波辐射计开始用于海冰空间监测。因此，可以说海冰的星载监测始于 20 世纪 70 年代早期。

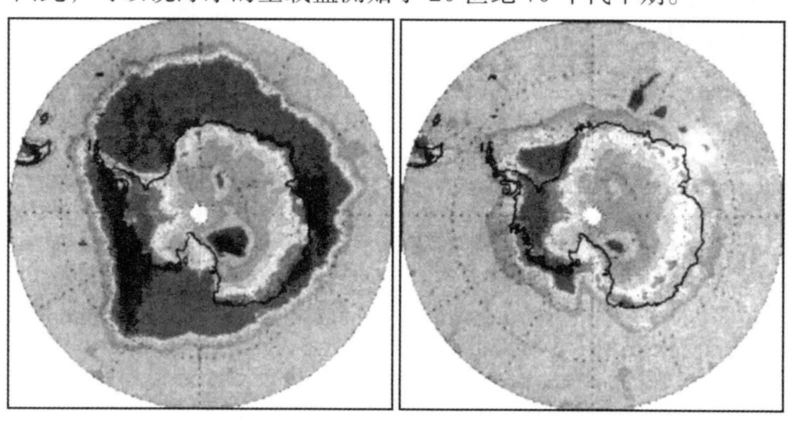

图 6.1　Oceansat-1 多通道扫描微波辐射计(MSMR)观测的南极地区亮度温度(见彩图 6.1)
(左)1999 年 9 月 12~18 日；(右)2000 年 3 月 13~19 日(经 Taylor & Francis plc.许可，根据 Dash 等(2001)改编)

当然，海冰遥感并不仅仅局限于探测海冰的存在，我们还希望获得冰的类型(一年冰或多年冰，甚至更细的分类)、海冰的动态行为、海冰厚度、浮冰和冰间水道大小的分布，以及其他可能探测到的物理参数。同时，也必须认识到，适合于获取大范围宏观观测的宽幅测量很可能没有足够的空间分辨率来识别单个的浮冰，因此引进了冰密集度(ice concentration)的概念，表示冰盖在空间上所占的平均比例。

6.2　海冰范围与密集度

由于冰和开阔水域的反射率相差很大，海冰的分布范围可以很容易从无云 VIR 图像中直接确定(Zibordi 和 Meloni，1991；Zibordi 和 Van Woert，1993)(图 6.2)。在薄冰情况下对比度明显下降(图 6.2 中喀拉海东部)，但只要之前进行云层的掩膜处理，简单的阈值法就足以实现薄冰的监测。实际上，VIR 图像的分析多采用人工解译，但 Williams 等(2002)用 AVHRR 图像和陆地/海洋掩膜发展了一套基于规则的自动分析算法 ICEMAPPER。

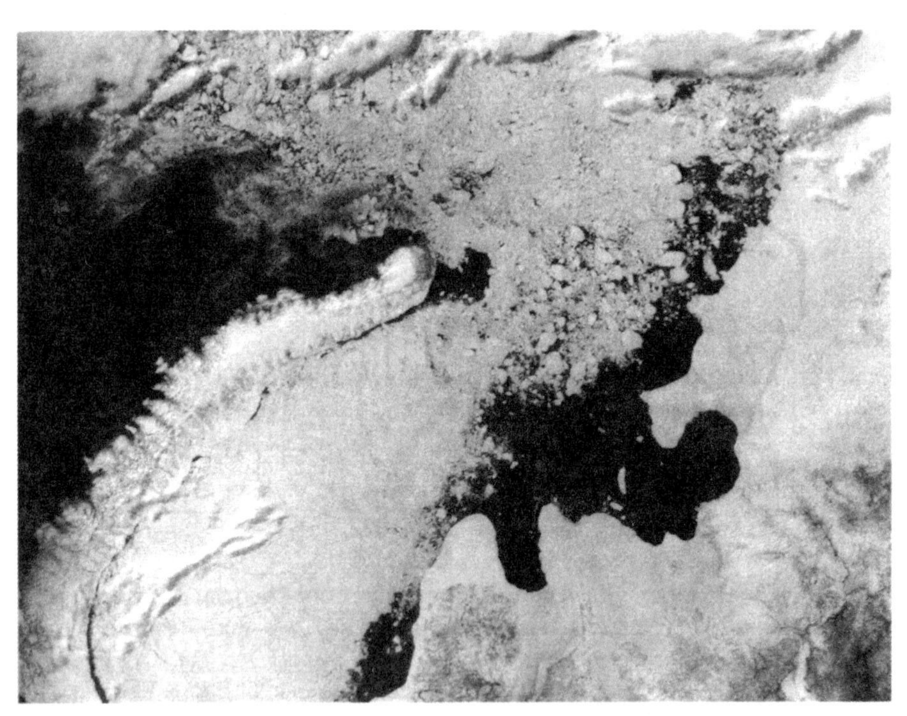

图 6.2　2001 年 6 月 10 日新地岛和喀拉海的 MODIS 图像
巴伦支海(新地岛的西部)有大面积的无冰区，而喀拉海有大面积冰盖。
图像中还可看到一些云

图 6.3 对该算法进行了概要描述，通过一些判断规则可确定薄云下可能出现的冰盖。一旦确定了海冰面积，海冰密集度就可以用开阔水域和 100%冰盖之间反照率的线性内插来估算。

现在，每天都可用 MODIS 图像计算海冰范围，其空间分辨率为 1km[1](Riggs，Hall 和 Ackerman，1999)。

[1] http://modis-snow-ice.gsfc.nasa.gov/sea.html。

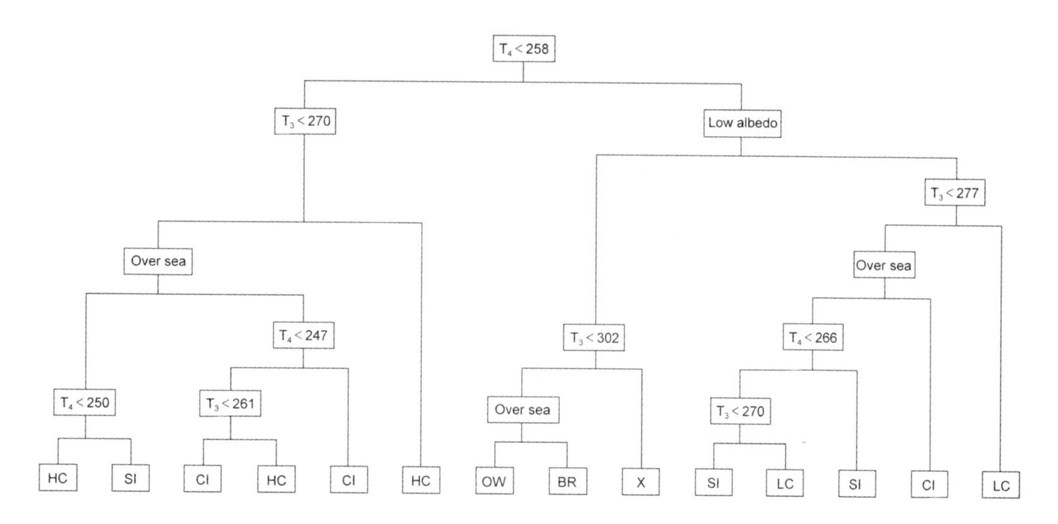

图 6.3 ICEMAPPER 决策树（根据 Williams 等（2002）改编）
HC=高云，LC=低云，CI=陆地冰，
SI=海冰，OW=开阔水域，BR=裸岩，X=干扰信号

VIR 数据的主要缺点是容易受云层的影响。被动微波图像不受云层的影响，所以它成为另一种识别海冰的重要技术(Comiso 等，1997)。如 6.1 节所述，被动微波图像的空间分辨率相对于一般的浮冰尺寸而言很低，因此被动微波方法是一种统计方法，可以用来确定冰的密集度，而不是勾绘浮冰的轮廓。

第一个星载被动微波辐射计 ESMR 提供了单通道数据(19.4 GHz，H-极化)，冰密集度由下列基于线性内插的公式提取(Parkinson 和 Gloersen，1993；Steffen 等，1992)：

$$C=\frac{T_{\mathrm{b}}-\varepsilon_{\mathrm{w}}T_{\mathrm{w}}}{\varepsilon_{\mathrm{i}}T_{\mathrm{i}}-\varepsilon_{\mathrm{w}}T_{\mathrm{w}}} \tag{6.1}$$

式中，C 代表冰密集度，T_{b} 是观测亮温；ε_{w} 和 ε_{i} 分别代表开阔水域和海冰的发射率；T_{w} 和 T_{i} 分别表示水和冰的真实温度。

运用此公式的主要难点在于 ε_{i} 随着冰的类型和状态变化很大。多通道微波辐射计，如后续的 SMMR(多通道扫描微波辐射计)，则显著地解决了这些不确定问题。NASA 算法(Cavalieri，Gloersen 和 Campbell，1984；Gloersen 和 Cavalieri，1986；Steffen 等，1992)引入极化比(polarization ratio)PR 和梯度比(gradient ratio)GR[1]，其定义分别为：

$$\mathrm{PR}=\frac{T_{18\mathrm{V}}-T_{18\mathrm{H}}}{T_{18\mathrm{V}}+T_{18\mathrm{H}}} \tag{6.2}$$

和

$$\mathrm{GR}=\frac{T_{37\mathrm{V}}-T_{18\mathrm{V}}}{T_{37\mathrm{V}}+T_{18\mathrm{V}}} \tag{6.3}$$

式中，$T_{18\mathrm{V}}$ 表示 18 GHz 垂直极化亮度温度，其他类似。因此，各类型冰的密集度可根据下面形式的公式计算：

[1] 使用 PR 和 GR 的最大优势在于不需要知道冰和水的物理温度。

$$C=\frac{a+b\,\mathrm{PR}+c\,\mathrm{GR}+d\,\mathrm{PR}\cdot\mathrm{GR}}{e+f\,\mathrm{PR}+g\,\mathrm{GR}+h\,\mathrm{PR}\cdot\mathrm{GR}} \tag{6.4}$$

式中，a，b，…，f 都是经验系数，不同类型冰的系数取值不同，在南半球和北半球其系数取值也有差异。这些系数在局部范围内可以用系点(tie point)(代表开阔水域、100%的一年冰和 100%的多年冰的数据值)进行调整，或者在半球尺度上可以用全年数据的统计结果进行调整。

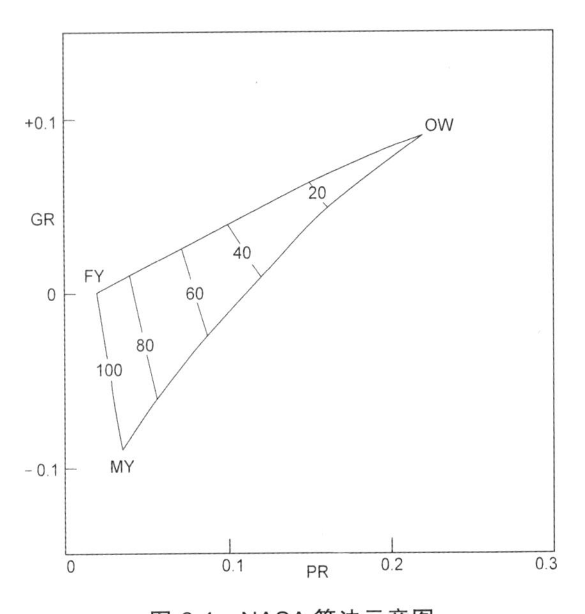

图 6.4 NASA 算法示意图

图中的点位置表示冰的总密集度(以百分比表示)和一年冰(FY)与多年冰(MY)的相对比例

式(6.4)在 GR-PR 图中定义了一个近似三角形的区域(实际上边缘有些弯曲)，如图 6.4 所示。标有 OW、FY 和 MY 的点分别对应于 100%的开阔水域、一年冰和多年冰。该方法的误差来源主要是天气的影响(云层中液态水的衰减作用及其自身的辐射，以及由风引起的水面粗糙度)。因为只有在三角形区域内的点才具有物理意义，所以天气的影响大部分可以消除(Gloersen 和 Cavalieri，1986)。

Steffen 等(1992)评估了其他被动微波数据提取冰密集度的算法，包括 AES-York、FNOC、NORSEX(Svendsen 等，1983)、马萨诸塞大学算法和 Bootstrap 算法(图 6.5)。这些算法有不同的区域和半球特征。基于人工智能的新方法，如基于知识和神经网络的分类方法，显示出一定的发展前景。

在表面干燥的情况下，被动微波像元内的海冰总密集度的固有精度为 ± 10%(Steffen 和 Schweiger，1991；Cavalieri 等，1991)，但随着冰的融化，误差显著增大，因而这些算法在夏季通常不可靠。出现大量融水池的海冰，呈现出更低的密集度(EI Naggar，Garrity 和 Ramseier，1998)。湿雪的覆盖也会带来一些不确定性(Garrity，1992)。薄冰(厚度小于 0.3 m)也是个问题——它看起来就像 30%的开阔水域(Grenfell，1992)。单类型的海冰密集度没有总密集度可靠。此外，被动微波算法往往低估多年冰的密集度(Comiso，1990)。

从被动微波数据获取的海冰密集度数据由美国雪冰数据中心存档(http://nsidc.org)，并采样成 25 km 的格网(但数据的空间分辨率约为 50 km)。Cavalieri 等(1999)用 NASA 算法(Gloersen 等，1992)对 SMMR(1978~1987 年)和 SSM/I(1987 年开始)获取的数据集进行了融合。由于这两台仪器的扫描幅宽和所在卫星平台的轨道参数不同，所以两者的纬度覆盖范围也不同，SMMR 的纬度覆盖为 84.6°，而 SSM/I 高达 87.6°。

其他用来估计海冰密集度的遥感技术包括合成孔径雷达(Burns 等，1987)、微波散射计(Grandell，Johannessen 和 Hallikainen，1999)和雷达高度计(Fetterer，1992)，这三种微波技术与被动微波辐射计一样，通常不受云层影响，而且完全不需要太阳光。合成孔径雷达(SAR)通常以降低扫描幅宽来获取更高的空间分辨率，这样就不利于海冰的宏观研究

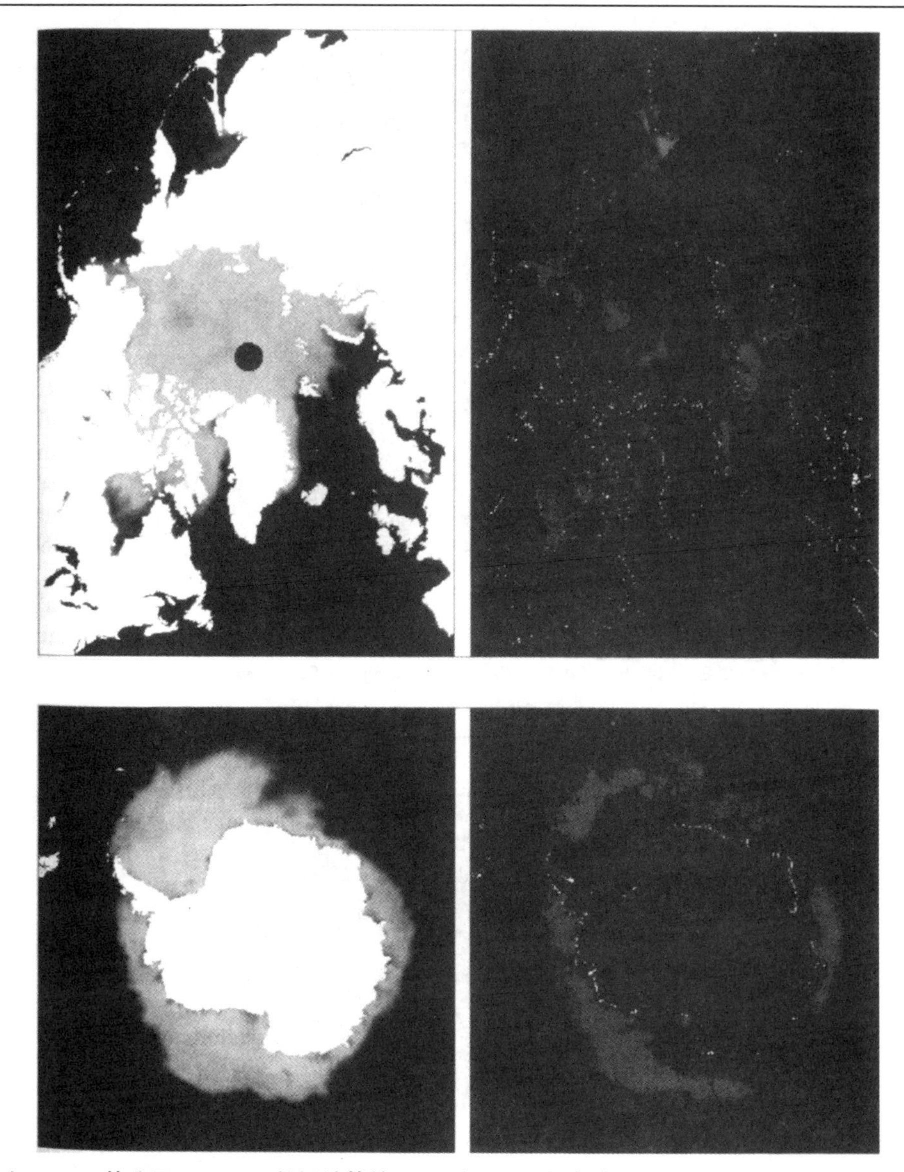

图 6.5 (左)NASA 算法用于 SSM/I 数据计算的 2003 年 10 月北半球、2003 年 6 月南半球的平均海冰密集度，灰度越亮表明密集度越大。(右)Bootstrap 算法密集度减去 NASA 算法密集度

黑色：－6%及以下；深灰色：－6%~6%；中灰：6%~18%；浅灰：18%~30%；白色：30%及以上

(但在详细调查中的作用很大，论述如下)。1995 年 Radarsat 发射后，具有多种观测模式的星载 SAR 数据开始投入使用。Radarsat 和 Envisat 上搭载的 SAR 具有 500 km 的宽幅模式。航空 SLR[1]系统可提供相似的扫描宽度，这对宏观研究很有用。SLR 是侧视雷达的简称，该技术本质上就是 SAR 的前身。SLR 运用了和 SAR 一样的侧视成像技术，但没有使用 SAR 来提高航向分辨率的信号处理技术(2.9 节)。星载 SLR 主要由前苏联发展。图 6.6 是喀拉海四幅 SLR 图像的拼嵌图，以及相应的窄幅宽 ERS SAR 图像。

[1] 也有用其他命名的，包括真实孔径雷达(RAR)和侧视机载雷达(SLAR)。

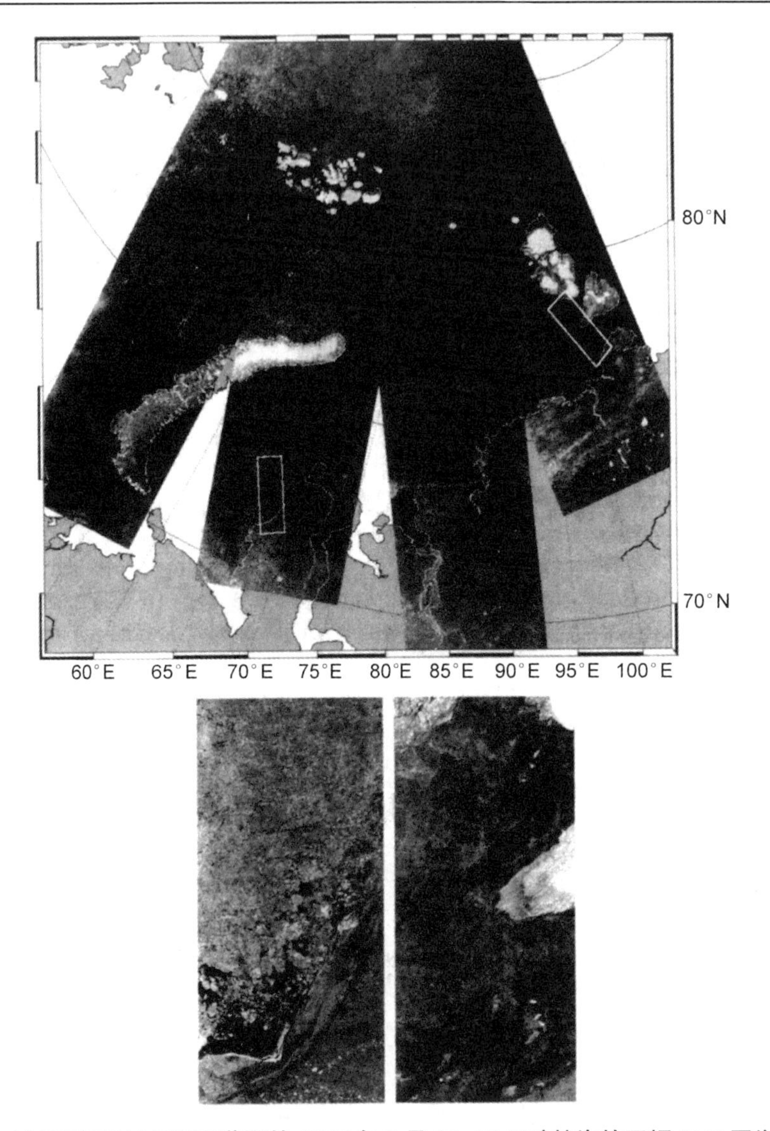

图 6.6　(上)OKEAN-N7 卫星获取的 1996 年 5 月 16~21 日喀拉海的四幅 SLR 图像拼嵌图
(版权所有：莫斯科 NPO Planeta 热处理部门，1996)。**(下)白色方格内同时获取的 ERSSAR 图像**
(版权所有：ESA/Tromsø 卫星站，1996。图像复制得到卑尔根南森环境与遥感中心许可)

使用雷达高度计时，由于光滑冰面显著的镜面散射，雷达高度计接收的海冰反射信号的波形(时间变化)通常是尖峰状，与非相干反射面(如无冰的海洋)斜坡状波形信号形成对比，由此来推断海冰的存在(Laxon，1989)。但对其机理还没有完全理解，而且在有关追踪非常粗糙表面的回波信号方面存在一些技术难点(Fetterer 等，1992)。Chase 和 Holyer(1990)提出了一种分析雷达高度计数据的方法，他们将线性分解模型用于波形分析。该方法需要识别特定冰类型(包括开阔水域)的典型波形，将观测到的波形看做是各终端组分的线性组合，并推断它们在一个观测到的波形中各自所占的比例。他们发现与被动微波数据得到的密集度一致性超过 95%。此外，也有使用实测的后向散射系数(Ulander，

1991)或者波形总功率(Drinkwater，1991)等方法。

如 6.1 节所述，从 20 世纪 70 年代初期就开始了海冰的空间监测。监测结果是否已经发现了显著的长期变化趋势？早期使用被动微波数据进行的研究中隐含了这种趋势，但没有足够的时间跨度来检验包含厄尔尼诺、拉尼娜和北大西洋涛动等现象。最近，已经进行了大约 20 年的数据分析。通过分析北半球 1981~2000 年的数据，Comiso(2002)报道海冰的平均减少趋势为 24 600 km^2/a，相当于平均每年减少海冰面积的(0.2 ± 0.03)%。Parkinson 等(1999)分析了 1987~1996 年的数据，得到类似的结果，但减少的速率稍微高一些(每年 0.28%)。将密集度合并为面积，实际的海冰面积减少得稍微快一些，因为平均冰密集度每年下降 0.1%(Comiso，2002)。在长期变化趋势上，叠加了大约 5 年为一个循环或准周期的变化(Comiso，2002)(图6.7)，这可能与大西洋涛动和厄尔尼诺南方涛动有关(Deser，Walsh 和 Timlin，2000；Dickson 等，2000；Gloersen，1995)。多年冰的减少速率是总冰盖减少速率的两倍。海冰变化的区域差异明显：减少最多的地区是北冰洋、喀拉海、巴伦支海、鄂霍次克海和日本海，而在白令海和圣劳伦斯海湾出现正增长(但可能统计意义不显著)(Parkinson 和 Cavalieri，2002)。

Johannessen、Shalina 和 Miles(1999)首次对多年冰和一年冰密集度的长期趋势进行分析，结果表明，1978~1998 年北冰洋的多年冰面积每年以 0.7%的速率下降。通过对大致相同时期的被动微波数据分析，发现融化期延长了 8%(5 天)，再次支持了上述结果(Smith，1998)。

Comiso(2002)将冰的范围和面积趋势与表面温度[1]进行了比较。1981~2000 年海冰区温度变化趋势是(+0.05 ± 0.02)K/a，格陵兰岛是(− 0.01 ± 0.04)K/a，在其他高纬度地带变化趋势是(+0.10 ± 0.02)K/a。总体上看，这一趋势中海冰的偏差和表面温度的偏差呈负相关。

另外一种确定海冰范围变化趋势的方法是考虑海冰期的长度，例如：可以定义为一年中密集度超过 15%、30%或 50%的天数(Parkinson，2002，1994；Watkins 和 Simmonds，2000)。用这种方法对南半球的分析表明，在罗斯海、东南极的海岸，以及威德尔海的部分地区，海冰期延长，而在别林斯高晋海和阿蒙森海及威德尔海的部分地区，海冰期缩短。总体上，有更多的区域表现出正趋势而不是负趋势(Parkinson，2002)。很明显，在过去的 20 年南极和北极海冰变化一直不同步。

6.3 海冰类型

如果 VIR 图像的空间分辨率很高，足以辨别纹理，那么可用来识别冰的类型，但实际上，大部分冰类型的空间监测方法主要使用微波图像。这可能是由于 VIR 图像易受云层影响，以及高分辨率 VIR 图像的扫描宽度相对较窄等两方面的因素，使其不适合大区域的宏观研究。但是，对于海冰的详细调查，VIR 图像极具优势，例如进行海冰融水池的研究(Fetterer 和 Untersteiner，1998)。

---

[1] 表面温度由星载热红外数据估计（例如 Steffen 等，1993；Comiso，2000）。参考 6.7 节。

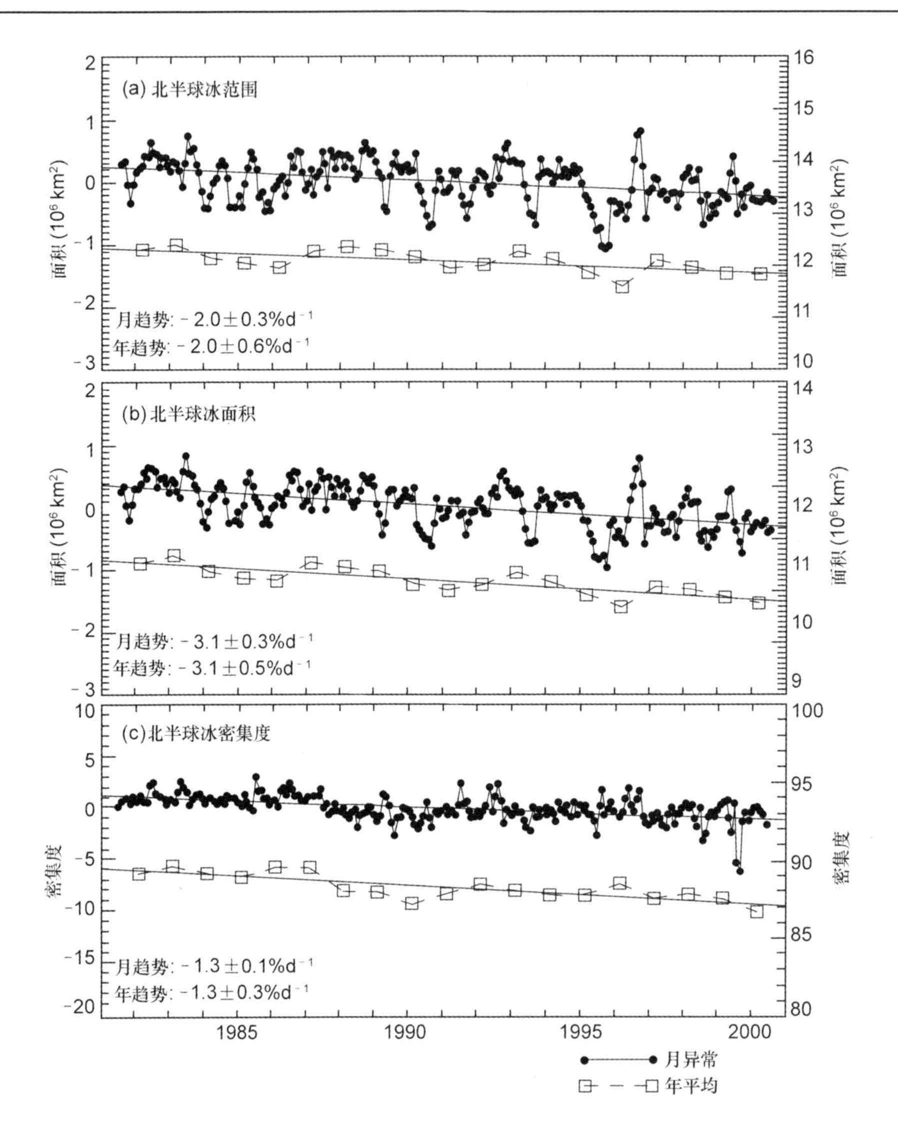

图 6.7　1981~2000 年期间海冰范围(a),实际的冰面积(b)及冰密集度(c)的月异常值(远离平均值)和年平均值

(根据 Comiso(2002)重新制作。经国际冰川学会许可再版于《冰川年鉴》)

在 6.2 节中已经介绍了被动微波图像确定冰类型的方法,一年冰和多年冰发射率的显著不同也就意味着区分冰类型是确定冰密集度的必要步骤。由图 6.4 也可看出，被动微波算法更适合于海冰的总密集度，而不是一年冰和多年冰之间的相对比例，而且还发现算法对融化特征敏感。通过融合微波散射计(microwave scatterometer，本质上是非成像雷达)数据已经成功地解决了一些不确定问题(Voss，Heygser 和 Ezraty，2003)。

作为一种识别海水类型的方法，合成孔径雷达已得到广泛关注。SAR 拥有诸多优势(空间分辨率高，不依赖太阳光并且很大程度上不依赖天气条件)，但由于斑点噪声、海冰后向散射系数的自然多变性(Beaven 等，1997；Barber 等，1995)，特别是冰的变质过程引起的多边性(Livingstone 等，1987)，以及由风引起的表面粗糙度导致的开阔水域后向散射系数变化(Kwok 等，1992)等都使图像解译更加复杂化。早期的分类是基于人工分析，并且只局限在冬季的几个月(Kwok 等，1992)，但随着 20 世纪 90 年代早期 ERS 卫星的出现，已开发了一些自动分析程序。由阿拉斯加 SAR 研究室(ASF)收集的 SAR 数据一般用地球物理处理机系统(GPS)定期进行处理(Kwok，Cunningham 和 Holt，1992)。这个系统本是为处理 ERS-1 数据设计的，为了减少斑点，数据经过平滑处理使得分辨率降到 200 m。这个算法只考虑辐射特征，不考虑任何空间关系。它根据后向散射系数的均值和标准差对图像进行聚类分析，然后根据与查找表(LUT)中值的接近程度标志出最密集的群(见表 6.1 和图 6.8)。其他的冰类型则根据平均后向散射的期望差(differences)进行分类(考虑辐射定标误差的影响)。辅助的气象数据用来选择 LUT 中相应值。如表 6.1 所示，在 C 波段，开阔水域与薄冰区很难区分，但在高频波段区分能力可得到提高(Matsuoka 等，2002b)。

表 6.1 不同类型的海冰在 25°入射角下的 CVV 后向散射系数(Kwok，Cunningham 和 Holt，1992)

冰类型	厚度(m)	σ°(dB)	Std Devn(dB)	*A*(dB/degree)*
冬季到早春				
多年冰	>2.2	−8.6	2.2	−0.08
一年冰	0.2~2.2	−14.0	2.1	−0.24
新冰/开阔水域	<0.2	<−18.0		
晚春				
多年冰	>2.2	−10.7	2.1	−0.27
一年冰	0.7~2.2	−13.2	1.1	−0.22
新冰/开阔水域	<0.2	<−18.0		
多年冰/一年冰	>0.2	>−16.0		
新冰/开阔水域	<0.2	<18.0		
夏季				
多年冰	>1.5	−10.5	1.7	−0.04
一年冰	0.3~1.2	−12.5	1.9	−0.21
新冰/开阔水域	<0.3	<−18.0		

注：*后向散射系数依赖于入射角。

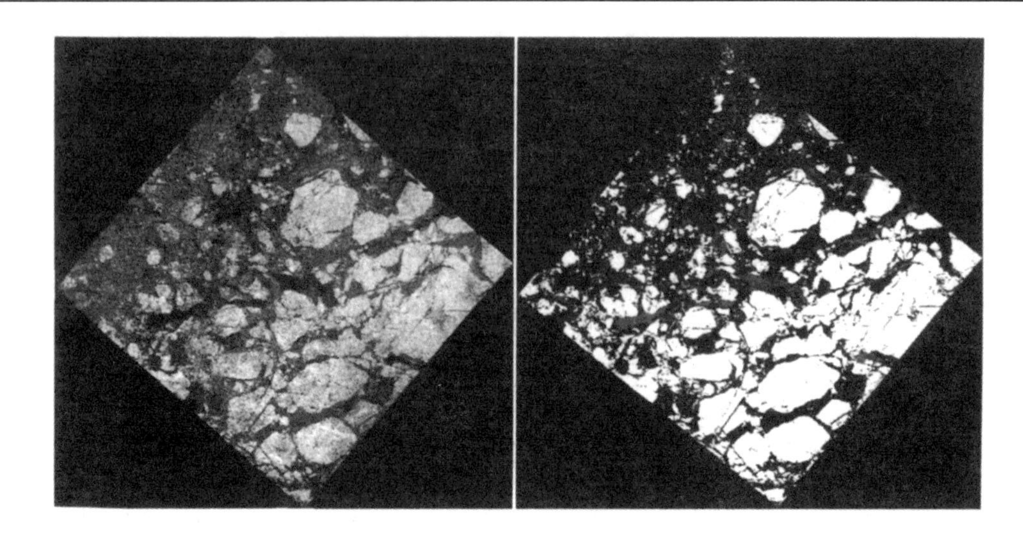

图 6.8　(左)1991 年 11 月 27 日波弗特海局部 ERS-1 SAR 图像。
(右)图像分类为多年冰(白色)、一年冰(黑色)和薄冰(灰色)
(根据 Kwok, Cunningham 和 Holt(1992)改编，版权所有：美国地球物理联合会(AGU),1992)

大部分星载 SAR 图像提供单通道数据(单频率和单极化状态)，因此在分类方面有很大的局限性为此已经采取了很多方法试图突破这种局限。ASF GPS 算法从数据中有效地提取了两个参数——平均后向散射系数和标准差，是一种简单的图像纹理提取方法。Sun、Carlström 和 Askne(1992)以及 Kwok 和 Cunningham(1994)提出了利用标准偏差或方差来提取图像纹理的方法。还有一些更复杂的纹理提取方法，如灰度共生矩阵(Shokr，1991；Nystuen 和 Garcia，1992)和自相关函数(Collins，Livingstone 和 Raney，1997)。对于自相关函数方法，采用严格的数学方法从系统响应中分离出地物的空间变化，其数学计算比较复杂，但在提取准确纹理信号方面具有潜力。在拉布拉多海边缘冰带的一次试验调查中，Collins、Livingstone 和 Raney(1997)得到这样一个结论：单通道 SAR 数据(即单频率和单极化状态)足以区分某一特定冰类型的不同形态(如光滑和粗糙新冰之间的区别)，但不能区分冰的类型。最常用的单通道 SAR 数据是 X 波段的同极化数据(HH 或 VV)，但 CHH 也很有价值。为了区分不同的冰类型，需要结合两个雷达通道的数据，如 XHV 和 CHH 或者 XHV 和 CHV。

如果图像首先被分割成独立的均质区域，每一区域代表单个浮冰，那么图像纹理的效果可以得到增强(Skriver，1989；Soh 和 Tsatsoulis，1999)。Bochert(1999)采取了这种方法，并利用航空扫描图像(可见光和热红外)对雷达分类进行校正以对其精度进行评估。

在融化期，多时相 SAR 图像分析很有用，因为一年冰和多年冰融化时的响应极其不同(Thomas 和 Barber，1998)：多年冰的后向散射系数下降(Winebrenner 等，1994)，而一年冰的后向散射系数上升(Livingstone 等，1987)(图 6.9)。冰的物理模型对融化期 SAR 数据的解译也很有帮助(Beaven 等，1997)。

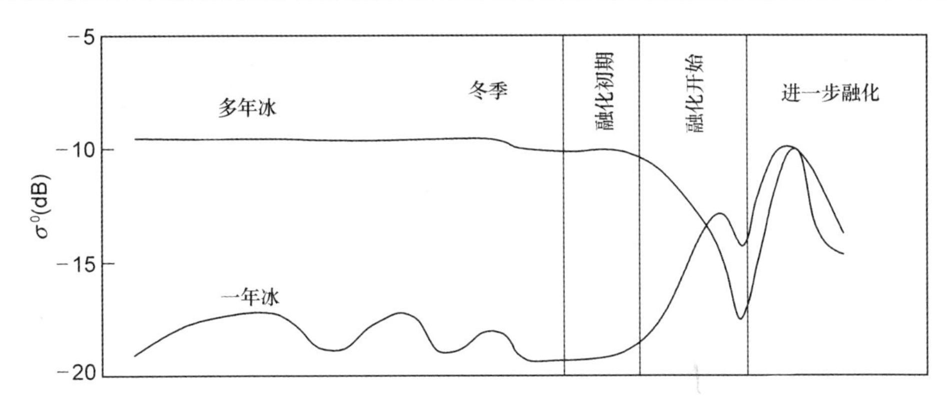

图 6.9 融化期一年冰和多年冰的 CVV 后向散射系数变化示意图

(根据 Thomas 和 Barber(1998)重新绘制)

通过融合其他图像，可以从 SAR 图像中获取更多的信息。Lythe、Hauser 和 Wendler(1999)成功地融合了南极地区的 SAR 和 AVHRR 图像。首先对 SAR 数据去斑点处理，然后通过图像的直方图分割边界，最后利用配准的 AVHRR 热红外图像进行两波段(SAR+AVHRR4)分类，这样就能识别更多的冰类型(图 6.10)。

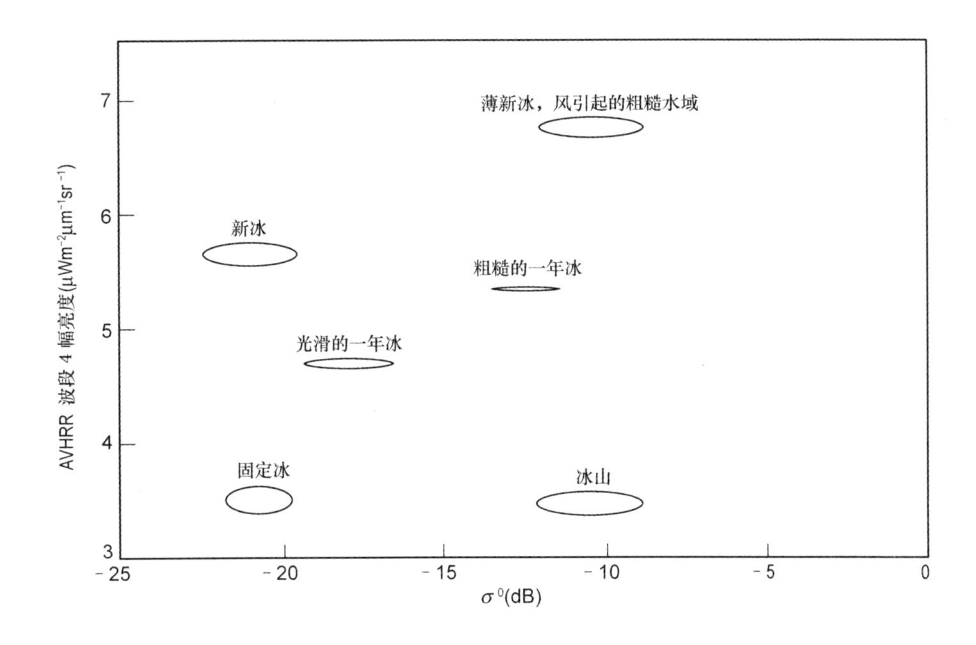

图 6.10 ERS SAR 数据和 AVHRR 第四波段(热红外)图像融合后改善的冰类型区分能力

椭圆代表数据的标准差(根据 Lythe、Hauser 和 Wendler(1999)重新绘制)

从 SAR 图像中识别冰类型最具发展前景的方法是多频率、多极化 SAR (Drinkwater 等，1992)。图 6.11 显示了 1988 年 3 月 11 日波弗特海在 C 波段(蓝)、L 波段(绿)和 P 波段(红)的海冰区(Drinkwater 等，1991)，其中标记的区域分别是多年浮冰(1 和 3)、已变形

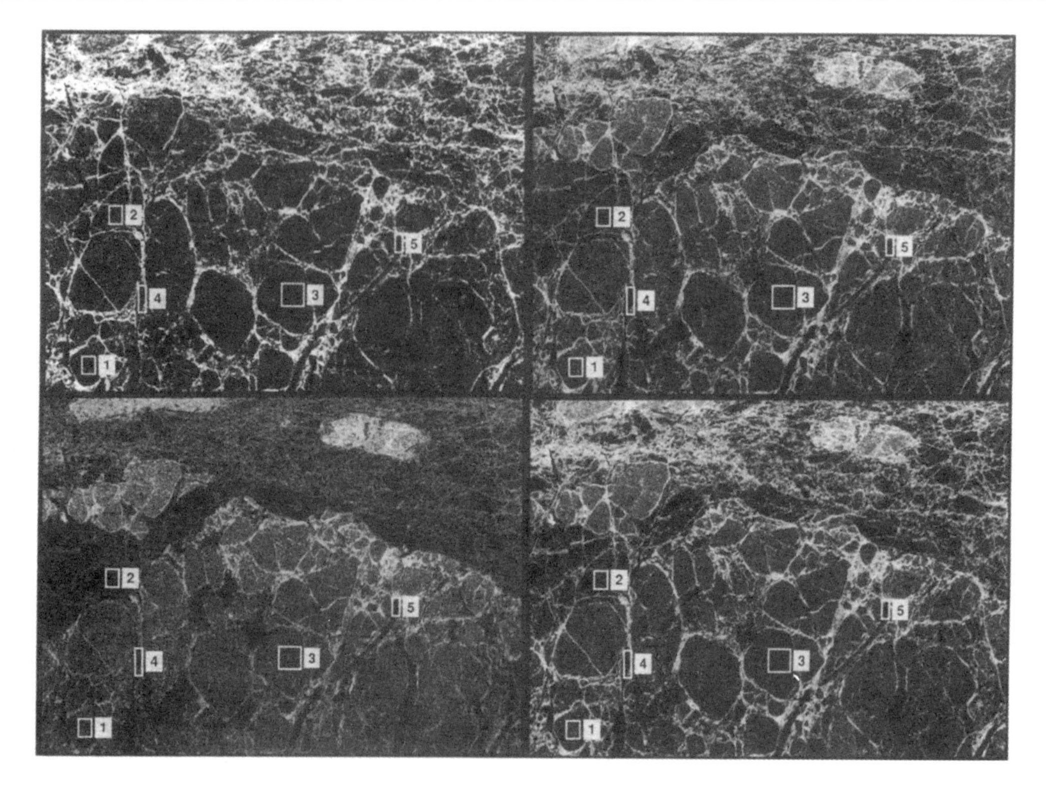

图 6.11 波弗特海海冰的多频率机载 SAR 图像(见彩图 6.2)
(左上)P 波段；(右上)L 波段；(左下)C 波段；(右下)所有三波段的 RGB 合成图
(详细描述见正文。根据 Drinkwater 等(1992)改编，版权所有：美国地球物理联合会(AGU)，1992)

的一年冰(2)和没有变形的一年冰(4 和 5)。星载极化 SAR 现在已经在轨运行，但是多频率 SAR 系统的发射可能还需几年时间。

6.4 融水池及其表面反照率

在夏季，海冰表现出融化特征，如形成融水池和湿雪，其反照率大大降低(Grenfell 和 Maykut，1977)。由于融水池在蓝波段的反射率高于湿雪(Perovich，Maykut 和 Grenfell，1986)，因此理论上这些特征在多光谱光学图像中可以得到区分。Markus，Cavalieri 和 Ivanoff(2002)的研究表明，通过结合 Landsat ETM+的空间分辨率和光谱分辨率，可以区分出融水池所占比例较高的夏季海冰区。如 6.3 节所述，SAR 图像也可以监测到融化的出现，因此在没有可用的 VIR 图像时，SAR 图像也可作为估计反照率的间接方法(Thomas 和 Barber，1998；Barber 和 LeDrew，1994；Barber，Papakyriakou 和 LeDrew，1994)。

6.5 海冰厚度

用已经提到的遥感方法确定海冰厚度难度较大。置于潜艇(Washams 和 Comiso，1992)

或固定传感器上的仰视声纳、船载观测及冰层中的弹性波传播测量都可用来测量冰厚度，但是这些方法速度慢且空间覆盖范围有限，而且其测量结果彼此不一致。据估计，北冰洋 1970~1990 年间平均海冰厚度的变化大致在−1.3 m(大约−40%)(Rothrock，Yu 和 Maykut，1999)到 0(Winsor，2001；Nagurny，Korostelev 和 Ivanov，1999)之间。

可以用于测量冰厚度的遥感技术中，机载脉冲雷达最常用(Kovacs 和 Morey，1986)，其典型工作频率是 100 MHz(图 6.12)。事实上，脉冲雷达或探地雷达只对 1~10 m 厚的冰有效。它用到的电磁技术是电磁感应方法(Holladay，Rossiter 和 Kovacs，1990；Rossiter 和 Holladay，1994)，即发射频率在 1~250 kHz 的电磁波感应冰下海水的涡流，返回的辐射电磁场穿过海冰时被衰减，以此确定海冰厚度。这种方法的精度一般为 0.1 m。

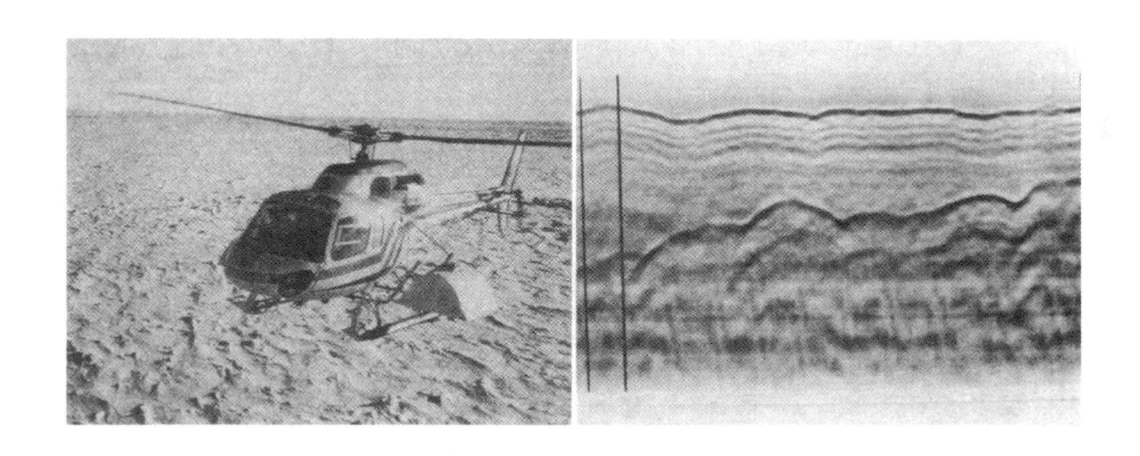

图 6.12 直升飞机搭载的脉冲雷达(左)和显示冰的上下表面的输出结果(右)

(根据 Wadhams 和 Comiso(1992)重新制作，版权所有：美国地球物理联合会(AGU)，1992，感谢 Gordon Oswald 博士提供)

1964 年机载激光剖面仪首次应用于海冰厚度探测(Ketchum，1971)，并于 1987 年进行了一次大范围测量(Comiso 等，1991)。由于激光剖面仪测量的是冰的出水高度(水线以上的高度)，因此需要引入一个乘数因子来确定冰的厚度(Wadhams 等，1992)。Ishizu、Mizutani 和 Itabe(1999)开展了日本鄂克霍次克海海冰的航空测量研究，其精度优于 2 cm(图 6.13)。与其他航空技术一样，机载激光剖面仪主要适用于小面积海冰的监测。星载激光测高仪有望获取更大的覆盖范围。星载雷达高度计也已开始在大区域冰厚测量方面显示出前景，也是通过测量出水高度来确定冰的厚度(Bobylev，Kondratyev 和 Johannessen，2003)。

SAR 数据可以间接估算海冰厚度。Matsuoka 等(2002b)报道了冰厚度与交叉极化的 L 波段后向散射系数之间的显著相关性，可用下面的回归公式拟合(图像数据经过了入射角校正)：

$$\sigma_{\text{LHV}}^{0} = 7.3\lg\left(\frac{d}{\text{m}}\right) - 28.4\text{dB} \tag{6.5}$$

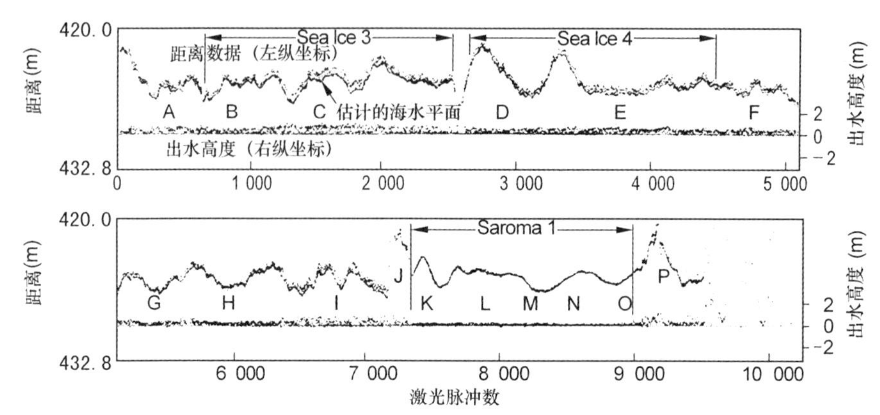

图 6.13　鄂克霍次克海海冰和日本 Saroma 湖冰的机载激光剖面数据。脉冲水平间隔为 3.6 m

(经 Taylor&Francis plc.许可，由 Ishizu，Mizutani 和 Itabe(1999)重新制作)

式中，d 表示冰厚度(图 6.14)。

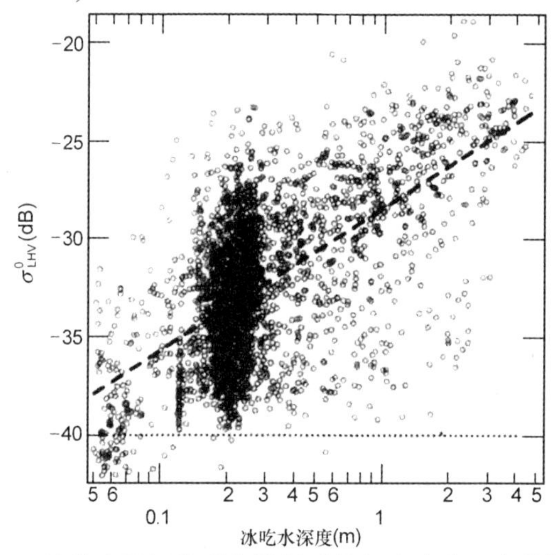

图 6.14　L 波段交叉极化后向散射系数与冰吃水深度的相互关系

(根据 Matsuoka 等(2002b)重新制作。经国际冰川学会许可，从《冰川年鉴》中翻印)

但该相关性在较高的频率上却小得多(Wadhams 和 Comiso，1992)，其原因可能是海冰厚度与表面粗糙度共同作用的结果。Melling(1998)发现一年冰的 SAR 图像中，冰脊的空间频率与平均的冰厚度之间有很强的相关性。然而，在 SAR 图像中，新的冰间水道也呈现出丝状特征，所以估算冰脊的频率变得复杂。因为分辨出老冰的冰脊更加困难，所以这种方法不太适用于多年冰。

还有两种用 SAR 数据估算冰厚度的方法。第一种方法是用 SAR 数据对冰进行分类，然后以此作为冰厚的替代指标(Melling，1998；Haverkamp，Soh 和 Tsatsoulis，1995)。该方法依据的事实是多年冰比一年冰更厚——约 3 倍，并且它适合于能可靠地估计出多年冰范围的任何技术。第二种方法是用 SAR 图像的时间序列探测冰的运动(见 6.6 节)，并且用 Lebedev 公式模拟新冰在冰间水道中的增长：

$$h = 1.33F^{0.58} \tag{6.6}$$

式中，h 是冰厚，cm；F 表示累积冻结度－日数(Maykut，1986)。Radarsat 地球物理处理机系统(RGPS)采用的就是这一算法(Kwok，2002)[1]。

6.6　海冰运动

以前测量海冰运动的方法多利用冰盖上的浮标、漂流的测冰站和船只(Liu 和 Cavalieri，1998)。这些方法提供的数据空间分辨率低，而且对于南大洋而言覆盖范围太小。显然，卫星遥感监测是个很好的选择。然而，海冰运动监测需要时间序列的图像，这些图像之间一般最多只能有几天的时间间隔，所以像 Landsat 这样的窄幅宽传感器通常不适用，而宽幅宽的 VIR 图像（如 AVHRR）和 SAR 图像则很适合。但是，所有 VIR 图像容易受云层和极夜现象的影响，所以 SAR 图像时间序列分析就成为目前的首选方法(Johannessen 等，1983；Campbell 等，1987；Fily 和 Rothrock，1991)。被动微波图像通常空间分辨率太低，对探测冰的运动没有太大用处，但 Liu 和 Cavalieri(1998)成功地用分辨率为 12.5 km 的 SSM/I 85 GHz 数据进行了分析，其方法是小波变换，类似局部的时空傅里叶变换(图 6.15)。

早期用卫星图像监测冰运动的方法依靠对两幅或更多幅图像上共同特征的人工识别。最近采用的方法是计算两幅图像之间的互相关函数：对两幅图像进行空间分割，分割方法通常采取等级分割(从最大尺度的特征开始)，然后用最大互相关系数计算图像区域中冰的相对运动(Holt，Rothrock 和 Kwok，1992)。该方法已用于 AVHRR 图像(Emery 等，1991；Ninnis，Emery 和 Collins，1986；Heacock 等，1993)和 SAR 图像(Fily 和 Rothrock，1991；Collins 和 Emery，1988)(图 6.16)，而且最适合应用于冰密集度高而使浮冰的旋转受到限制的区域。在海冰的边缘地带，由于浮冰可自由旋转，从而使该方法不太成功。

特征识别算法已经用来解决旋转问题。通常，先从图像中通过某种分割程序提取要素(浮冰、水道、冰脊等)，然后用一组与要素的方向无关的参数来表示它们，以便于在第二幅图像中能找到最可能对应的要素。当冰密集度低且各块浮冰彼此分离时，该方法效果更好，所以与互相关系数法正好互补。呈线性特征的冰间水道相对容易自动识别，Vesecky 等(1988)研究证实了这一点。冰脊也可用来追踪，但难以进行自动识别(Vesecky，Smith 和 Samadani，1990)。水道或浮冰的轮廓可用其 ψ—s 特征表示(Kwok 等，1990)，该特征是一个曲线图，描绘了轮廓线的切线方向 ψ 的变化与任意起始点沿着边缘到切线点的距离 s 的函数(图 6.17)。除 s 会有偏移外，该曲线在地物要素旋转时不会变化。类似的方法可以获取与方向无关的形状参数(如面积、周长及最佳拟合椭圆的长半轴和短半轴)。

时间序列图像可以确定海冰要素的绝对运动，其精度依赖于每幅图像的定位精度及两幅图像间的相对配准精度。如果在两幅图像中有可见的静止特征地物作为控制点，那么配准精度可以提高，但这种情形在海冰区不常见，除非图像有非常大的幅宽。

[1] http://www-rada.jpl.nasa.gov/rgps/radarsat.html。

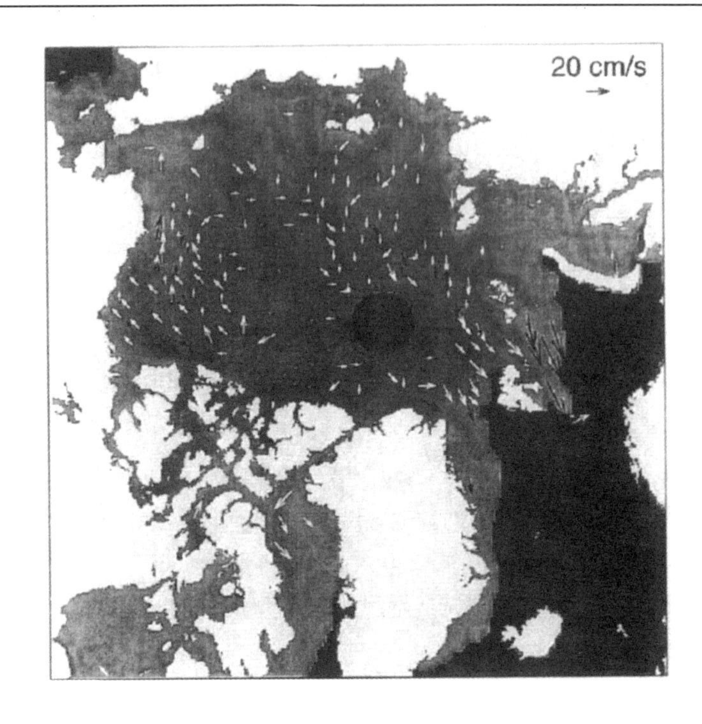

图 6.15　对 85 GHz SSM/I 数据进行小波变换得到的 1992 年 12 月 12 日海冰运动矢量图

黑色箭头表示探测到的浮标位移(经 Taylor & Francis plc.许可，根据 Liu 和 Cavalieri(1998)重新制作)

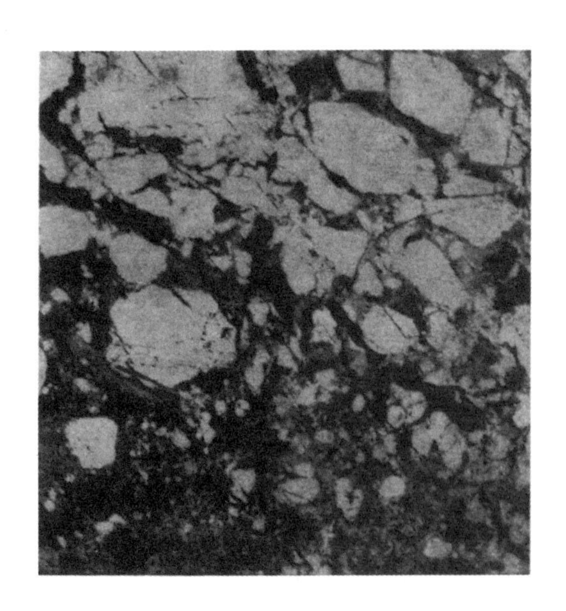

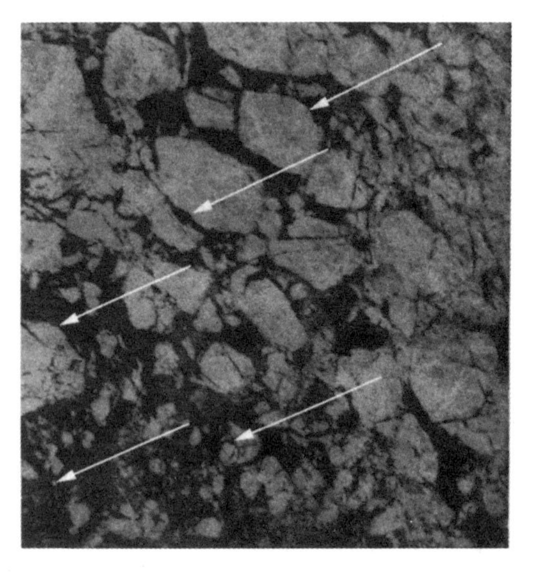

图 6.16　从 ERS-1 SAR 图像时间序列提取的波弗特海海冰运动图

(左)1991 年 11 月 27 日；(右)1991 年 11 月 30 日，图上添加了位移矢量

(根据 Holt，Rothrock 和 Kwok(1992)修改，版权所有：美国地球物理联合会(AGU)，1992)

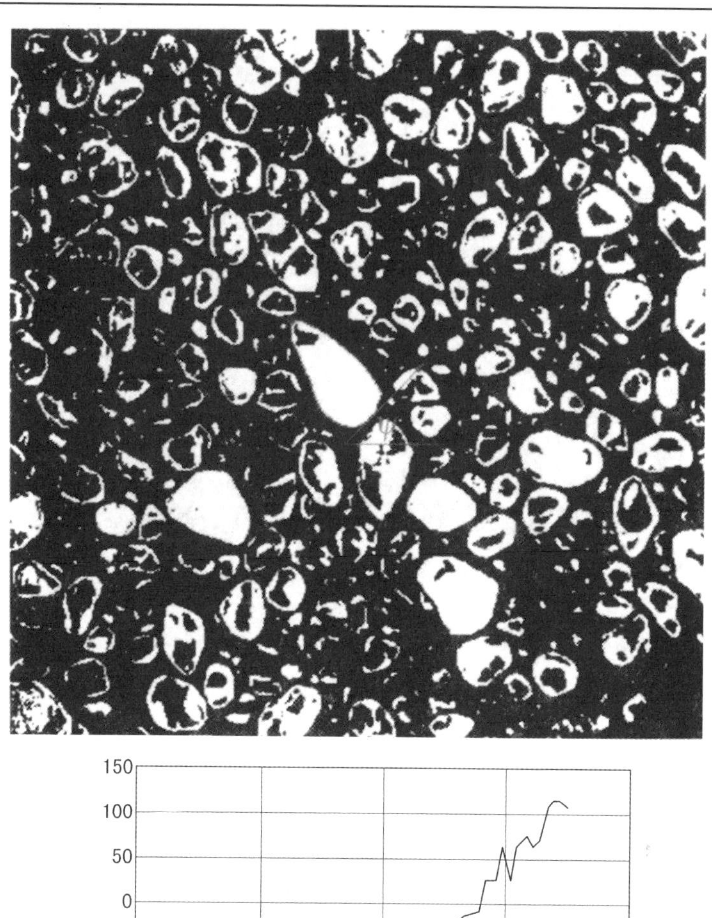

图 6.17　经过阈值处理的海冰图像(上)及浮冰的 $\psi(s)$ 特征(下)

(实际上，海冰发展的早期阶段叫饼状冰(pancake ice)，中心的浮冰周长用灰色勾勒；下图表示边界上切线的角度 ψ(°)随沿边界的距离 s(以像元为单位)的变化)

SAR 干涉测量已显示出在固定冰的微小运动监测中的作用(Dammert，Leppäranta 和 Askne，1998)(图 6.18)，因此它也适合于静止冰向运动冰过渡初始期冰的运动机理研究。

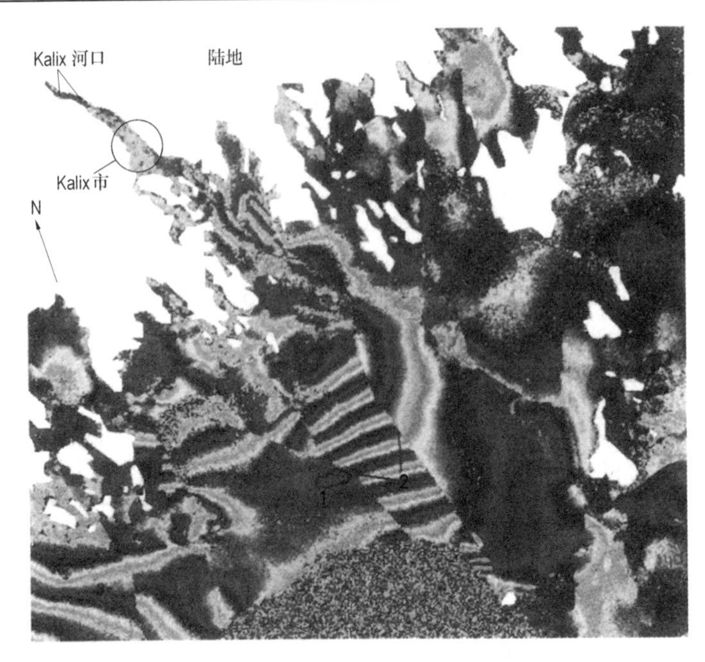

图 6.18　1992 年 3 月 27 日和 30 日波的尼亚海湾南端 ERS-1 SAR 图像的干涉图(见彩图 6.3)
一个相位周期对应了 28　mm 的运动。线性特征“2”是破冰船的痕迹；底部中心非相干区域是开阔水域(经 Taylor & Francis plc.许可，根据 Dammert、Leppäranta 和 Askne(1998)复制)

6.7　海冰温度

热红外传感器可以探测海冰表面温度，如 AVHRR，但云层覆盖是个大的障碍。基于此，也可以利用被动微波数据。NASA 算法依据多年冰和一年冰在 6.5 GHz 频率上发射率基本一致(Comiso，1983)这样一个事实，消除了冰类型不确定性造成的误差。计算冰温度 T_i 的公式为：

$$T_i = \frac{T_{6.5V} - (1-C)T_{w,\,6.5V}}{C\varepsilon} \tag{6.7}$$

式中，$T_{6.5V}$ 是 6.5 GHz 垂直极化辐射观测到的亮度温度；$T_{w,\,6.5V}$ 是对应开阔水域的亮度温度；C 是冰的总密集度；ε 是发射率。

因为靠近开阔水域的冰很可能接近融化温度，所以只要 C 小于 0.8，T_i 都可设为 271 K。Steffen 等(1992)论述了其他算法。

7 淡水冰遥感

7.1 引言

淡水(即河水与湖水)冰的遥感问题和海冰颇为相似，但是淡水冰不含盐分，所以其物理特性与海冰不同。即便如此，淡水冰与海冰遥感的主要差别是空间尺度的不同。海洋绵延数百千米或数千千米，而大部分河流、湖泊的宽度只有几千米甚至更窄。由于难以获取足够空间分辨率的遥感数据，时至今日河冰和小湖泊的冰盖遥感发展缓慢。

7.2 范围

一般来说，可见光近红外图像很适合于淡水冰观测(见彩图 7.1)(Hall, 1993；Borodulin 和 Prokacheva, 1983；Dobrowolski 和 Gronet, 1990；Michel，1971；Gatto 和 Daly, 1986；Campbell 等，1975；Foster，Schultz 和 Dallam，1978；Starosolszky 和 Mayer，1988)。图 7.1 是北极地区一个部分水域结冰湖泊的 TM 反射率(波段 1 ~ 5 和波段 7)图像。在波段 1~4，冰和开阔水域反差明显，而在波段 5 和波段 7，它们之间几乎没有差别。冰和植被在可见光波段(波段1~3)有强烈的反差，而冰与积雪(图像的左上角)在近红外区(波段4)反差最强。早期 Landsat MSS 传感器的波段中，红波段识别河冰变化最有用(Gatto，1990)。通常，卫星数据的限制在于白天和无云的条件，并且卫星重复观测周期决定的时间分辨率也可能限制数据的应用。“黑冰”是唯一一种很难与开阔水域区分的冰类型。

河流和较小的湖泊可以用 Landsat TM 或 ETM+，或者其他具有相似分辨率的传感器来监测。较低空间分辨率的 AVHRR 或 MODIS 较适合监测大湖泊，而且可得到更高的时间分辨率。研究显示，AVHRR 图像可以用来监测贝加尔湖的冰覆盖(Semovski，Mogilev 和 Sherstyankin，2000)，也可以利用其热红外波段数据 (图 7.2 显示了 Landsat TM 热红外波段冰和开阔水域的反差)。Wynne 和 Lillesand(1993)用 AVHRR 数据估算了威斯康辛州一些大湖(大于 1 000 hm^2)的封冻和解冻日期，判断标准为温度低于−2 ℃表示有冰存在。与实测数据对比表明：估算的解冻日期与真实解冻日期的差别在几天之内，而且没有系统性的偏差，但是封冻日期往往比真实封冻日期大约晚 5 天。

20 世纪 70 年代初开始，成像雷达就开始用于淡水冰研究(Borodulin，1989；Melloh 和 Gatto，1990；Sellmann，Weeks 和 Campbell，1975；Weeks，Sellmann 和 Campbell，1977)。通常可利用后向散射系数的增加来监测河冰的形成。图 7.3 说明了这一点，该图是 1990 年 1 月马尼托巴省伯恩特伍德河的 SAR 图像。河岸固定冰(shore-fast ice)呈现出高的后向散射系数，而开阔水域，包括河中心含有流动的雪浆的部分，后向散射系数较低。图 7.4 和图 7.5 是 1989 年 4 月马尼托巴省斯普利特湖的 SAR 图像。湖的西端后向散射系数高，而中部较低。低的后向散射来自光滑冰面，而西端较高的后向散射来自从伯恩特伍德河流入湖中的冻结水内冰(Leconte 和 Klassen，1991)。

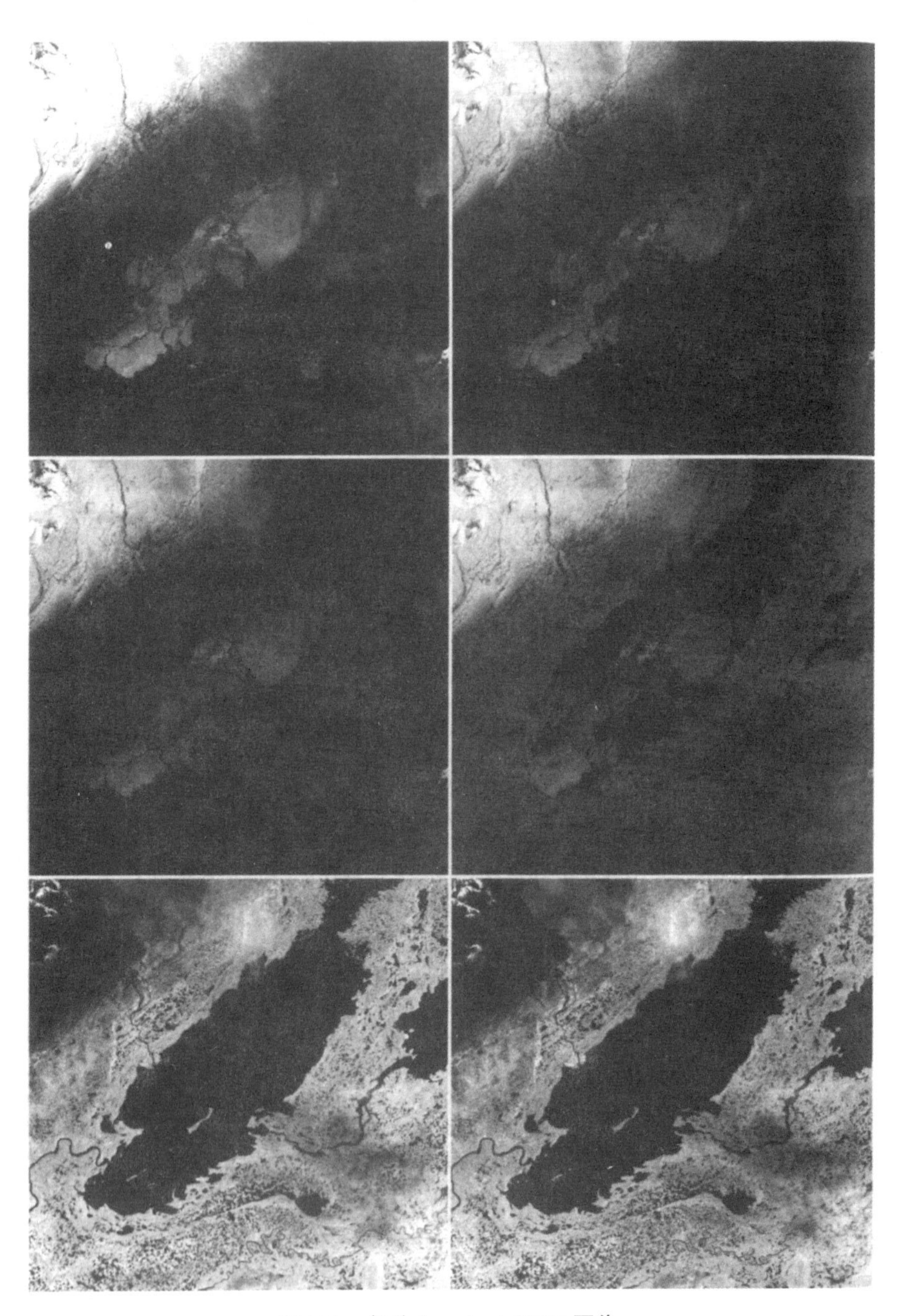

图 7.1　部分 Landsat 5 TM 图像

(图像以俄罗斯北极地区梅尔科耶湖(69°20′ N，89°15′ E)为中心。获取时间：1995 年 7 月 9 日，图中截取部分覆盖范围近似为边长 40 km 的方形区域。(上)波段 1 和波段 2；(中)波段 3 和波段 4；(下)波段 5 和波段 7)

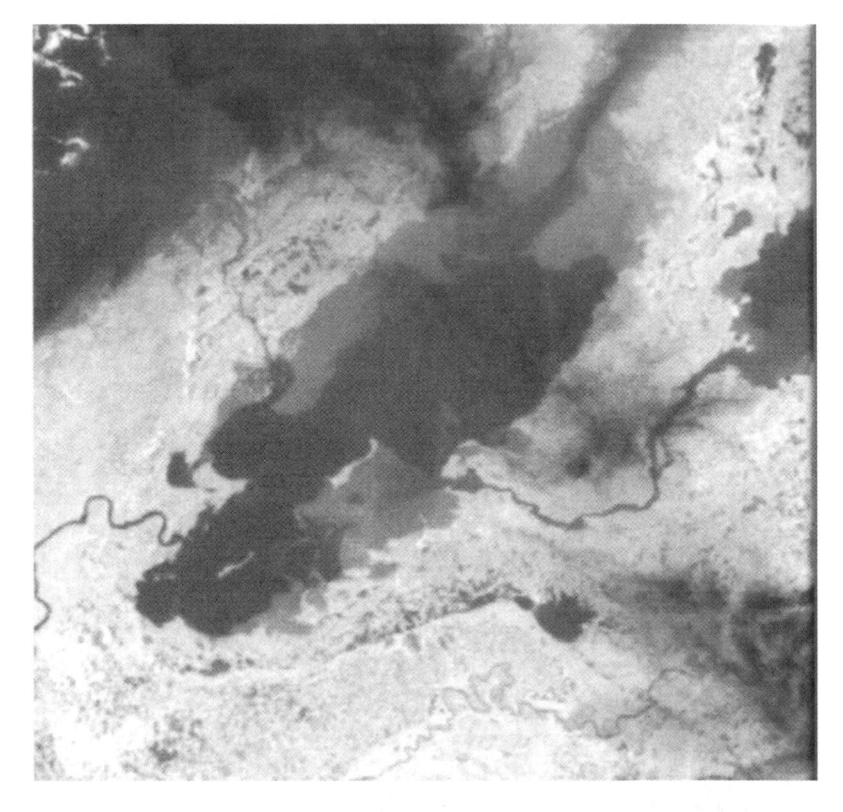

图 7.2 图 7.1 中同一地区的热红外图像(波段 6)

根据亮度温度的突变可以区分冰盖和开阔水域

SAR 对湖冰的响应受湖水深度的影响很大(Hall 等，1994；Saich，Rees 和 Borgeaud，2001)。典型的浅湖冰由上部几十厘米的纯冰和下部包含管状气泡的冰组成(Morris，Jeffries 和 Weeks，1995；Jeffries 等，1994)。阿拉斯加浅湖泊的 CHH 后向散射特征观测表明，起初后向散射低(一般为–20 dB)，进入冬季后逐渐增加，这样到 11 月底(这时后向散射系数一般为–10 dB)冰和周围地形的反差已经消失(图 7.6)。较亮的线性特征很可能与冰的变形有关，在图像中也很明显。冬季末(至 1 月底)，湖泊的后向散射显著下降(10 dB 左右)，这可能是由冰冻结到湖泊底部引起的。研究表明，SAR 数据可用来判断河流或湖泊是否冻结到底部(Chacho，Arcone 和 Delaney，1992；Leconte 和 Klassen，1991；Wakabayashi，Jeffries 和 Weeks，1992)。其最重要的原理是冰和水之间有很强的介电差异(3.2 和 80)，相比之下，冰和冻结沉淀物($\varepsilon \approx 8$)之间的反差较小(Elachi，Bryan 和 Weeks，1976)，但散射气泡对冰的后向散射也有一定的贡献(Week 等，1987)。春季融化期间，后向散射特性更加复杂(Morris，Jeffries 和 Weeks，1995)。

CHH SAR 数据对深湖泊的观测通常呈现出和浅湖泊一样的特征(初冬季节后向散射从一个低值开始增加)，但是没有后来的由于完全冻结引起的散射下降。变形特性更为显著(图 7.7)，并且出现高后向散射区，这很可能是来自河流中变形的冰(图 7.4)。

图 7.3　1990 年 1 月马尼托巴省伯恩特伍德河河岸固定冰和正流向河流中部的水内冰
(机载 CHH SAR 图像(上)，第一急流区的航空倾斜摄影像片(下)，
经北美北极研究所许可，根据 Leconte 和 Klassen(1991)再版)

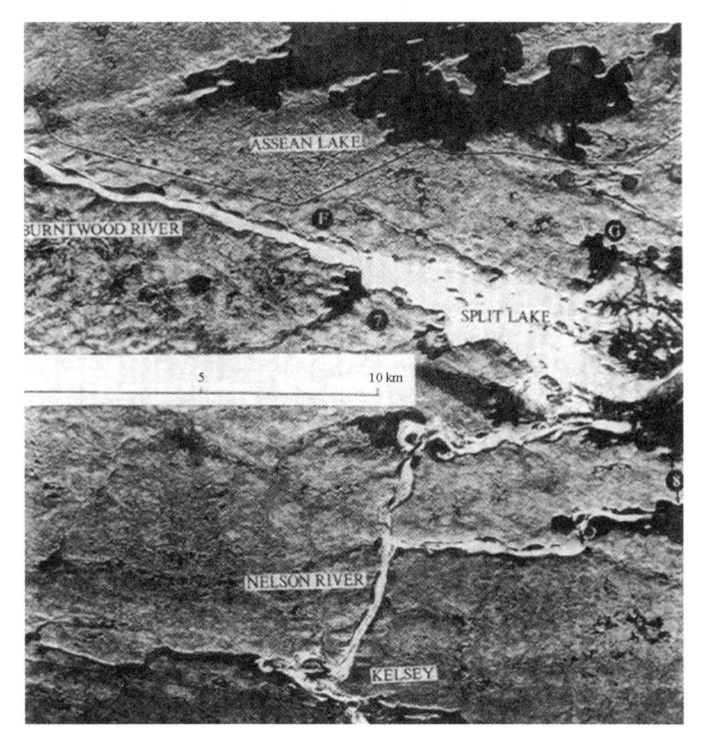

图 7.4 1999 年 4 月马尼托巴省斯普利特湖中部的机载 CHH SAR 图像
(经北美北极研究所许可，根据 Leconte 和 Klassen(1991)再版)

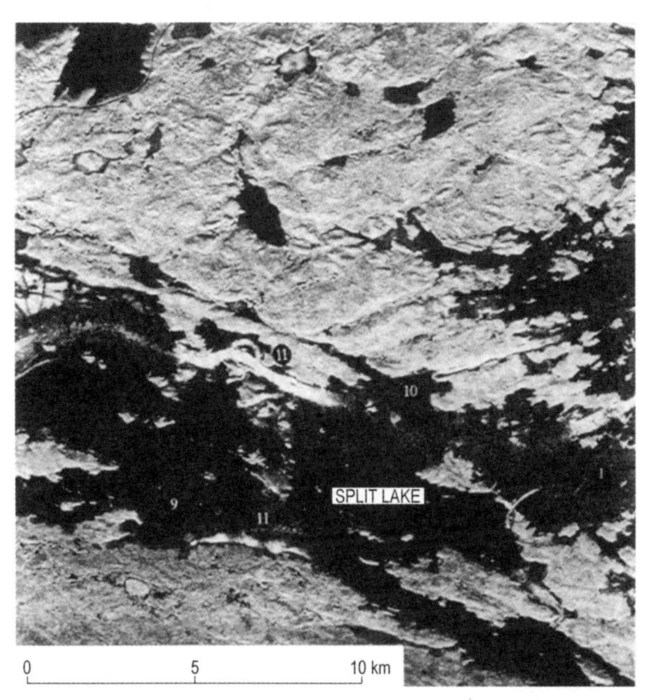

图 7.5 1989 年 4 月马尼托巴省斯普利特湖中部的机载 CHH SAR 图像
(经北美北极研究所许可，根据 Leconte 和 Klassen(1991)再版)

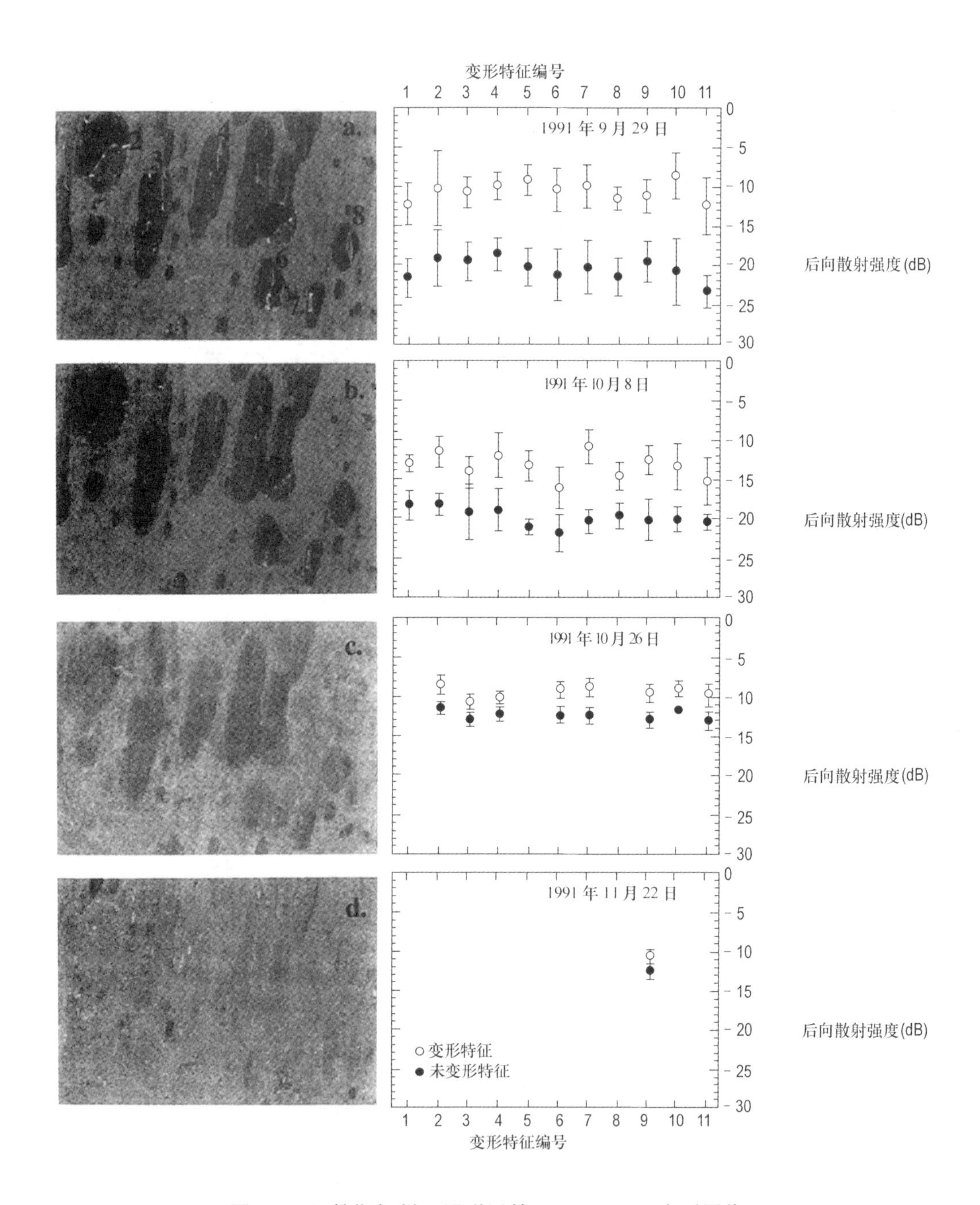

图 7.6　阿拉斯加州巴罗附近的 ERS-1 SAR 序列图像

(图中显示了有编号的几个变形特征和未变形特征的后向散射变化。截取的图像范围大约是 21 km × 15 km。经 Morris、Jeffries 和 Weeks(1995)许可再版；SAR 数据版权所有：ESA，1991)

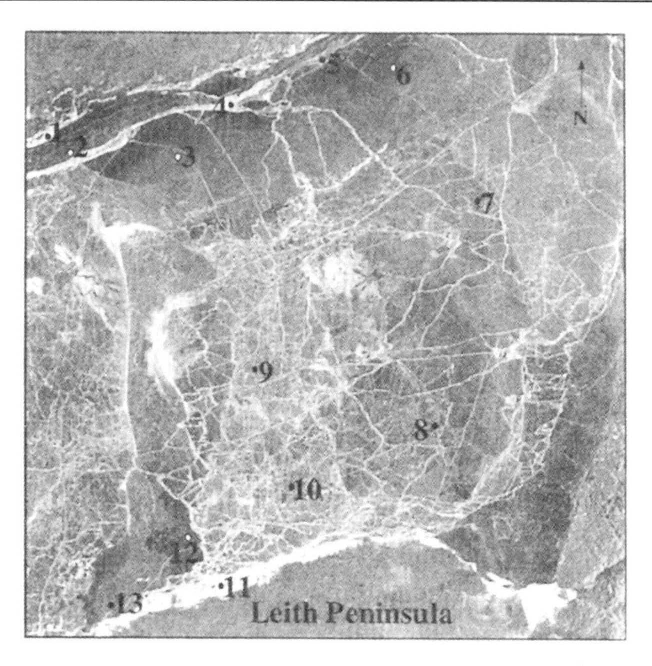

图 7.7 ERS-1 SAR 图像中阿拉斯加大熊湖变形特征

(截取的图像范围大约是边长为 70 km 的方形区域。经 Morris、Jeffries 和 Weeks(1995)许可再版；SAR 数据版权所有：ESA，1991)

7.3 冰类型分类

VIR 图像(如 Landsat)可用于冰的分类。早期研究使用 Landsat 1 数据(Leshkevich，1981，1985)，可以区分以下冰类型：新冰、堆积厚冰、冰泥、碎冰、流冰、雪覆盖冰、湿雪覆盖冰及开阔水域。河流上的冰锥也能识别(Hall 和 Roswell，1981)。对于非常大的淡水体，如五大湖区，AVHRR 很有效(Wiesnet，1970)。

SAR 图像可用于较大水体的冰类型划分。通常，光滑冰的回波弱，粗糙冰相对较强，再结合是否存在变形特征，可以形成分类基础。20 世纪 70 年代就已经认识到 SAR 识别多种湖冰类型的能力(Bryan 和 Larson，1975；Larrowe 等，1971；Parashar，Roche 和 Worsfold，1987)。可以使用类似的方法识别河冰类型(Gatto，1993)，低频(L 波段)SAR 的分类结果比高频的更好(Melloh 和 Gatto，1990)。

被动微波辐射计也可以对冰进行有效监测(Swift，Harrington 和 Thornton，1980)，但由于其较低的空间分辨率，星载观测不太可能成为一种有用的淡水冰观测技术，除非是监测那些最大的水体。

7.4 冰厚度

淡水冰厚度的测定面临很多和海冰相同的难题。近地面或机载脉冲雷达能有效测量冰厚度[1](Annan 和 Davis，1977；Arcone 和 Delaney，1987)，但其波束很宽(一般 70°)，因此必须贴近冰表面。在 600 MHz 频率处，厚度分辨率一般为 0.2 m(Arcone，Delaney 和 Calkins，1989)(图7.8)。航空器的金属结构对辐射的干扰是一个问题，解决方案是一个类似于地面测量的连续波段的毫米波(26.5~40 GHz)雷达测量(Yankielun，Arcone 和 Crane，1992；Yankielun，Ferrick 和 Weyrick，1993)。通常把毫米波雷达悬挂在直升机上，并且尽可能接近冰表面(3~10 m)。冰厚度也可用机载激光剖面仪测定(如 Krabill，Swift 和 Tucker，1990；Ishizu，Mizutani 和 Itabe，1999)，1964 年第一次开展了这样的测量(Ketchum，1971)。与海冰厚度测量一样，机载激光剖面仪测量淡水冰厚度实际上也就是测量冰的出水高度，因为冰厚度的概率分布函数实质上与出水高度的分布函数是成比例的(Wadhams 等，1992)。

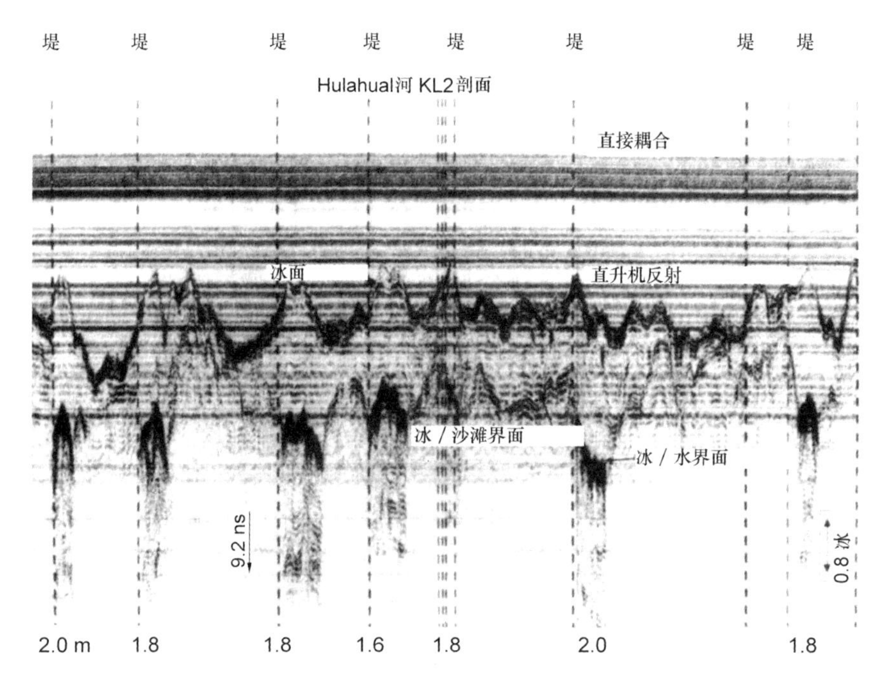

图 7.8　1989 年 3 月直升机脉冲雷达对阿拉斯加忽拉忽拉河的勘测结果

显示了冰面、冰—底部和冰—水界面返回的信号(经寒区研究与工程实验室许可，根据 Arcone、Delaney 和 Calkins(1989)再版)

被动微波辐射计也能提取冰厚度信息(Schmugge 等，1974)。在较低的频率，衰减长度更大，观测到的亮度温度受冰下的水体影响严重。冰厚度与 5 GHz 亮度温度有高的相关性(Hall 等，1981)。由于星载被动微波辐射计的空间分辨率低，因而一般不适合淡水冰厚度的空间监测。

间接估计冰厚度的方法也已被采用，例如：通过厚度和粗糙度的关系，或者建立冰覆盖在夏季的持续时间和最大冰厚度之间的关系(Sellmann 等，1975)。

---

[1] 脉冲雷达测量法也用于监测河冰或湖冰是否完全冻结。

7.5 淡水冰运动

测量淡水冰运动的原理和测量海冰的相似，这里不作详细论述。对于河冰，其流速比湖冰和海冰快，意味着要成功地跟踪河冰的特征，其序列图像之间的时间间隔要比湖冰和海冰的更短，因此卫星遥感观测通常不适用。但可利用航空摄影测量的方法测量流冰的速度。Starosolszky 和 Mayer(1988)使用 1985 年 2 月两张时间间隔为 7 分钟的多瑙河航片开展研究，并证明了这一点。

8 冰川、冰盖与冰架遥感

8.1 引言

遥感方法可测量的陆地冰属性包括其空间范围、表面地形、底部地形、总体积(可从底部和表面地形推测)、表面流动场、积累和消融速度(并且以此得出质量平衡)、表面分区、反照率，以及这些量随时间的变化。表面地形在指示冰的总体积时有重要作用，而且也提供了内部结构的重要线索，以及流动特征和接地线的信息(Bamber 和 Bentley，1994)。

冰川对气候的敏感性在第 1 章中有论述，其研究的一个重点是质量平衡的评估。这方面的研究有很多种方法，包括直接测量、间接测量(例如估计平衡线的高度)和模型模拟方法。基于能量平衡的模拟，要求有精确的表面反照率(Van de Wal，Oerlemans 和 Van der Hage，1992)。反照率测量的原理在第 5 章已论述，本章就不再重复。

可见光–近红外(VIR)和合成孔径雷达(SAR)图像在陆地冰遥感中发挥了很重要的作用。VIR 图像的优势源于雪的高反照率(特别容易识别)及图像直观的可解译性。另一方面，VIR 图像受限于白天无云的条件，因此存在很大局限性。雷达图像不受这种束缚，但它也有很多复杂的影响因素，如几何畸变和斑点噪声，这在第 2 章论述过。冰川和微波辐射之间的相互作用机制也很复杂多变，制约了直观的解译，并引入一些不确定性。

其他的遥感方法也很重要。无线电回波探测和相近的方法如探地雷达，能揭示冰的厚度及其内部结构，SAR 干涉测量可以揭示表面地形和流动速度。最近，激光剖面测量表现出对地形可进行精细研究的能力，足以分辨微小的表面特征。

陆地冰(冰川、冰帽和冰盖)遥感总体上是一个发展很好的领域。在欧洲和美国，遥感数据常用于冰川编目和冰川调查。山地冰川信息量最大和历史记录最全的是欧洲山系，尤其是阿尔卑斯山(Kääb 等，2002)。而南美的数据远没有那么齐全(Warren 和 Sugden，1993)。从 20 世纪 70 年代开始绘制整个南极的海岸带(Ferrigno 等，1998；Williams 等，1995)，1999 年国际全球陆地冰空间监测计划(GLIMS)开始实施世界范围内冰川的日常监测，数据来自 ASTER 和 ETM+传感器(Kargel，2000)。

8.2 空间范围与表面特性

用遥感方法研究冰川至少可追溯到 20 世纪 30 年代，那时用航空摄影像片来解决问题(Williams 和 Hall，1993)，如今航空摄影仍有很多的用途。例如：瑞士 1973 年的冰川编目，数据来自航空像片(Müller，Caflisch 和 Müller，1976)。为了与本书的总体方法一致，我们尽可能关注星载技术。从航空摄影到空间观测，最自然的扩展是 VIR 图像的使用，并已证明 VIR 图像对陆地冰研究非常有价值。遥感对象的空间尺寸决定了扫描宽度和空间分辨率的选择，扫描宽度大的遥感器如 AVHRR，适合于研究南极和格陵兰岛大冰盖。图 8.1 是覆盖整个南极的 AVHRR 图像拼嵌图(Merson，1989)。这个拼嵌图揭示了复杂的南极冰盖表面，并通过阴影恢复形状技术提供了一些定性的地形信息(将在 8.3 节详细论述)，其尺度大约为 10 km(Bindschadler，1998)。Bindschadler 和 Vornberger(1990)及 Casassa 和 Turner(1991)的研究表明，AVHRR 拼嵌图可以揭示出那些用来指示冰动态的表面特征。在早期的 AVHRR 图像中(没有 1.6 μm 的通道，见 5.2.1 节)区分雪和云是个难题。陆地冰川与固定海冰之间的边界形成的冰盖边缘也很难识别。在这点上，高分辨率数据有很高的价值。AVHRR 的设计分辨率只有 1~2.5 km。然而，AVHRR 的历史存档数据量很大，据报道(Albertz 和 Zelianeos，1990)，通过使用多幅几何配准稍有不同的图像，可使分辨率提高 2 倍。

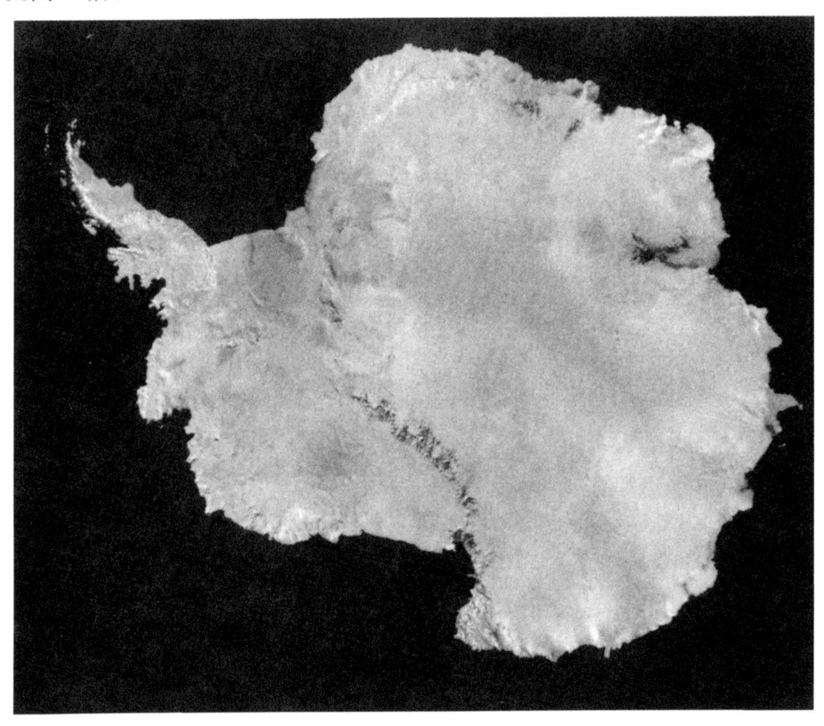

图 8.1　南极 AVHRR 第 1 波段的拼嵌图[1]

高分辨率卫星数据，如 Landsat 或 ASTER 图像，以及经过解密的卫星侦察照片提供的历史数据分别可追溯到 1972 年和 1960 年，并且已经用高分辨率数据集编纂了南极和格陵兰的卫星图像图集(Swithinbank，1988；Weidick，1995)。如果空间分辨率大约提高 100 倍，可显示更为详细的信息，包括冰裂隙和接地线(接地冰与浮冰之间的过渡区)(Jacobel，Robinson 和 Bindschadler，1994)、表面融化特征(Vornberger 和 Bindschadler，1992)、冰面湖(Wessels，Kargel 和 Kieffer，2002)、雪面波纹、雪丘、凹痕、薄冰层(Watanabe，1978；Goodwin，1990)和“大雪丘”。这种大雪丘的面积大于 50 万 km^2 且方向与下降风

[1] http://terraweb.wr.usgu.gove/TRS/projects/Antarctica/AVHRR/。

向垂直(Frezzotti 等，2002；Fahnestock 等，2000)。对于粗分辨率图像，表面特征能通过卫星照片或高分辨率 VIR 图像中的倾斜摄影测量法来识别。如 Dowdeswell 等(1993)用俄罗斯 KFA-1000 照片❶(图 8.2)证明了这一点，其空间分辨率大约 2 m(Baxter，1991)。事实上，我们应该考虑 VIR 图像的空间分辨率和覆盖范围之间的平衡。一幅 Landsat 图像覆盖范围大约 30 000 km^2，覆盖整个南极直到南纬 82.5°地区大约需要 500 幅无云图像(Thomas，1993)。

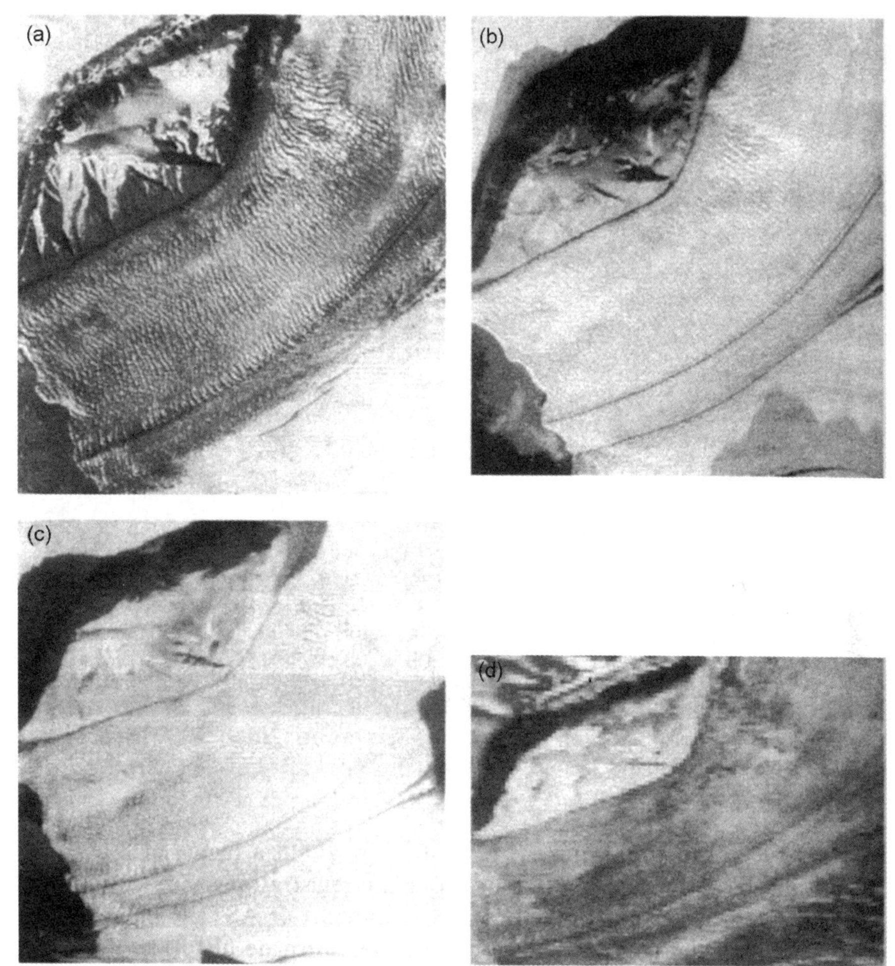

图 8.2　斯瓦尔巴群岛皇冠和康斯韦根冰川

(a)KFA-1000；(b)SPOT HRV；(c)Landsat TM；(d)Landsat MSS

(经国际冰川学会允许，根据 Dowdeswell 等(1993)再版)

上面提到利用航空摄影技术编制了 1973 年瑞士冰川编目，正在用卫星图像编纂 2000 年相同的编目(Paul 等，2002)。其优点在于降低了成本和人力，并且能监测约占瑞士整个冰川面积 24%的小冰川（<1 km^2）(Kääb 等，2002)。用 Landsat 图像绘制冰川边界的方法包括：

❶事实上，这个特殊仪器的数据有噪声且没有标定，因此定量分析很困难。

(1)构建两 TM 波段之间的比值图像并进行分割(如：Bayr，Hall 和 Kovalick,1994；Hall，Chang 和 Siddalingaiah，1988；Jacobs，Simms 和 Simms，1997；Rott，1994)。

(2)非监督分类(如：Aniya 等，1996)。

(3)监督分类(如：Gratton，Howarth 和 Marceau，1990；Sidjak 和 Wheate，1999；Casassa 等，2002)。

Paul 等(2002)得出结论，对 Landsat TM5/TM4 DN 值(即没有经过辐射校正) 的比值图像进行阈值处理得到的结果最为准确(图 8.3)。其他方法受阴影的影响非常大，但是由于有碎屑覆盖的冰的光谱特征和周围地物相似，所有的方法都不能区分有碎屑覆盖的冰。中值滤波可在一定程度上提高精度，但它限于面积大于 10 hm^2 的冰川。

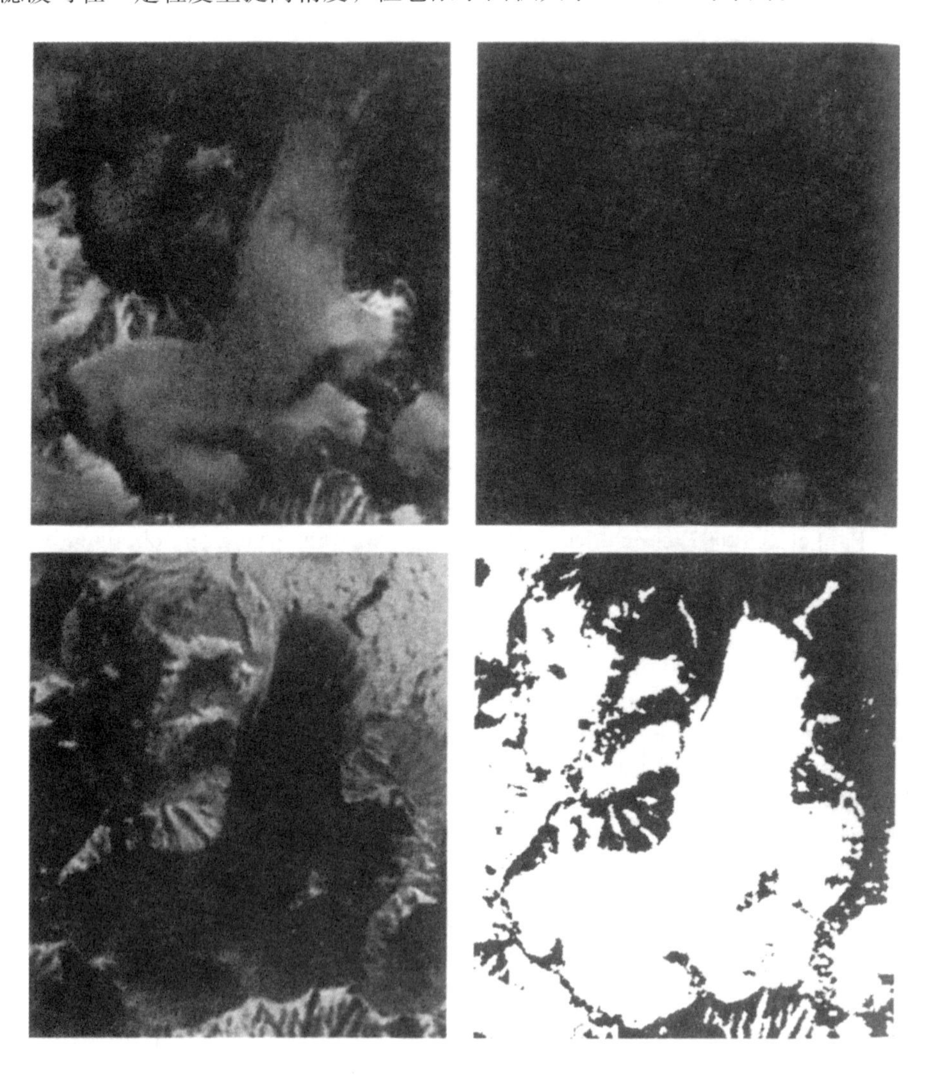

图 8.3 斯瓦尔巴群岛米德特拉文伯林冰川的 Landsat ETM+图像

波段 4 图像(左上)；波段 5 图像(右上)；波段 5 和波段 4 的比值图(左下)；对比值图像取阈值后图像(右下)，大致显示了冰川范围

VIR 图像能提供清晰的冰川范围和表面特征，也可以通过时间序列分析进行变化检测。这种方法已广泛应用，如用于巴恩斯冰帽(Jacobs，Simms 和 Simms，1997)、奥地利和冰岛冰川(Hall，Williams 和 Bayr，1992)、雅各布冰川(Sohn，Jezek 和 Van der Veen，1998)、索龙达讷山(Pattyn 和 Decleir，1993)、拉森冰架(Skvarca，1994)、詹姆斯罗斯岛(Skvarca，Rott 和 Nagler，1995)，以及默茨冰川和宁尼斯冰川(Wendler，Ahlnäs 和 Lingle，1996)。

成像雷达也可有效地探测陆地冰的空间范围。像 20 世纪 80 年代用 AVHRR 图像一样，90 年代利用南极制图计划的 Radarsat 数据，制作了南极地区 SAR 图像拼嵌图(Choi，1999)(图 8.4)。C 波段图像可用来进行湿雪和无冰地表制图，但区分冰川、雪和裸岩的能力差。使用纹理参数能提高冰和裸岩的区分能力，Sohn 和 Jezek(1999)用一个简单的变化系数证明了这一点。L 波段图像能区分雪和其他表面(Shi 和 Dozier，1993)。如果数据经过了入射角的校正，区分能力会提高。假设后向散射随入射角变化，一个常用的模型如下(Ulaby，Moore 和 Fung，1982)：

$$\sigma^0(\theta)=\sigma^0(0)(\cos\theta)^n \tag{8.1}$$

式中，对于非常粗糙的表面 n 取 1(这是式(5.24)的 Muhleman 模型)，对于体散射介质 n 取 2，冰川表面一般取 1.5(Shi 和 Dozier，1993)。

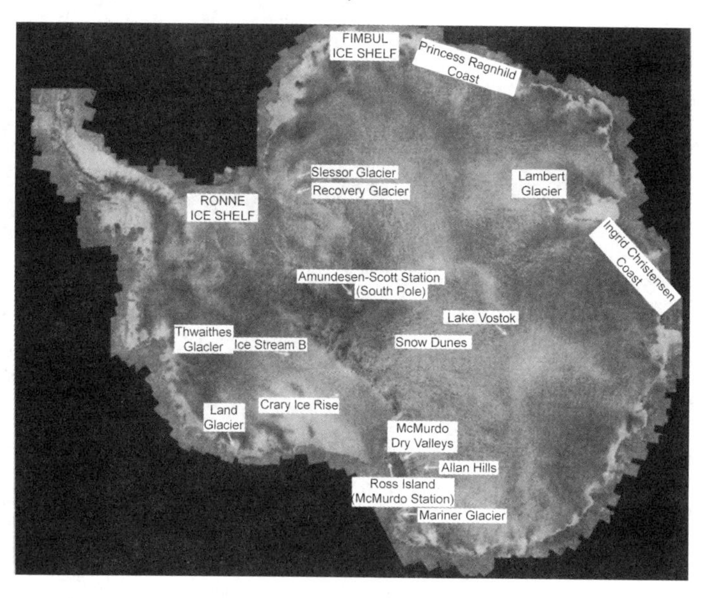

图 8.4 南极制图计划(AMM)的南极 Radarsat 拼嵌图[1]

原始拼嵌图的分辨率为 25 m

作为冰盖动态研究的另一种形式，Sohn 和 Jezek(1999)强调监测冰盖边缘变化，并发展了一种融合成像雷达和高分辨率光学数据的自动化方法。此方法应用于格陵兰雅各布

[1] http://www.space.gc.ca/asc/eng/csa_sectors/earth/radarsat1/antarctie.asp。

冰川边缘 1988~1992 年期间的 ERS-1 SAR 和 SPOT 图像，结果表明边缘每年波动大约 12 m，该方法的绝对定位精度大约为 200 m。Fricker 等(2002)用 Radarsat 图像来监测 1997 年和 2000 年之间埃默里冰架前缘位置，并结合 Landsat 数据 20 世纪七八十年代的估算结果，以及更早的机载和船载观测数据来估算流动速度(大约 1 400 m/a)，由此也可估算出冰架的冰山崩解周期(60~70 年)。另一种方法是雷达高度计数据的斜距分析(slant- range analysis)(Martin 等，1983；Zwally 和 Brenner，2001；Zwally 等，2002)。这种方法基于一个事实，当星载雷达高度计遇到表面高度的突然变化时，如无冰或被冰覆盖的海洋和冰架之间，它将在穿过边界后继续追踪前面的表面大约 1s。这就产生测量区间的时变特征，以此来测量边缘的位置。像其他基于测量边界位置在时间上差异的方法一样，因为不能探测到小的波动和崩解现象，往往低估了面积变化速度 (Keys，Jacobs 和 Brigham，1998)。另一方面，这个技术非常适合南极冰盖边缘的大面积监测(Zwally 等，2002)。

像 VIR 图像一样，SAR 图像也可用来揭示地表特征，包括表面的融化特征(Vornberger 和 Bindschadler，1992)，以及描述跃动冰川(Dowdeswell 和 Williams，1997)、冰的分界线和流域的特征(Dowdeswell，Glazovsky 和 Macheret，1995)(图 8.5)。

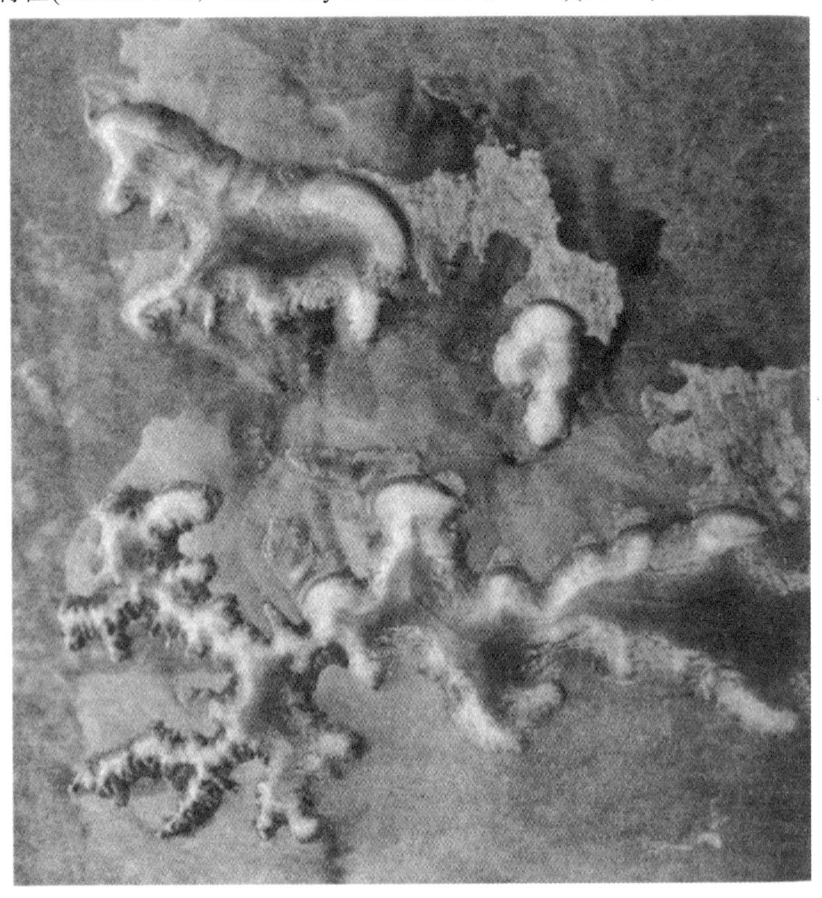

图 8.5　俄罗斯弗朗茨约瑟夫地亚历克斯岛和乔治岛的 ERS-1 SAR 图像

时间是 1991 年 9 月 4 日，显示了冰的分界线(版权所有：ESA，1991)

8.3 表面地形

最早用来测量冰川表面地形的方法是立体摄影测量(stereophotography)。如 2.2.4 节中所述，它获得的高度精度达到 $H/1\,000$，这里 H 是摄影高度。一般最低的飞行高度达到 1 000 m，所以典型精度是 1 m。例如，Lundstrom、McCafferty 和 Coe(1993)使用比例尺为 1∶12 000 的垂直拍摄航空像片，估计高度精度为 0.5 m。几年后重复立体摄影测量，可以探测冰川厚度的变化。立体摄影测量的主要缺点是覆盖的空间范围有限(通常提供 1 m 高度精度的立体像对，其覆盖面积约为 1 km^2)，而且很难识别两幅像片中的同名点(共同特征点)。

虽然一些机载和星载 VIR 传感器提供立体观测能力，但所能达到的高度精度通常比同高度摄影像片的低。另一个使用 VIR 图像的方法是倾斜摄影测量法(photoclinometry)，也涉及阴影恢复形状技术(例如：Rees 和 Dowdeswell，1988；Wildey，1975；Bindschadler 和 Vornberger，1994；Bingham 和 Rees，1999；Bindschadler 等，2002)。此方法基于这样的假设，表面的二向性反射分布函数(BRDF)一致，所以传感器探测到的辐射变化只与观测的几何特征有关。因为太阳光照为常数，所以这些变化来自表面坡度。从定性的角度看，其原理直接明了：向阳面比背阴面亮。太阳高度低会增强这个效果，但另一方面，也增加了部分表面变成阴影的可能性。对于光学的倾斜摄影测量法，控制公式是(Bindschadler 等，2002)

$$D = C\int T\left(IR\cos\theta - L_0 + S\right)\mathrm{d}\lambda \tag{8.2}$$

式中，D 是传感器元件的图像亮度值；T 是波段透过率；I 是大气层顶的太阳辐亮度；R 是表面反射率；θ是地表法线与太阳光照方向的夹角；L_0 是 $D=0$ 时的辐亮度；S 是程辐射；C 是传感器的定标系数。T、I、L_0 和 S 都是波长λ的函数。积分在传感器波段上完成。

更简单地，这个关系可以近似为：

$$D = A\cos\theta + B \tag{8.3}$$

式中，A 和 B 均为常数，可以从辅助数据中推出，例如几个已知点的高度，而且假设表面反射率 R 为常数[❶]。

本质上，这两个公式都可用来确定θ，从而也可推测表面坡度，两者结合起来可产生表面轮廓。

大部分倾斜摄影测量法应用于高分辨率图像。然而，Scambos 和 Fahnestock(1998)及 Scambos 和 Haran(2002)用 AVHRR 图像的倾斜摄影测量法，提高了由雷达高度计获取 DEM 的分辨率(图 8.6)。AVHRR 通道 1 的数据因对颗粒大小不敏感而被采用(Dozier，Schneider 和 McGinnis，1981)。

雷达倾斜摄影测量法(radar photoclimometry)也是可能的，但是满足后向散射只由坡度决定而不受其他参数影响的条件更为严苛，本质上要求湿雪状态但不能有大量融化(例如：Vornberger 和 Bindschadler，1992)。

❶ 这种情况下，重要的是只能包括那些太阳光直射且发射率均匀的区域。

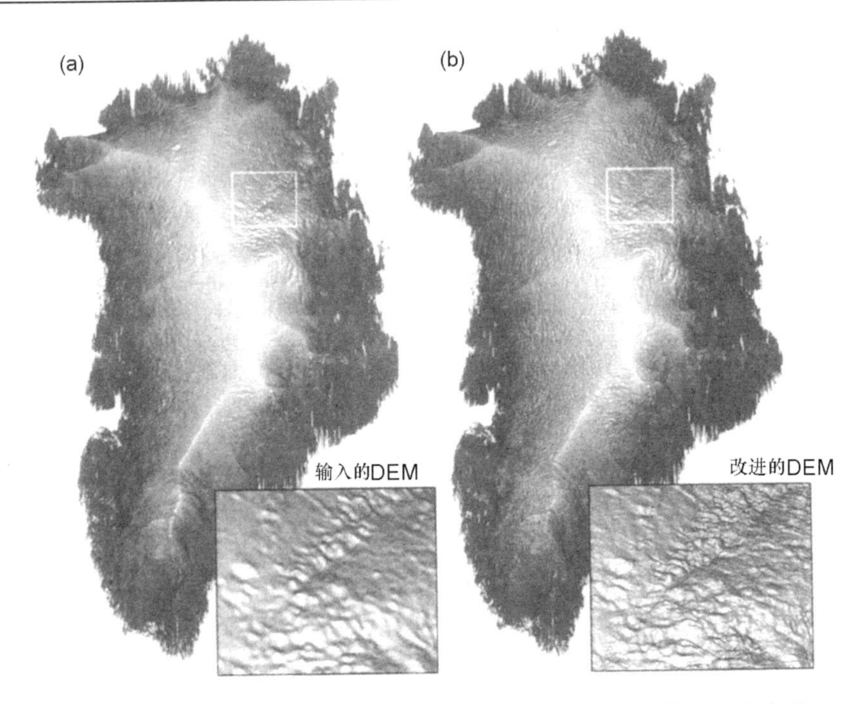

图 8.6　格陵兰岛的原始 DEM(a)，经过倾斜摄影测量法处理后细节更为丰富的 DEM(b)

（经国际冰川学会允许，根据 Scambos 和 Haran(2002)再版；原始 DEM 来自 Bamber、Layberry 和 Gogineni(2001)）

最早的星载地形测量技术是雷达高度计(radar altimetry)。第一个为大冰盖提供有用数据的卫星是 Seasat(1978 年)，随后是 Geosat(1985~1992 年)，以及 ERS 和 ENVISAT(从 1991 年开始)。Cryosat(计划 2005 年发射❶)在冰的测量方面使用雷达高度计。自从 1991 年 ERS-1 运行开始，雷达高度计基本上连续覆盖高纬度地区。该技术的有效空间分辨率通常约 1 km(Wingham，1995)，虽然常见的高度分辨率是 10 cm，但接近 1 cm 现在已经变得可能。消除数据中系统偏差常用的方法是交叉分析(crossover analysis)，利用空间相邻的升轨和降轨的交叉点来控制图像数据(Zwally 等，1989)。雷达高度计可用来构建大冰盖的 DEM(如南极 DEM 从 ERS-1 数据编制(Liu，Jezek 和 Li，1999))，但其较低的空间分辨率使它不适合小冰川的研究。从雷达高度计编制的地形数据精度足以揭示一些冰下特征，如岩床构造(8.4 节)，以及冰下湖，如沃斯托克湖(Kapitsa 等，1996)。通过高度数据的时间序列分析，可以获取冰厚的长期变化，例如，Wingham 等(1998)分析了 1992~1996 年南极的 ERS-1 和 ERS-2 雷达高度计数据，发现空间变化显著，高度的平均变化速度为每年（–9 ± 5）mm。Khvorostovsky、Bobylev 和 Johannessen(2003)对格陵兰冰盖进行了类似研究，使用 ERS-1 数据得到 1992~1996 年平均变化速度为每年–22 mm，使用 ERS-2 数据得到 1995~1999 年为每年+108 mm。作者融合两种卫星数据，并进行了仪器的偏差校正，得到 1992~1999 年平均变化速度为每年+43 mm。变化速度在空间上分布不一致，更陡的边缘区的高度正在下降，而内陆区正在变厚，尤其是西南部。

在冰川和冰盖的表面很容易出现几度的坡度倾斜，如 2.7.3 节中所述，坡度校正通常是必需的(Brenner 等，1983；Bamber，1994)。对于特别陡的地形(与冰盖或冰川相邻的高低不

❶ 译者注：该卫星 2005 年发射失败，Cryosat-2 于 2010 年 4 月 8 日发射成功。

平的非冰川地形)，高度计会遇到“锁定缺失”现象，仪器不能预测到接收返回信号的时间。在这种情况下，必须进入下一个重新获取的程序，因此在此期间不能提取任何有用的数据。这对冰盖的地形测量非常不利，因为它意味着获得陡峭的边缘区数据的可能性非常小，而这些区域对气候变化的影响最为敏感(Khvorostovsky，Bobylev 和 Johannessen，2003)。从 ERS-1 开始及以后的卫星，设计的雷达高度计对此现象有较小的敏感性，但以降低高度分辨率为代价。在水平表面上，雷达高度计测量的高度与真实高度偏差为 ± 3 m，而对于 0.7°的倾斜表面，误差增加到约 10 m(Ekholm，Forsberg 和 Brozena，1995；Bamber，Ekholm 和 Krabill，1998)。

对于干雪层,雷达信号能穿透到表面以下,从而产生潜在的测距误差(Martin 等,1983；Bardel 等，2002)。衰减长度的理论值可高达 20 m(Rott 和 Mätzler，1987)，但是常见的衰减长度只有几米。处理雪层穿透问题的方法是基于波形(waveform)的分析，即返回信号强度的时间依赖关系(Davis，1993；Ridley 和 Partington，1988；Yi 和 Bentley，1994)。

卫星雷达高度计以一种特征格点模式对地形采样，该模式由卫星的轨道参数决定。有很多种方法可以将数据插值到规则格网上，如克里金插值法(Herzfeld，Lingle 和 Lee，1993)。

激光剖面仪对冰川学来说是相对新的技术(Favey 等，1999)，基本上用于航空遥感，并且主要用于小冰川的研究。有关这方面的研究包括 Echelmeyer 等(1996)，Sapiano、Harrison 和 Echelmeyer(1998)，Adalgeirsdóttir、Echelmeyer 和 Harrison(1998)，Thomas 等(1995)及 Kennett 和 Eiken(1997)，高度精度一般为 10~30 cm，水平采样间隔达到 1 m。在现代系统中，地形数据的绝对精度可通过差分 GPS 来保证。其能力足以揭示冰裂隙(图 8.7)，甚至表面融水通道(图 2.13)。航空激光剖面数据已经表明格陵兰冰盖的边缘区变薄(Krabill 等，2000)，这与 Khvorostovsky、Bobylev 和 Johannessen(2003)通过雷达高度计数据分析报道的一样，但是激光剖面研究没有观测到内陆区相应的增厚现象。

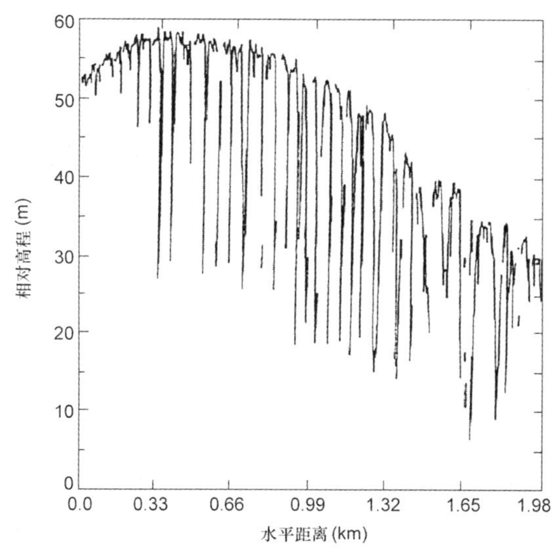

图 8.7 ATLAS 激光高度计探测冰岛斯凯达拉尔冰川上的冰裂隙分布

时间：1991 年 9 月 23 日(经国际冰川学会同意，根据 Garvin 和 Williams(1993)重印)

虽然前面讲到激光剖面仪主要应用在航空遥感中，但现在已经被发射到宇宙空间。第一个激光剖面仪是俄罗斯的 Balkan 系统，提供的高度分辨率只有 3 m。后来，2003 年 1 月地球科学激光高度计系统(GLAS)[1]搭载在 ICESat 卫星上发射升空。该仪器提供天底点的观测条带，沿轨道方向间隔大约 170 m，高度精度约 10 cm。

在概念上，无线电回波探测类似于雷达高度计和激光剖面仪，也是依靠电磁辐射脉冲时间来推断散射表面到仪器的距离。虽然无线电回波探测的主要目的是测量冰的厚度，如 8.4 节中所述，测量表面距离是其副产品。由于它的波束角宽，所以不适合星载使用。

最后一个测量冰面地形的技术是 SAR 干涉测量(interferometry)，或者说 InSAR。此方法的基本原理在 2.9.4 节中有描述，其中提到一般可以获得几米的高度分辨率。水平分辨率与 SAR 图像相似，一般在 10 m 量级上。对冰川或冰盖表面，为了确保足够的相干性，两幅 SAR 图像的获取时间间隔必须在几天之内。为检验干涉方法提供了第一个重要机会的是 1995~1996 年 ERS－1 和 ERS－2 一前一后的协同观测，当时 ERS－1 和 ERS－2 搭载同样的 SAR，并且运行轨道也几乎相同，过境时间相差 1 天。事实上，就像具有更长重复观测周期的 Radarsat 和 Envisat 卫星，ERS 卫星 3 天的重复周期对产生 SAR 干涉图也很有用。例如，Joughin 等(1996)及 Unwin 和 Wingham(1997)分别描述用 InSAR 来探测格陵兰和斯瓦尔巴群岛上的奥斯特佛纳地形调查，彩图 8.1 是利用 InSAR 数据建立的 DEM。

InSAR 在技术上很难实现，而且不能把它看做一个完整的可预测的技术。即使获得的图像之间的时间间隔短，也会由于融化现象和新雪的沉积作用而失去相位相干。虽然空间机构努力监控和预测卫星轨道，卫星常受到重力和太阳风的干扰而且两幅 SAR 观测的基线可能偏离了期望值。实际上，要有好的结果，基线必须介于 10~1 000 m 之间。

8.4 冰厚度与岩床地形

陆地冰体的厚度比海冰和淡水冰容易测量，这是因为冰川冰对 MHz 到 GHz 的电磁波非常透明，这些波段的电磁波能穿透数千米厚的冰(Bogorodsky, Bentley 和 Gudmandsen, 1985; Robin, Evans 和 Bailey, 1969)。这为无线电回波探测和探地雷达或脉冲雷达提供了基本原理，见 2.8 节。此方法的基础是测量短无线电脉冲到达岩床和返回过程的传播时间。对于多晶冰，传播速度大约 169 m/μs。但是，在靠近表面的低密度冰中，速度快得多，并且要求对可视厚度和出现散射的岩床上的点的位置进行校正(Rees 和 Donovan，1992)。Matsuoka 等(2002d)和 Christensen 等(2000)描述了无线电回波探测的典型系统。Bamber 和 Doedeswell(1990)提供了斯瓦尔巴群岛白岛上 Kvitøyjøkulen 冰帽的无线电回波探测数据(图 8.8)。Jacobel 和 Bindschadler(1993)给出了一个表面脉冲雷达数据的例子(图 8.9)。

冰的吸收系数由其电导率决定，因此主要受温度的控制，但也受杂质的影响。无线电回波探测除提供岩床上冰的厚度外，因为辐射可被冰透镜、冰层、灰尘、石块、尘土、化学沉淀物、盐分或温度层理结构等散射，所以它还能对冰的内部结构作出反映(Eisen 等，2002；Fujita 等，2002；Paren 和 Robin，1975)。内部结构可用来估计年份随深度的

[1] http://virl.gsfc.nasa.gov/glas/; http://icesat.gsfc.nasa.gov/intro.html。

变化，因此也就能测量像冰裂隙这样埋藏在地下的特征的年代(Smith，Lord 和 Bentley，2002)。无线电回波还能揭示南极的冰下湖(Drewry，1981)。无线电回波探测、探地雷达和脉冲雷达都属于航空或地面技术。

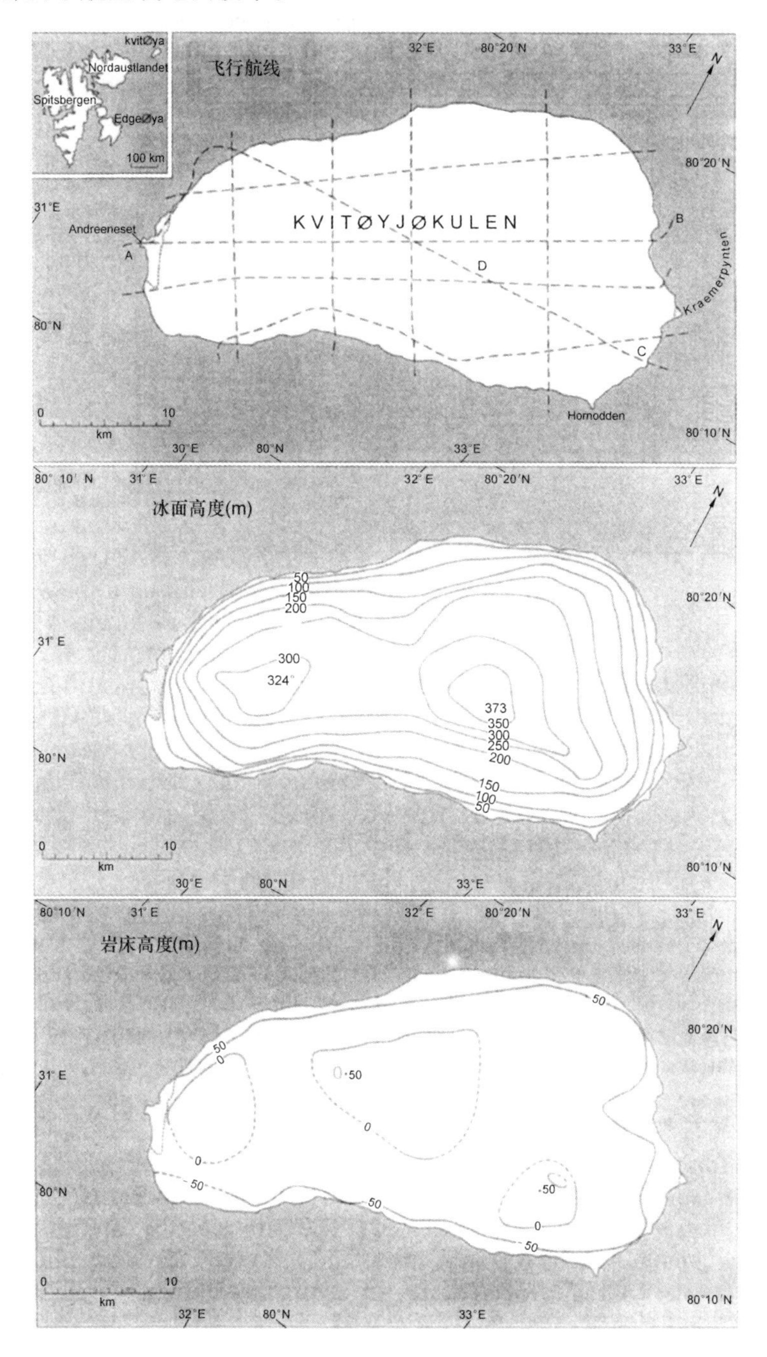

图 8.8 典型的无线电回波探测数据

(上)飞行航线；(中)冰面高度；(下)岩床高度(经国际冰川学会允许，根据 Bamber 和 Dowdeswell(1990)再版)

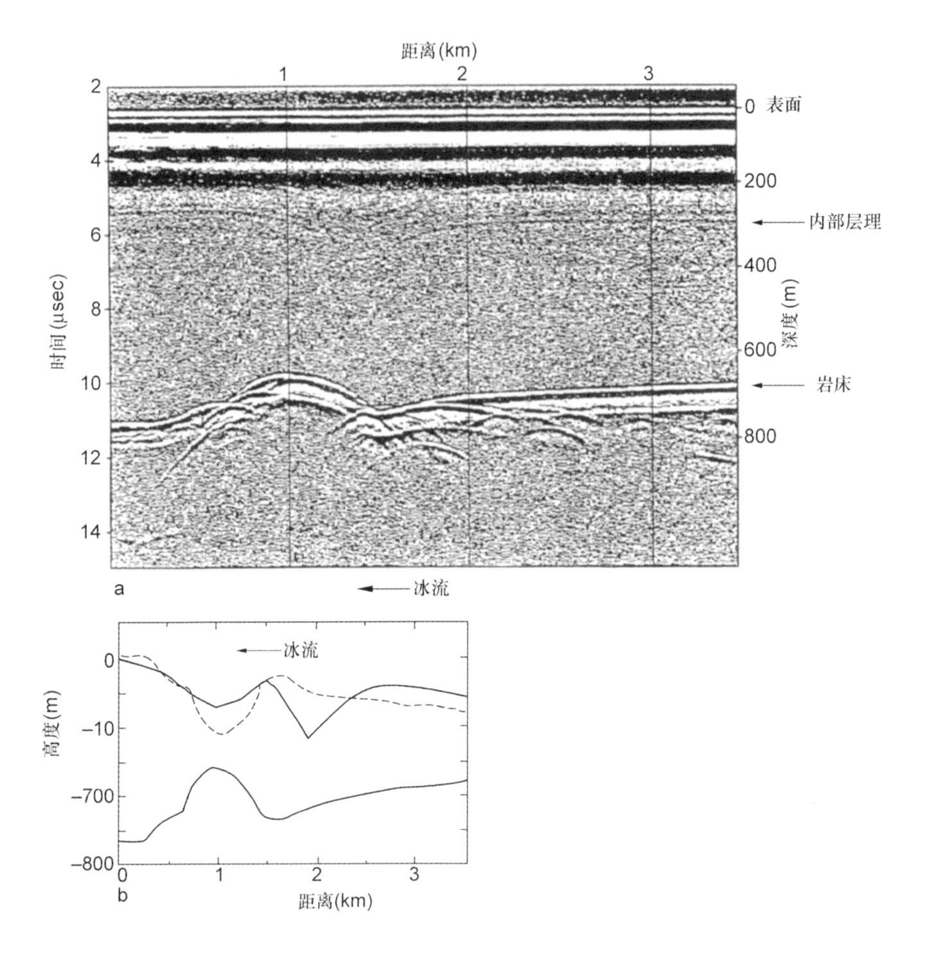

图 8.9　脉冲雷达探测的西南极冰流 D 的廓线图(上)；
沿上图剖面绘制的地表形态和岩床高度曲线图(下)

虚线代表的是流体静力学表面，表明波动未处于平衡态(经国际冰川学会允许，根据 Jacobel 和 Bindschadler(1993)再版)

岩床地形可以直接从表面地形和冰厚的信息来确定，也可由单一的表面地形间接推测(Budd，1970；Whillans 和 Johnsen，1983；Fastook，Brecher 和 Hughes，1995；Scambos 和 Haran，2002)。这种方法基于一个冰的流动模型。Budd 的模型假设表面坡度小，冰的变形出现在岩床界面。从冰的流动模型中推导出一个转换函数，把表面波动振幅和岩床波动振幅联系起来。波长大约是冰厚的 3.3 倍时此值最大(约 0.5)，在大约 1.5 倍和 13 倍时下降到最大值的一半。

8.5　表面温度与表面融化

冰川表面温度可由热红外图像确定，对于较大尺度，可用 AVHRR 或 MODIS 的热红外波段(Steffen 等，1993；Haefliger，Steffen 和 Fowler，1993)，对于小尺度，可用 Landsat TM 或 ETM+的第 6 波段(Orheim 和 Lucchitta，1988；Pattyn 和 Decleir，1993)。数据必

须仔细地进行去云处理[1](Comiso，2000)和大气辐射校正。对于 AVHRR 数据，表面温度反演常用分裂窗方法，该方法最初是为反演海面温度而发展的(Barton 等，1989)，表面温度 T 表示为：

$$T = a + bT_{11} + cT_{12} \tag{8.4}$$

式中，T_{11} 和 T_{12} 分别是 AVHRR 第 4 通道(10.5~11.5 μm)和第 5 通道(11.5~12.5 μm)的亮度温度；a、b、c 是经验系数，由表面实测数据与 AVHRR 数据回归来确定。

也可使用辐射传输模型，例如 LOWTRAN 模型(2.4.4 节)。对于倾斜视角观测方式，修正后的分裂窗方法考虑了更长的大气路径，表示如下：

$$T = a + bT_{11} + cT_{12} + d\left(T_{11} - T_{12}\right)\sec\theta \tag{8.5}$$

式中，θ是扫描偏离天底点的角度(Key 和 Haefliger，1992)。对于格陵兰冰盖的 NOAA-11 AVHRR 数据，Haefliger、Steffen 和 Fowler(1993)给出了相应系数，a=−4.26，b=3.47，c=−2.47，d=−0.14，RMS 误差为 0.3 K。

对于南极和格陵兰冰盖，被动微波数据也很有用(不受云层的影响)(Das 等，2002；Shman 和 Comiso，2002)，但由于其空间分辨率低，不能用于小的冰川。弥补低空间分辨率的一个优势是，被动微波数据的时间分辨率非常高，一般间隔两天可重复获得同一地区的图像。因为融化时有效粒径和吸收系数增大导致发射率显著上升(Zwally 和 Gloersen，1977)，所以被动微波数据对指示融化的开始特别有用。最适合研究温度变化的频率在 37 GHz 附近，因为它显示出与气温最强的统计相关性(van der Veen 和 Jezek，1993；Shuman 等，1995a)。电磁波的衰减长度达到 1 m，这与每天的热变化穿透深度接近(Das 等，2002；Shuman 等，1995a)。由于垂直极化发射率较少依赖于雪层参数，所以常常选择使用垂直极化通道(Shuman，Alley 和 Anandakrishnan，1993)。可以根据已测量的或模拟的表面温度来校正该方法，以此来计算发射率；对于干的粒雪，Das 等(2002)发现 SMMR 和 SSM/I 37 GHz 垂直极化通道的发射率分别为 0.82 ± 0.02 和 0.80 ± 0.02。由雪/粒雪状态的变化而引起发射率的空间变化非常显著(Shuman 和 Comiso，2002)。

表面融化(surface melting)可以利用上述微波发射率的突然增加来监测(Abdalati 和 Steffen，1995；Mote 和 Anderson，1995；Ridley，1993a,b；Zwally 和 Fiegles，1994；Ramage 和 Isacks，2002；Mote 等，1993)。Fahnestock、Abdalati 和 Shuman(2002)据此提出了一个自动方法，通过分离亮温的双峰直方图，从亮温的年变化中提取一个合适的阈值(图 8.10)。表面融化现象也可用“交叉极化梯度比值(XPGR)”识别，Abdalati 和 Steffen(1995)对 XPGR 定义如下：

$$\mathrm{XPGR} = \frac{T_{19\mathrm{H}} - T_{37\mathrm{V}}}{T_{19\mathrm{H}} + T_{37\mathrm{V}}} \tag{8.6}$$

式中，$T_{19\mathrm{H}}$、$T_{37\mathrm{V}}$ 分别是 19 GHz 的水平极化亮温和 37 GHz 的垂直极化亮温。如果比值超过了阈值，则认为在表面附近有液态水存在(Fahnestock，Abdalati 和 Shuman，2002)。已有用亮温的日变化来识别融水的研究(Ramage 和 Isacks，2002)，其原理是当融水重新冻

[1] AVHRR 图像区分云影响像元的一个方法是使用第 3 波段(3.55~3.93 μm)，在这个区间积雪和云的反照率有很大的不同(Kidder 和 Wu，1984)。类似的方法可用于 MODIS 的 3.5~4.0 μm 的波段（Ackerman 等，1998；Riggs，Hall 和 Ackerman，1999）。

结时，夜间的发射率比白天低得多(Mätzler，1987)。对于 37　V 数据，临界值约为 10 K(Ramage 和 Isacks，2002)。

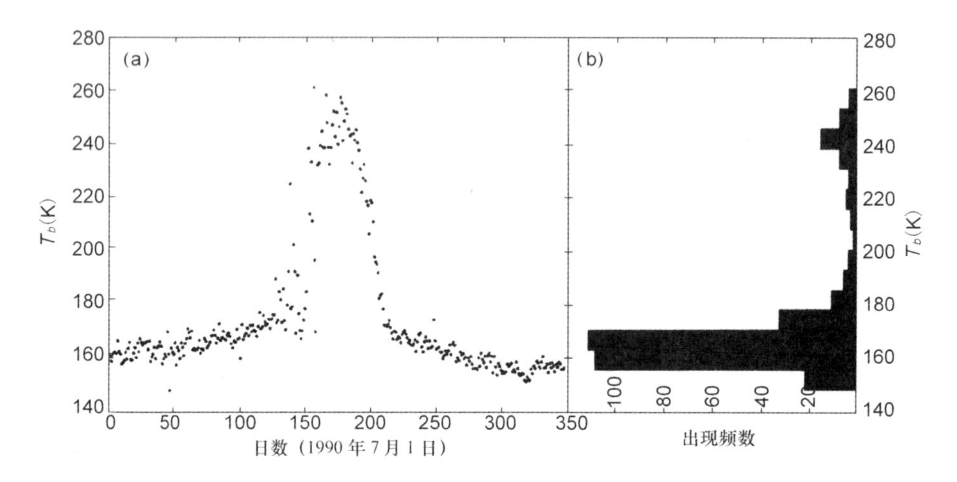

图 8.10　(a) 拉森 B 冰架上一个点的 19 GHz 水平极化亮温的时间变化；(b) 图(a)的柱状图

柱状图有明显的双峰，表面融化区亮温较高(经国际冰川学会允许，根据 Fahnestock、Abdalati 和 Shuman(2002)再版)

表面融化还可以用散射计进行测量(Wismann，2000)(图 8.11)，因为后向散射系数随着水的增加急剧下降。与被动微波辐射计相比，散射计提供更高的空间分辨率，由于其波长更长，对表层的穿透力也更强。

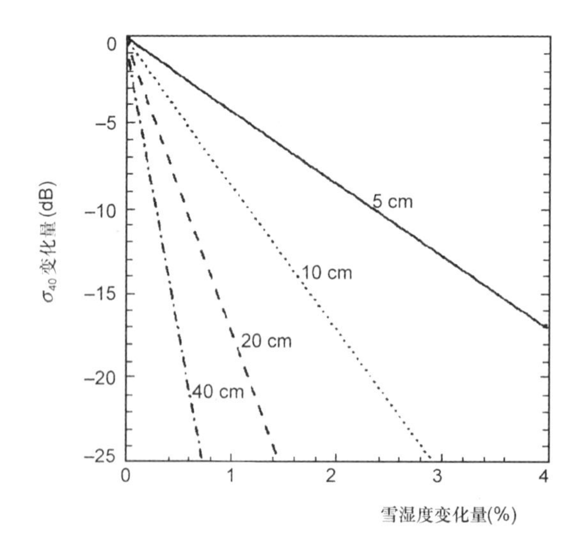

图 8.11　模拟 CVV 后向散射系数的变化(入射角为 40°)，随雪湿度和湿雪厚度变化(上)。格陵兰冰盖湿雪带和渗浸带之间散射计测量的时间序列图，钉状代表融化现象(下)

(根据 Wismann(2000)的图 2 和图 3 再版，版权所有：IEEE，2000)

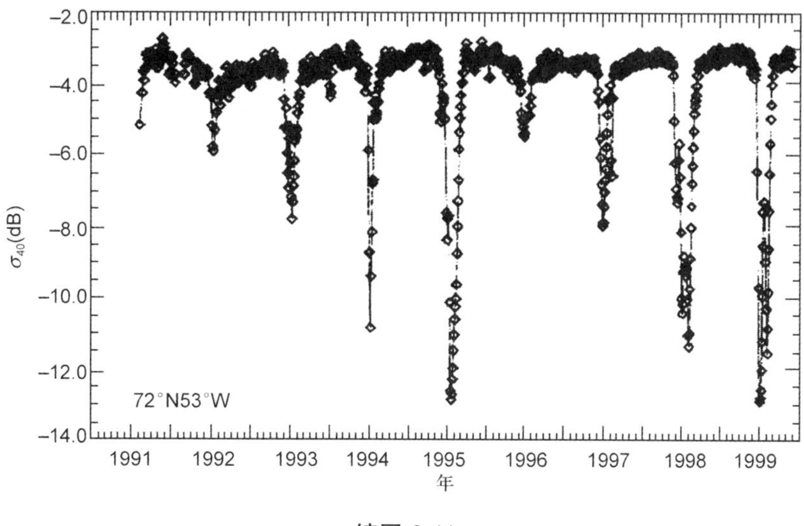

续图 8.11

8.6　累积速率

被动微波辐射计数据还可以用来估计干雪带的累积速率，可以利用发射率、颗粒大小和累积速率之间的经验关系(Zwally，1977；Zwally 和 Giovinetto，1995；Abdalati 和 Steffen，1988)，也可以利用微波亮温的时间变化和雪坑内观测的分层结构之间的相互关系(Shuman 等，1995b；Alley 等，1997)。前一种方法可通过结合雷达高度计数据而改善(Davis，1995)。在南极中部粒径非常大的地区(本质上来源于非常低的积累速率)，其亮度温度非常低，可用类似方法进行探测(Surdyk，2002)。

8.7　表面分带

4.5.1 节中论述了冰川表面分带。遥感能识别这些冰川带是因为能识别冰川表面一年中不同时期的不同类型表面(干雪、湿雪和裸冰)，通过雷达方法还可以识别次表面特征。

VIR 图像已应用于监测表面分带研究，并取得了若干成果。消融季末期的图像可以区分表面分带(Hall 等，1987；Williams，Hall 和 Benson，1991)。这是一个相当窄的时间窗口，很难获取理想的图像。通常可以识别的三个带是雪、雪泥和冰(Williams，Hall 和 Benson，1991；Hall 等，1987)。积雪带包括湿雪带和渗浸带(Williams，Hall 和 Benson，1991)，雪泥带可能是个过渡带并包含了部分湿雪。新雪和碎屑增加了区分这些带的难度，新雪使冰川表面变得模糊(Hall 等，1987；Williams，Hall 和 Benson，1991)，碎屑则降低了裸冰区和周围冰碛物的对比度。另外，碎屑的存在也增加了消融区与积累区的对比度(König，Winther 和 Isaksson，2001)。大部分的 VIR 图像冰川表层分类方法是基于色调的差异，但是纹理方法也已被证明是有效的(Bishop 等，1998)。

雪线可看做雪泥带的下边界，如果图像经过 DEM 地形校正，结果会更精确(Parrot

等，1993)。Krimmel 和 Meier(1975)报道了早期的雪线监测工作。最近的工作强调雪线是个统计概念(Seidel 等，1997)。平衡线不能直接监测，但是没有大量的附加冰时，则可以从消融季末期的雪线位置来推测平衡线(Winther，1993)。

SAR 图像为冰川表层的划分提供了比 VIR 图像更多的机会。SAR 不受白天和无云条件的限制，但是微波辐射与冰川表面和次表面的相互作用比 VIR 图像要更复杂。目前，大部分用于冰川分析的 SAR 图像都是单参数的数据，即单频率和单极化，在确定特定的后向散射现象原因时，其不确定性增加。然而，早期对冰盖的 SAR 图像研究表明，能识别冰盖上和相邻区的许多特征(Rott 和 Mätzler，1987；Bindschadler，Jezek 和 Crawford，1987；Rees，1988)。Fahnestock 和 Bindschadler(1993)把注意力转移到了 SAR 对表面状态的敏感性和表面分带制图的潜力上，直到 20 世纪 90 年代，一直进行这方面的详细研究，尤其是 1991 年 ERS-1 的发射更促进了该研究工作。

如果只有一次过境的 SAR 图像数据可用，那么一年中最有用的时间是冬季，此时积雪很可能是干雪，而干雪对微波是透明的(Ahlnäs 等，1992)。这和可见光图像相反，可见光图像首选季节是夏季，而且可获取数据的时间范围较长(König，Winther 和 Isaksson，2001)。根据 4.5.4 节中的论述，通常认为裸冰带(表面光滑并且体散射低)的后向散射低，湿雪带(吸收)的后向散射低但不均匀，渗浸带的后向散射高(散射来自冰透镜体和冰层)，而干雪带的后向散射低(Bindschadler，Jezek 和 Crawford，1987；Rott 和 Mätzler，1987；Partington，1988；Rott，Sturm 和 Miller，1992；Jezek，1992)。Bindschadler、Fahnestock 和 Kwok(1992)对 18 幅冬季西格陵兰岛 ERS-1 SAR 进行拼嵌，用 DEM 进行地形校正，并定性地分析了后向散射系数，结果表明这四个带都能区分，而且发现它们与高度有很强的相关性。范围小于 1 km 的要素，通常受地形的控制而表现出融化特征的变化(Vornberger 和 Bindschadler，1992)。Bindschadler、Fahnestock 和 Kwok(1992)指出由于巨大的冰裂隙，雅各布冰川表现出高的后向散射特征。Dowdeswell、Rees 和 Diament(1993)及 Bindschadler，Fahnestock 和 Kwok(1992)指出，冬季的图像具有揭示冰分界线的能力，夏季图像也可以，但是不如冬季图像。

Fahnestock 等(1993)制作了更大面积的格陵兰岛冬季图像拼嵌图。干雪区后向散射系数的变化小，而且与积累速率的变化有关(Jezek，1992)：因为雪粒随时间而增大，积累速率较低的地区，往往表面颗粒更大，所以会产生更大的体散射。Bardel 等(2002)用南极的 SAR 数据证实了冬季图像上后向散射在消融区低，而积累区高的一般特征。

夏季的 SAR 图像比冬季更难解译，在 4.5.4 节中论述过，表面地形、表面粗糙度和液态水含量都决定着后向散射特征[1]。利用高度数据掩模法(Rau 和 Braun，2002)，或者将图像纹理也作为判断依据和后向散射系数一起使用(Rees 和 Lin，1993)，可以降低不确定性。然而，对于单参数的 SAR[2]，最有用的方法毫无疑问是使用多时相数据。早期工作由

[1] 事实上，为了通过雷达数据估计这些自然特征，许多作者使用了后向散射模拟模型。例如，Smith 等(1997)发现，几何光学模型可以很好地描述消融带的湿雪(如果雪还没有变质)。

[2] 有些初步的工作已经表明多极化(Forster 和 Isacks，1994；Rott，1994；Rott 和 Davies，1993；Shi 和 Dozier，1993；Rott，Floricioiu 和 Siegel，1997)和多频率(Rott 和 Davies，1993；Rott，Floricioiu 和 Sicgel，1997)数据很有希望解决冰川单参数雷达图像中的不确定性问题，但是这些研究工作还没有充分地开展。

Dowdeswell、Rees 和 Diament(1993)及 Rees、Dowdeswell 和 Diament(1995)用斯瓦尔巴群岛奥斯特佛纳冰帽的数据进行了描述。Braun 等(2000)观测了南极乔治王岛，Ramage、Isacks 和 Miller(2000)观测了阿拉斯加的朱诺冰原(图 8.12)，都证实了一个总体特征：除非存在干雪带，否则在冬季，所有带表现出高的后向散射；而在春季融化期，湿雪带后向散射系数会下降大约 10 dB；随后的夏季，是一个空间和时间上多变的时期。Partington(1998)对多时相方法进行了详细探究，使用多时相假彩色合成(红=早夏，绿=晚夏，蓝=冬季)来识别不同的表面带。干雪带呈暗灰色(全年后向散射低)，渗浸带和湿雪带在上部区域是白色或亮灰色，中部是粉色，下部是蓝色(取决于该区正在融化还是正在冻结)，而裸冰带呈绿色。虽然全年的 SAR 图像都有价值，但大部分的信息来自两个方面：冬季的后向散射，以及消融末期和冬季的后向散射之差。

因为雷达图像的分带不一定和 Benson 提出的冰川学表面分带完全一致，所以提出了“雷达冰川带”这一术语(Forster，Isacks 和 Das，1996；Smith 等，1997)。这里列出了所有的分带，但是，并不是所有研究者都遵循了这些划分标准，而且在有些情况下这些分带的雷达特征仍然没有定论：

(1)干雪雷达带。全年不会发生融化现象，受体散射控制，后向散射值低(一般是–10~ –20 dB) (Fahnestock 等，1993；Partington，1998)，这个带只出现在南极和格陵兰岛，以及位于高海拔的斯瓦尔巴群岛和阿拉斯加冰川的部分地区。

(2)冻结–渗浸雷达带。在冬季，具有多冰层和颗粒粗大的特点，而且后向散射高(一般是–3~ –8 dB)(Fahnestock 等，1993；Bindschadler 和 Vornberger，1992)。夏季，表面变湿，而且后向散射显著减小。

(3)湿雪雷达带。冬季后向散射系数介于干雪带和渗浸带之间(一般是–14~ –22 dB)(Fahnestock 等，1993；Bindschadler 和 Vornberger，1992)。带 2 和带 3 的区别比较模糊，也许应该把它们看做一个连续的过渡带(Partington，1998；Dowdeswell，Rees 和 Diament，1993)。

(4)第 2 阶段(P2)融化雷达带。冬季暂时出现的一个后向散射增高的带，这是由变质的积雪和粗糙的融雪贡献的(一般是– 4~ –8 dB)(Smith 等，1997)。

(5)附加冰雷达带(SIZ)。通常不会出现在夏末的温带冰川，因为此时雪线和平衡线几乎重合(König，Winther 和 Isaksson，2001)。附加冰带出现的表面，其形成的机制与冰川冰不同，自然属性也不同(Koerner，1970)。Bindschadler 和 Vornberger(1992)认为，实际上不可能在雷达图像上将 SIZ 从冰川冰中提取出来。然而，Marshall、Rees 和 Dowdeswell(1995)报道了在夏末的图像中，附加冰带表面粗糙度有很大的差异，并成功探测了斯瓦尔巴群岛 Ayerbreen 冰川。König 等(2002)也对斯瓦尔巴群岛的两个冰川进行了研究。这些研究者发现 Kongsvegen 冰川冬季和春季的图像可清晰地分成三个带，三个带的后向散射依次增大，根据野外工作，认为这三个带分别是：冰川冰(–12 ± 1 dB)、夏季形成的附加冰(–6 ± 2 dB)和粒雪(–1 ± 1dB)(图 8.13)。他们认为后向散射特征的差异是内部气泡的尺寸分布不同而引起的。在更小的冰川 Midre Lovénbreen 上，观测到裸冰表层(–11 ± 1 dB)，以及介于相应的夏季形成的附加冰(图 8.14)与裸冰带之间的后向散射带(–5 ± 1 dB)，因为其表面光滑，可利用更低的后向散射系数进行区分。

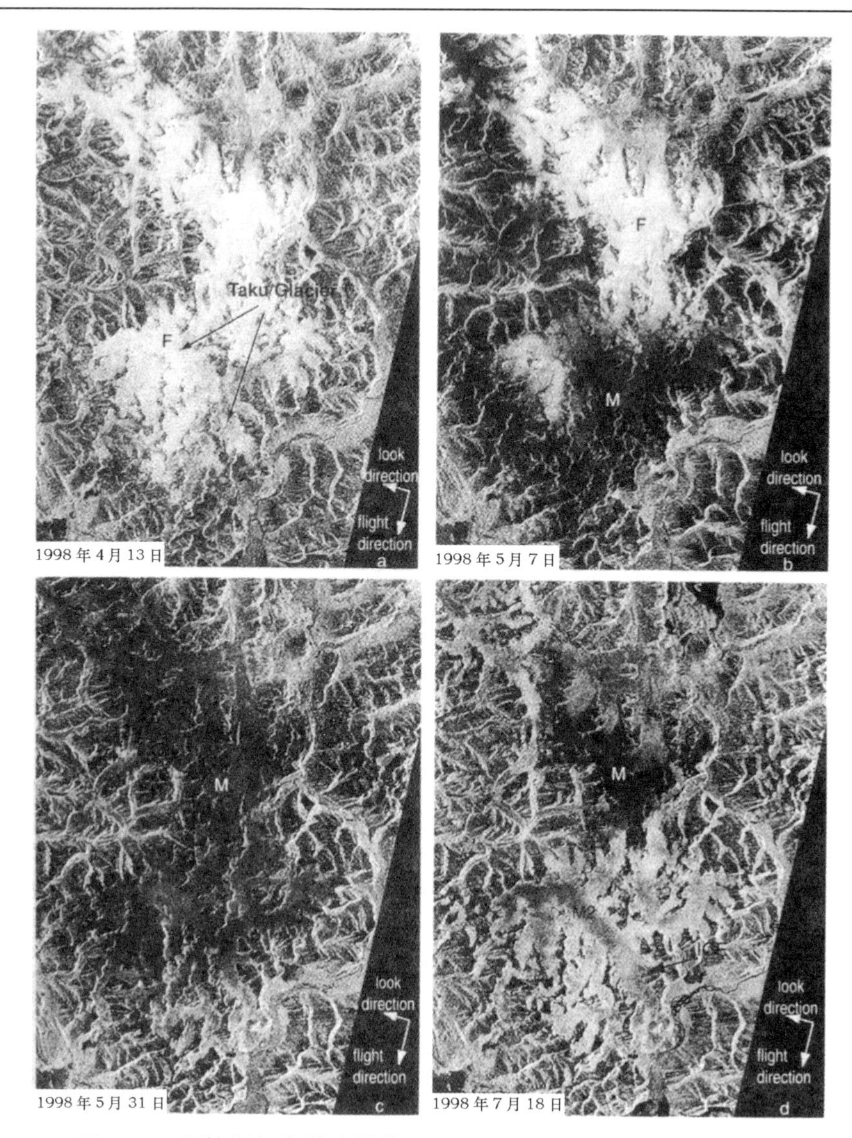

图 8.12　阿拉斯加朱诺冰原的 RADARSAT SAR 时间序列图

F：已冻结；M：开始融化；M2：融化第 2 阶段；ICE：裸冰 (SAR 数据版权所有：CSA，1998。经国际冰川学会允许，根据 Ramage、Isacks 和 Miller(2000)再版)

(6)裸冰川冰带，冰面的后向散射相对较强(一般为–10~–13 dB)。

能否从雷达图像探测到夏末的雪线，它与平衡线是否重合？Braun 等(2000)，Rees、Dowdeswell 和 Diament(1995)，Engeset 和 Weydahl(1998)，Hall 等(2000)，König、Winther 和 Isaksson(2001)和 Partington(1988)都提供了肯定的证据，但是存在一些不确定性(Strozzi，Wegmuller 和 Mätzler，1999)，而且附加冰带及暴露在空气中的上一年的粒雪都会带来不确定性。Demuth 和 Pietroniro(1999)分析了加拿大沛托冰川夏末的 Radarsat 图像，发现通过人工解译或者基于订正数据的简单最短距离决策算法，裸冰和粒雪的边界很容易识别(这些数据经过了入射角校正处理)，裸冰比粒雪亮 7 dB。事实上，在这一点

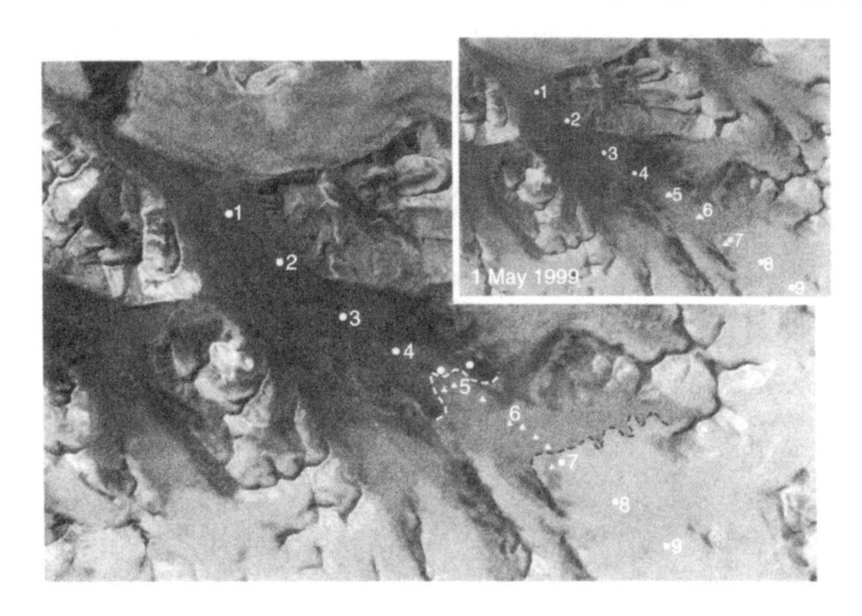

图 8.13 斯瓦尔巴群岛康斯韦根冰川的 ERS-2 SAR 图像

圆圈(1~4)是冰川冰区域；三角形(5~7)是附加冰区；正方形(8 和 9)是粒雪区

(图像数据版权所有 ：ESA，2000。经国际冰川学会允许，根据 König 等(2002)再版)

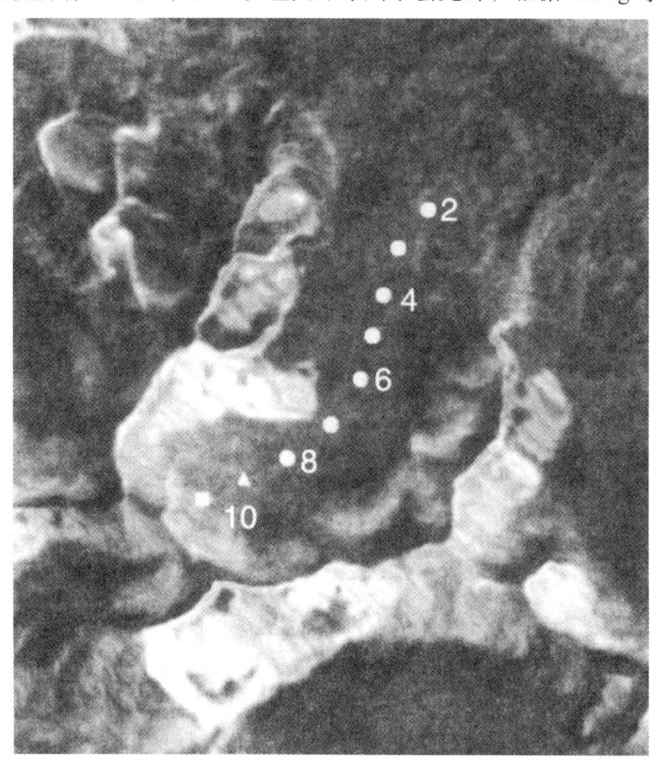

图 8.14 斯瓦尔巴群岛米德特拉文伯林冰川冬季 ERS-2 SAR 图像

冰川冰区域后向散射低(圆圈，2~8)，附加冰带后向散射中等(三角形，没标数字)

(图像数据版权所有：ESA，2000。经国际冰川学会允许，根据 König 等(2002)再版)

上仍保留有一些疑问。Engeset(2000)和 Engeset 等(2002)对康斯韦根冰川 8 年的雷达数据分析表明，雷达图像中的一条边界线与相应的平衡线位置重合，这个边界线实际上对应了粒雪线(König，Winther 和 Isaksson，2001)。Kelly(2002)基于重复过境的干涉 SAR 发展了一种补充技术，其思想是不产生干涉图，而仅将图像之间的相干作为表面状态变化的指标：瞬时的雪线特征在 24 小时内的相干性很低，在高相干性的上部和下部冰川区出现跳跃。一前一后的两个 ERS 卫星(ERS-2 卫星在 ERS-1 后一天)已经证明适合于该项研究。所得到的结果表明有一定的前景，而且认为可以通过检测冬季和夏季图像之间的差异来探测瞬时雪线。更进一步的研究将需要一个与 ERS 卫星相似的卫星计划。

8.8 冰运动

利用遥感数据监测冰的运动有很多直接和间接的方法。间接地，冰的运动可以通过详细的表面地形和冰的流动假设来估计。然而，最直接的方法是识别表面特征(如叶理结构、冰裂隙和冰碛物)，并追踪它们在时间序列图像中的变化(Hambrey 和 Dowdeswell，1994)。这些特征本身能够通过人工识别(Lucchitta 等，1993；Lefauconnier，Hagen 和 Rudant，1994；Ferrigno 等，1993)，或通过一个类似于海冰动态识别中描述的互相关技术(见 6.6 节)(例如，Scambos 和 Bindschadler，1993；Scambos 等，1992)。显然，这种方法要求图像到图像之间有很好的配准。如果在图像中有足够多的稳定无冰特征地物(如岛峰(图 1.6)或者冰川周围的裸岩)，就可以选择它们作为控制点。这种方法通常适合冰川和冰盖的边缘地区，而不适合冰盖的内陆地区，因为内陆地区一般没有这些特征。在这种情况下，所用方法是交叉配准岩床地形控制的大尺度特征(>1 km)(Scambos 等，1992；Whillans 和 Tseng，1995)。据报道，用 Landsat TM 图像精度可达 6 m。这些方法提供了冰流运动新的认识(Bindschadler，1998)。虽然特征地物追踪方法主要用于 VIR 图像，但是用 SAR 图像也可以实现该方法(Fahnestock 等，1993；Lucchitta，Rosanova 和 Mullins，1995；Murray 等，2002)。这里所讲的方法有时也称为灰度追踪法。针对雷达影像中斑点形状的特征，也可使用斑点追踪法(Michel 和 Rignot，1999；Gray，Mattar 和 Vachon，1998)。

冰表面的运动也可用干涉雷达(InSAR)测量。如 2.9.3 节所述，一对 SAR 图像产生的干涉图像包含了地形和冰运动两方面的信息，此时显然需要分离这两者的影响。如果基线非常短，那么地形影响最小，或者用三幅图像代替两幅(Kwok 和 Fahnestock，1996；Joughin，Kwok 和 Fahnestock，1998)。另外，DEM 可以消除数据中的地形影响。数据中相位不确定表明至少需要一个参考点来控制数据：一个已知的固定点(如裸岩)或者一个已知流动速度的测量点。在 C 波段，位移测量的精度一般是 1 mm(Bindschadler，1998)。事实上，InSAR 只能测量与雷达视角平行的速度分量(见彩图 8.1)。通常假定流速方向沿着最陡的表面坡度(Joughin，Kwok 和 Fahnestock，1996，1998)，或与谷壁平行(Fatland 和 Lingle，1998)，但也可使用不同观测方向(升轨和降轨过境)的更多幅图像(不止两幅)。像所有的 InSAR 测量一样，速度测量也是依靠图像之间的相位相干性。对重复过境的干涉测量，时间间隔长是个问题。Radarsat 南极制图计划 AMM-1 重复周期是 24 天(Jezek，1999)，按 InSAR 的标准这个时间太长了。相干性通常只能保持在积累速率低的地区(小于 15 cm/a)，以及受下降风或大气运动影响不大的地区(Joughin，2002；Wunderle 和 Schmidt，1997)。对于 Radarsat 重复访问周期和成像的几何特征，流动速度低（小于 100 m/a）时，其测量精度高，但是更高的流动速度会引起相位解缠困难(Joughin，2002)(冰架上的速度能达到 1 000 m/a 或者更大(Young 和 Hyland，2002))。Joughin(2002)发展了一种方法，将 InSAR 和斑点追踪法结合起来处理高速流动的冰。

InSAR 还用来监测冰架的弯曲度(达到 1 m)，并用于验证接地线位置和冰架的弹性模量值的理论估计(Shmeltz，Rignot 和 MacAyeal，2002；Gray 等，2002)。激光测距技术也有提供这些信息的潜力(Padman 等，2002)。

Gudmundsson 等(2002)描述了 InSAR 运动测量的有趣的例子，其研究了对冰的凹陷的填充，该凹陷是由 1996 年冰岛瓦特纳冰川下爆发的格嘉普火山引起的。

8.9 质量平衡

测定冰川质量平衡的最直接方法是利用航空立体像片(Andreassen，Elvehøy 和 Kjøllmoen，2002)或者(对于小冰川)利用激光剖面仪(Favey 等，1999)对冰川表面地形进行重复测量。通过融合不同时期的 DEM 和表面流速场，可以绘制质量平衡的空间分布图(Hubbard 等，2000)。对于南极和格陵兰岛的中部地区，可以使用雷达高度计或机载激光剖面仪，但是难度很大(Wingham 等，1998；Filin 和 Csathó，2002)。机载激光剖面仪的重复测量表明，格陵兰冰盖中部地区稳定，但在海岸附近减薄速度达到 1 m/a(Krabill 等，2000)。这个方法也已经在南极、阿拉斯加和瑞士阿尔卑斯地区得到应用(Filin 和 Csathó，2002)。

探测冰盖边缘地区的冰川质量平衡更加困难(Rignot，2002)。Rignot(2002)采取了以下方法。输出冰的流量根据其从冰架产出的速度(由 ERS InSAR 获得)和横截面面积来估计，厚度从相应的 DEM 提取(Bamber 和 Bindschadler，1997)，并假设冰架处于流体静力学平衡。输入冰的流量通过对整个流域上积累速率的积分计算得到(Giovinetto 和 Zwally，2000；Vaughan 等，1999)。该方法可对底面融化进行修正。这项工作表明，早期错误地估计了几个大冰川接地线的位置。事实上，大部分的冰川或多或少都处于平衡中。Rignot 等(2000)使用类似的方法成功地研究了格陵兰的尼奥加弗杰德斯布拉冰川。

质量平衡也能从表面带分布的变化间接估计，例如，消融区的扩大反映出负的质量平衡。这可通过 VIR 图像(Krimmel 和 Meier，1975)或 SAR 来实现。如果已经确定了质量平衡与平衡线高度(ELA)之间的关系，那么质量平衡也可从平衡线高度间接推测出来。如前所述，平衡线通常或多或少地与夏末的雪线重合，其识别方法在 8.7 节中已有论述。

9 冰山遥感

9.1 引言

冰山的探测、监测与测量是冰冻圈遥感中最严峻的挑战之一。如第 1 章所述，冰山非常重要。在南极，冰盖大多通过底部融化和冰山(由冰架和冰舌崩解形成)的形式而损耗(Jacobs 等，1992)，据估计，在南极辐合带以南有 20 多万个冰山(Williams，Rees 和 Young，1999)。在北半球，大部分的冰山崩解于格陵兰冰盖和巴伦支海上的群岛，而且，在评估那些产生冰山的冰盖和冰川的质量平衡时，掌握冰的排泄量很重要。第 1 章也论述了冰山对海运和海上设备的危害。事实上，大部分冰山体积小且不断地运动，所以很难识别和跟踪。

9.2 冰山探测与监测

9.2.1 可见光与近红外观测

冰山与周围海洋之间的辐射差异大，易于探测。传统的航空摄影测量可以探测冰山并分析其大小分布(Vefsnmo 等，1989；Løvås，Spring 和 Holm，1993)，已经使用了几十年(Rossiter 等，1995)。在传统飞机上工作时，可以获取非常高的空间分辨率(一般几厘米)，但相应地限制了空间覆盖范围(几千米)。在一个典型的应用中，Vefsnmo 等(1989)在 IDAP 计划期间，用制图相机从 914 m 的高空拍摄到了巴伦支海、斯匹兹卑尔根群岛的东南和南部共计 135 个冰山。Løvås、Spring 和 Holm(1993)对同一地区 1988~1992 年的冰山分布进行了更广泛的研究，结果表明典型的冰山大小为：出水高度 15 m，长 85 m，质量 150 000 t。

航空摄影测量的主要局限是空间覆盖范围小。卫星图像提供了更大的覆盖面积，但是以空间分辨率的降低为代价，而且自从 20 世纪 60 年代末，卫星图像已经用于识别和跟踪冰山的运动。例如，Swithinbank、McClain 和 Little(1977)对 14 个南极冰山进行了长达 9 年的追踪。宽幅的可见光图像，如 NOAA AVHRR、MODIS 或 DMSP OLS，时间分辨率高，有利于冰山追踪(Ferrigno 和 Gould,1987；Keys，Jacobs 和 Barnett，1990)。如果冰山足够大，这些图像的空间分辨率足以监测冰山的形态变化和追踪冰山的运动轨迹。例如，Argentina(1992)用 AVHRR 图像追踪了 1986 年从南极菲尔希纳冰架崩解出来的面积为 13 000 km^2 的冰山。该冰山崩解后很快分裂为 3 个大的接地冰岛，其中一个在 1990 年早期与陆地脱离，开始向北漂浮，19 个月内漂移了约 2 000 km。对其他的一些大冰山利用卫星数据追踪，发现了类似的每秒几米的平均速度，例如，Komyshenets 和

Leont'yev(1989)追踪了 1986 年从拉森冰架脱离出来的大冰山(面积约 5 900 km^2)。

更高分辨率的窄幅宽图像，如 Landsat 或 SPOT，也可用于探测冰山的分布特征(Vinje，1989)。Kloser 和 Spring(1993)用 Landsat 专题制图仪(TM)和多光谱扫描仪 (MSS)图像及 SPOT HRV 图像，研究了从巴伦支海法兰士约瑟夫地群岛冰川崩解产生的小冰山的分布。他们发现在这 3 个传感器中，TM 图像的覆盖范围比 SPOT HRV 大，空间分辨率又比 MSS 高，因此最适合冰山识别。TM 数据中最有用的波段是波段 4(0.76~0.90 μm)。基于以下“特征”中的一个或多个，小到只有 2~3 个像元的冰山(1 800~2 700 m^2)都能被探测到：

(1)阴影检测；

(2)冰山向阳部分的强反射；

(3)纹理或反照率特征(大冰山)；

(4)水道或尾迹的检测。

前面两个“特征”表明，在北半球用 VIR 图像探测冰山的最佳时间是 3~5 月(Sandven，Kloster 和 Johannessen，1991)。每个特征的适用性依赖于诸多的环境参数，尤其是太阳高度角(控制着阴影的长度及冰山与背景的对比度)和周围环境性质。在潮汐流很强的区域，接地冰山被密集冰包围，因为密集冰和冰山的相对运动产生了由开阔水域或碎冰构成的尾迹(图 9.1)，所以此时的冰山容易探测(Johannessen，Sandven 和 Kloster，1991；Vefsnmo 等，1989；Sandven，Kloster 和 Johannessen，1991)。

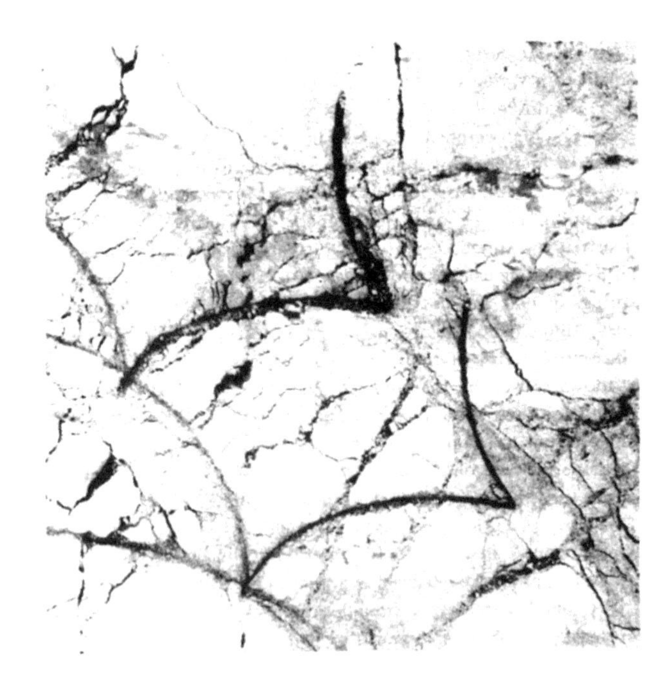

图 9.1　1988 年 4 月 11 日斯匹次卑尔根浅滩的 SPOT 图像(10 km × 10 km)

显示了接地冰山留下的浮冰中的冰间河(根据 Johannessen 等(1991)再版)

通常，冰山在早春的时候最容易探测(北极地区是 3~5 月)，此时冰山周围是光滑的海冰,以及低的太阳高度角造成的长长的阴影(图9.2)(Sandven,Kloster 和 Johannessen,1991)。阴影的长度可用来估计冰山的出水高度。相比之下，在夏末的时候进行冰川前缘的制图最容易，此时在冰前面的开阔水域与冰面形成强烈的对比。

机载 VIR 扫描仪也能用来监测冰山，但是目前还没有得到广泛利用。

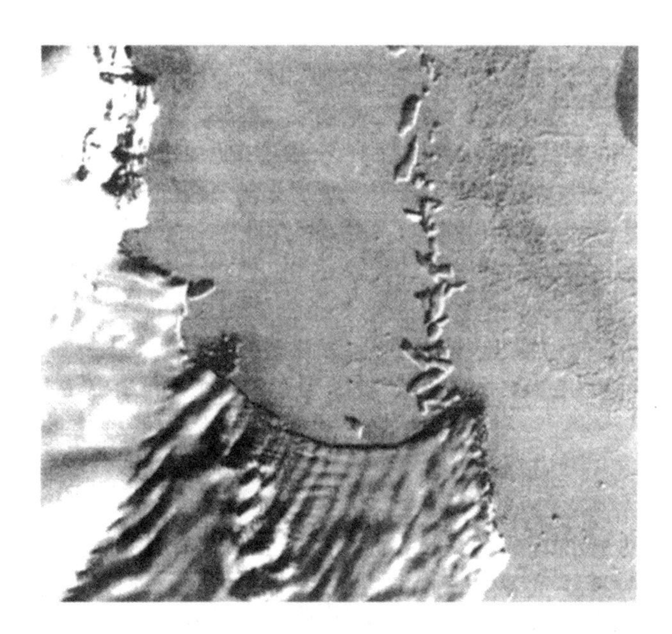

图 9.2　1988 年 4 月 9 日弗朗茨约瑟夫地雷诺夫冰川前沿的 TM 图像

图中包括冰川前沿和冰山，太阳高度角低使冰山更明显(根据 Kloster 和 Spring(1993)再版)

9.2.2　被动微波辐射计

追踪冰山时，VIR 图像最大的缺点在于受到云层的影响。对于足够大的冰山，低空间分辨率的星载被动微波辐射计能解决云层的问题。例如,Hawkins 等(1993)结合 AVHRR、OLS 和 SSM/I 跟踪南极平顶冰山 A24(70 km × 80 km，是 1986 年从菲尔希纳冰架脱离的一部分)，观测到其最终消失于 1992 年 4 月。和 AVHRR 图像一样，扫描角度宽的 SSM/I 图像时间分辨率高。但另一方面，星载被动微波系统的低空间分辨率使其只能用于大冰山的研究。机载系统能提供更高的空间分辨率，例如，1989 年开发的机载成像微波辐射计(AIMR)，有 37 GHz 和 90 GHz 两个通道，当飞行高度为 2 000 m 时，分辨率分别为 84 m 和 35 m，扫幅宽度为 7 km(Rossiter 等，1995)。

9.2.3　合成孔径雷达

SAR 和其他的成像雷达系统既能提供更高的空间分辨率，也能透过云层并在夜间工作。机载真实孔径雷达和合成孔径雷达(SLAR 和 SAR)分别于 20 世纪 70 年代和 80 年代早期用于冰山探测(Rossiter 等，1995；Kirby，1982)， 1991 年 ERS-1 发射以来，星载 SAR 系统一直都在运行。Willis 等(1996)及 Johannessen、Sandven 和 Kloster(1991)对微波辐射和冰山的各种相互作用机制作了论述。除了冰山的表面散射和体散射，还有“二次散射”

(双面散射)机制，即首先是冰山垂直壁的散射，然后是海平面的散射，反之亦然。这种机制解释了来自冰岛边缘的大量很强的局部响应(Jeffries 和 Sackinger，1990)，以及来自很小的冰山“点目标”响应。冰山也能产生雷达阴影(图 9.3)，与光学阴影不同，从这些阴影区接收不到任何辐射(也就是说完全是黑的)。如果空间分辨率足够高，雷达入射角[1]足够大，雷达阴影可用来估计冰山的三维几何特征(Larson 等，1978)。冰山与周围水域或密集冰相对运动而留下的尾迹也能提供一种类似于可见光图像的特征(Larson 等，1978；Johannessen，Sandven 和 Kloster，1991；Sandven，Kloster 和 Johannessen，1991)(图 9.4)。其他可能对周围海面的影响有背风一侧的阴影(此处的海面更平静)及融水径流对波浪的衰减。表 9.1 摘自 Willis 等(1996)，总结了冰山探测的各种成像机制的潜力。

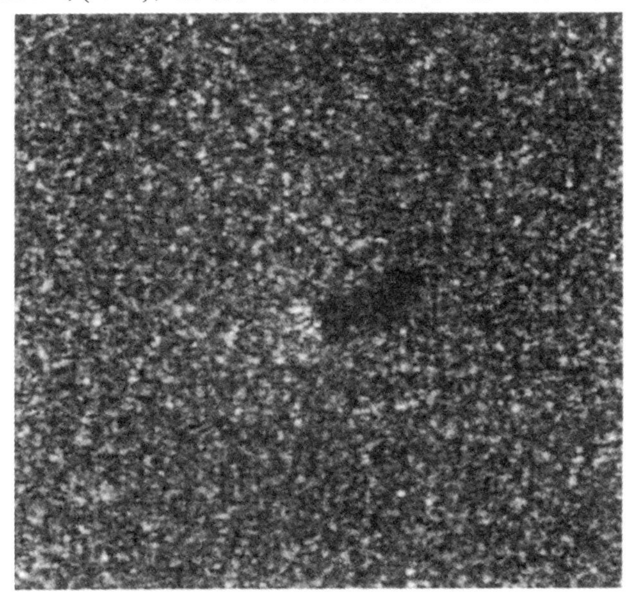

图 9.3　放大的 ERS-1 SAR 图像

显示了一个小冰山及其雷达阴影(经 Taylor & Francis 允许，根据 Willis 等(1996)再版)

表 9.1　可能用于冰山探测的 SAR 图像方法(引自 Willis 等(1996))

成像机制	可能的探测机制	适用性
二次散射	亮点目标探测	通常有用
阴影	黑点目标探测	通常有用，在高入射角情况下更佳
周围海面的影响	分割，霍夫变换，傅里叶变换	通常有用
表面纹理	图像分割	大冰山
形状	图像分割	大冰山
水道	分割，霍夫变换	不知
体散射	多频率或极化数据	多参数 SAR
底部反射	相关法	只用于 L 波段

[1] 由于这个原因以及其他原因，成像雷达应该有大的入射角以便于冰山的最优探测。早期的星载 SAR 系统入射角相当小（一般为 20° ~30° ）。然而，合成孔径雷达和后来的星载 SAR 系统提供更大的入射角。

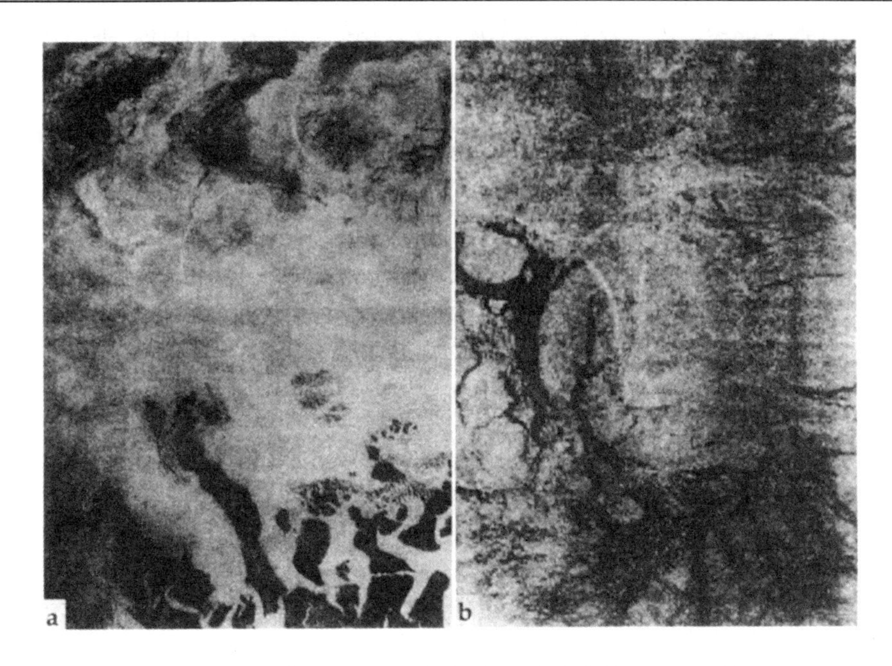

图 9.4 1989 年 2 月 23 日斯瓦尔巴群岛靠近东北部熊岛的机载 C 波段 SAR 图像

(b)范围比(a)大。图像表明冰山轨迹大致是个圆形的环

(经过国际近海和极地工程协会允许，摘自 Sandven 等(1991))

Larson 等(1978)、Lirby 和 Lowry(1979)最早证实了 SAR 在冰山研究中的能力，结果表明，因为低频波段❶的衰减长度更大，高频系统(如 X 波段)比波长更长的 L 波段系统更适合冰山探测研究。Lowry 和 Miller(1983)研究表明机载 X 波段 SAR 能 100%地探测到大冰山，但没有说明系统的空间分辨率。他们发现小于 20 m 的冰山基本上探测不到。Livingstone 等(1983)也使用了机载 X 波段 SAR，可能是图像斑点噪声原因，他们认为能探测到最小冰山的大小一般为空间分辨率的 4~6 倍。Kirby(1982)尝试利用数字 SAR 图像识别海冰背景下的冰山，但不是特别成功，同时指出中值滤波(3.3.2 节)能有效地去除图像斑点噪声。Willis 等(1996)使用 ERS-1 SAR 图像，首次全面研究了冰山的可探测性与其大小之间的关系，结果表明，通过识别图像中相邻的明暗回波(对应着冰山和冰山尾迹)可以从平静的海水背景中识别出所有大于 120m 的冰山，以及大约一半在 15~60m 的冰山。这个方法的缺点是存在虚假信息，即检测出并不存在的冰山，而且，除非冰山大于 220m，否则该方法不能估算冰山的大小。

Williams 等(1999)通过对 Sephton 等(1994)的图像分割技术进行修改，提出了一种不同的冰山探测方法。该方法通过像元绑定过程勾画出冰山边缘，然后用边缘定向分割方法从背景中分离出冰山。他们利用 ERS-1 数据对算法进行了测试。为了降低斑点噪声对冰山图像边缘造成的影响，首先对 SAR 数据进行了平滑，使其分辨率变为 100 m。在此

❶ 另一方面，L 波段 SAR 图像能探测到冰山的长距离侧面上亮“重影”，那是辐射穿透冰山在冰–水面被反射而形成的(Gray 和 Arsenault，1991)。在某些环境下，这些“重影”能使冰山更易于探测。

分辨率下，该算法能探测出所有大于 6 个像元($6\times10^4\,m^2$)的冰山，但是较大的冰山往往被过多地分割(图 9.5)。

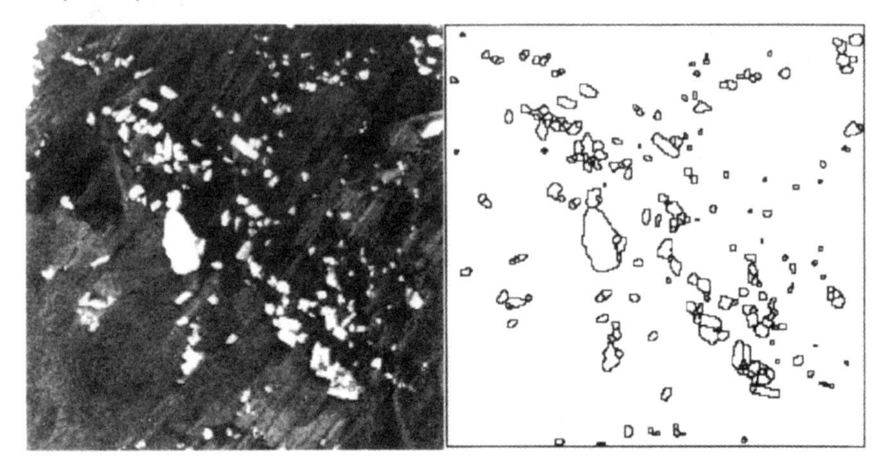

图 9.5 用分割技术识别冰山(Williams 等，1999)

(左)戴维斯站东北部南极海岸的 ERS-1 SAR 图像的一部分(23 km × 23 km)，(右)用分割算法勾画图像中的冰山(经 Taylor & Francis plc.允许翻印，SAR 图像版权所有：ESA，1993)

许多研究(Lowry 和 Miller，1983；Rossiter 等，1984；Jeffries 和 Sackinger，1990；Shokr 等，1992)已指出，因为后向散射随海面粗糙度增加而增加，较坏的海况会降低探测冰山的能力。实际上，如果海况坏到一定程度，从海面返回的雷达信号比从冰山返回的信号还要强(Gray 等，1982)。

Jeffries 和 Sackinger(1990)利用机载 X 波段 SAR 对加拿大群岛中的“霍布森的选择”冰岛进行制图研究，探讨了 SAR 图像探测并描述冰岛特征的能力。图 9.6 显示了该冰岛的非均匀特征，它由冰架冰、在崩解时和冰架冰相连并且保持原状的海冰，以及后来与岛相连的海冰组成。换句话说，该冰岛是淡水冰和咸水冰的混合体，由于在导电率更大的材料中电磁波的穿透能力下降，所以咸水冰的后向散射系数很低。这些区域的图像纹理也大不相同，从沃德亨特冰架脱离的淡水陆架冰表现为条纹状的波动特征。图 9.6 也说明了这种冰岛很难从密集冰的背景中区分开来，Vinje(1989)也发现该问题，并给出了长达 1 600 m 的平顶冰山也无法识别的实例。Jeffries 和 Sackinger(1990)认为先验知识对 SAR 图像探测冰岛非常有用。

星载 SAR，实际上任何的星载系统，监测冰山的能力受很多因素影响。这些因素包括空间分辨率及探测机制的可靠性，但是在业务系统中，时间分辨率和数据处理耗时也是主要的因素。早期的星载 SAR 系统(Seasat，ERS-1)扫描宽度窄，对特定区域的重访时间相对较长。最近开发和部署的多模态星载 SAR(Radarsat，Envisat)可以在宽幅模式下工作(相对而言，时间分辨率得到改进)。但是，“面向需求”的观测系统目标是为各种活动（如船只航线和海上油气设备的运行等）提供决策数据，但是这些系统目前还不能完全满足这一需求目标(Rossiter 等，1995)。

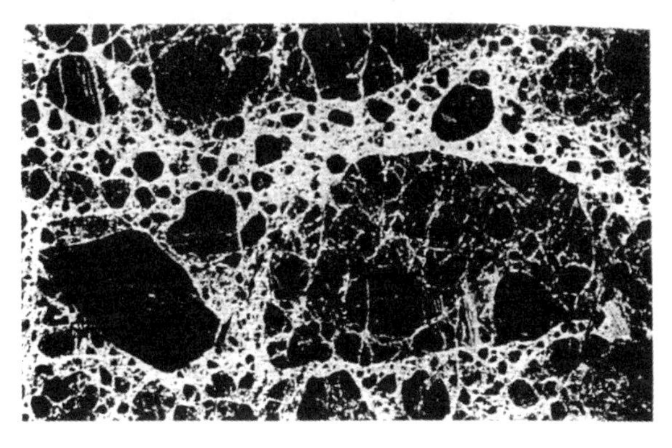

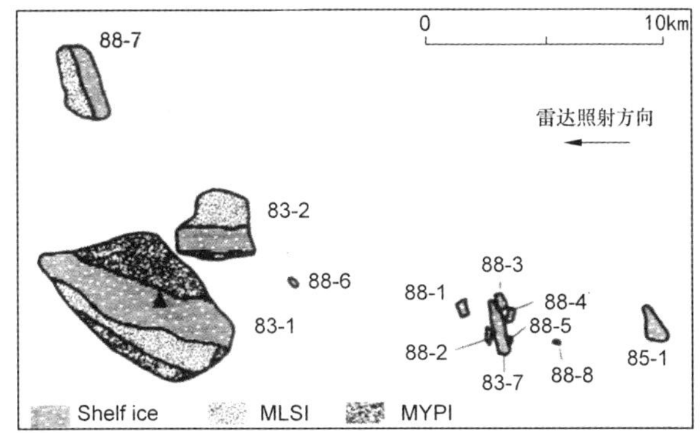

图 9.6 1988 年 2 月 19 日加拿大靠近 Ellef Ringnes 岛的冰岛和浮冰群的 X 波段 HH SAR 图像(上)以及冰岛的解译(下)

MLSI 是多年浮冰群，它在脱离的时候与冰架相连；MYPI 是多年浮冰群，后来与冰岛相连。冰岛“83-1”也叫“霍布森的选择”。三角形处的亮特征是冰岛上的研究站

(经美国地球物理联合会允许，Jeffries 和 Sackinger(1990)翻印，版权所有：美国地球物理联合会)

9.3 冰山厚度

最常用来估算冰山厚度的是航空或者卫星 VIR 图像，但也可使用脉冲雷达(Rossiter 和 Gusajtis，1978)。通过分析 VIR 图像获取出水高度，即冰山在水面以上的高度，然后根据出水高度计算冰山厚度。常用的方法是通过立体摄影测量(Løvås 等，1993；Vefsnmo 等，1989)来建立冰山的数字高程模型。通常，在 600~900 m 高度用制图相机拍摄立体像片，以此来构建 DEM，其高度精度达到 10 cm。Vefsnmo 等(1989)发现在人工处理时，每个冰山的处理时间长达 3 小时，但是也发展了一个简化的立体分析方法，其精度低，但处理速度比手工快得多(每个冰山需要 10 分钟)。基于计算机的立体匹配更节省时间。

Vefsnmo 等(1989)描述了航空摄影像片估算冰山厚度更简单的方法。当冰山在周围海冰上产生阴影时，冰山的出水高度 h 由下面公式求得：

$$h = l\tan\alpha + h_0 \tag{9.1}$$

式中，l 是阴影长度；α 是太阳高度角；h_0 是海冰的出水高度。然而，这个方法只适合非常平坦的冰山。

10 总结

10.1 遥感揭示了冰冻圈的哪些方面?

冰冻圈卫星遥感可追溯到 1970 年。从那时起，星载传感器的数量、多样性和质量都在不断提高，而且数据的时间序列越来越长。我们从这个信息流中弄清楚了什么呢？首先卫星遥感能为一些重要测量提供很有价值的重复观测。这一点是其他任何方法都无法实现的。显然，遥感提供了时间序列的大尺度观测。我们现在可以很好地掌握积雪、海冰和大冰盖的全球分布、年际变化及其长时间变化趋势，这些都是卫星遥感持续监测的直接产物。这些结果分别在 5.2、6.2 和 8.3 节中进行了论述。自 Swithinbank(1988)评论认为月球的另一边比南极的部分地区更容易制图以后，总体上遥感制图能力已经显著地提高。类似地，1987 年(Seasat 发射当年)以前，我们对格陵兰冰盖的地形知之甚少。这再次表明，卫星遥感有快速获取数据方面的明显优势，并且不需要在自然条件恶劣、后勤费用昂贵的环境中部署地面人员。

遥感的优势不局限在冰盖、整块海冰或者北半球积雪等这些大尺度问题上。遥感提供了测量和监测地球表面过程和现象的一套技术手段，其广度和深度每年都在增加。这些手段已经应用于大量与雪冰相关的现象中，例如用于局地和区域尺度上冰川边缘波动、冰川物质平衡、海冰动态变化、冰山编目，以及河湖冰的封冻和解冻日期等。这里所列出的只是相关研究的很小一部分。然而，所有这些可以说在一定程度上是遥感技术的预期结果。遥感技术在雪冰研究中的应用也产生了两类意外的收获。第一类是地球物理方面的意外收获，通过遥感数据发现了新的现象，或观测到了比预想中更为广泛的现象。例如，南极地区雪丘的发现和正在快速大面积崩塌的南极拉森冰架。第二类意外收获是发现遥感技术有能力探测到以前被认为不可能识别的现象。这方面的例子包括：无线电回波和探地雷达能探测到内部分层和其他冰下特征(如冰川中的湖)，从微表面地形判断冰川和冰盖的内部结构及流动机理，干涉 SAR 能监测冰架的潮汐弯曲，以及 SAR 图像指示淡水冰是否已冻结到了底部等。

10.2 还有什么技术上的挑战?

10.2.1 普遍难题

1970 年以来，我们测量和理解冰冻圈的能力显著提高，但仍面临许多挑战。其中一个最普遍的问题就是云层。如第 2 章中提到的，并且贯穿于第 5 章到第 9 章中雪冰遥感的论述中，可见光、近红外和热红外辐射无法穿透云层，虽然微波遥感技术的应用取得了重要的进展，但是不能取代这些较短波长的遥感系统。图 10.1 是全球一年中四个季度平均云量分布图，可以看出，在北极和亚北极的夏季，陆地上云层覆盖率大于 50%，而且部分海洋上云层覆盖率大于 75%。而在南半球的夏季，南极大部分地区平均云量低于 50%，南大洋上在这几个月中云层覆盖率通常高于 75%。云层的覆盖率高对窄幅宽遥感器来说是个特殊的问题，会造成时间分辨率更低。例如，某一星载遥感器的时间分辨率为两周一次，而每次过境时有云层覆盖的概率为 80%，那么无云观测之间的平均时间间隔将是 10 周。时间间隔如此之长，因此接近理想时间(如消融末期)的图像就不太可能获得。

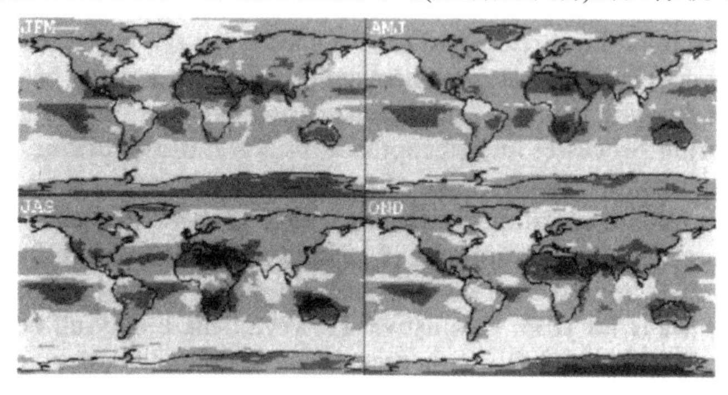

图 10.1　全球一年中四个季度平均云量分布图

数据来源于国际卫星气候学计划（http://isccp.giss.nasa.gov/products/onlineData.html）。

颜色由浅到深分别表示平均云量为 0~25%、25%~50%、50%~75%和 75%~100%

与此相关的问题是辨别图像中的云层。唯一可能与云层混淆的是积雪，如 5.2.1 节和 8.2 节中所述，在 1.6 μm 处云层的反射率低，积雪的反射率很高，所以如果传感器有 1.6 μm 附近的波段，则可以在很大程度上避免这个问题。光学上薄的卷积云和积雪还是很难分辨，而且早期的 VIR 图像没有 1.6 μm 波段，因此很难对长时间序列图像进行云和雪的区分。例如，Landsat 卫星在专题制图仪出现后(1984 年以来)才可以获得 1.6 μm 波段的信息，而 AVHRR 传感器 1998 年才增加了此波段。

对于微波遥感系统，如果不特指冰冻圈的特殊方面，也面临许多难题。由于衍射作用，卫星被动微波遥感系统的空间分辨率相当低，一般为几十千米，因此不适合观测小尺度现象——世界上大部分冰川和冰山不能用卫星被动微波系统来观测。这对雷达高度计来说也是个难点，但没那么严重。虽然合成孔径雷达和微波散射计有非常高的空间分辨率，但至今大部分星载系统只获取单个变量——单频、单极化的后向散射系数。如前面多次提到(如 5.2.1.2 节积雪制图的例子)，这就造成图像解译和分类的不确定性。SAR 干涉测量应用还存在技术难题，因为相隔几天观测到的像对是否存在合适的基线，而且它们之间是否具有足够的相干性以产生干涉图等方面依然存在一些未知数。InSAR 的数据处理依然是专家们头疼的难题。

轨道动力学定律对卫星空间观测带来一些限制。大部分遥感卫星(除了那些地球静止轨道卫星)是太阳同步轨道卫星(Sun-synchronous orbits)，其优点在于每天获取图像的时间(因此光照条件)是标准化的，但缺点是轨道的纬度范围被限制在南北纬 82°之间。卫星轨道只能达到离极地约 900 km 的区域，这就意味着图像不能真正意义上覆盖全球，除非扫描宽度超过 1 800 km。此外，卫星遥感数据的不同应用使得轨道设计不可兼顾。一些应用要求卫星在地球表面的轨迹的空间分布密集。例如雷达高度计或激光剖面仪，其扫描幅宽非常窄，密集分布的轨道是实现高空间分辨率的唯一方法。然而，密集的轨道覆盖意味着重复观测同一地点的时间相对变长，因此就不适合研究动态变化现象，如海冰运动。下面给出一个具体例子。太阳同步极轨卫星绕地球一圈约需 100 分钟，如果卫星的重复观测周期是 3 天 1 次，那么轨道数大约是 3 天/100 分钟≈43 圈，在纬度 65°地区轨道之间的间隔大约 400 km。将空间间隔降低至 10 km，就使重复观测周期增加到 40 倍，大约 4 个月。当然根据不同的应用使用不同的卫星，可以避免这个问题(费用增加)。也可以通过增加传感器幅宽来提高重复观测周期，但是这通常以更低的空间分辨率为代价。最后，也应该指出的是，在偏远而且缺乏特征地物的地区，卫星图像参考地理坐标的获取也很困难，3.2 节、6.6 节和 8.8 节中都有论述。但是，随着空间机构不断地增强卫星定位和传感器视角方向精度，这种情况正在不断得到改善。

10.2.2 特殊难题

上一节我们讨论了本书涉及的所有冰冻圈现象卫星观测中普遍遇到的技术难题，现在总结一下冰冻圈各个组成部分目前所遇到的特殊问题。这些问题在相应章节中有更为详细的论述。

积雪(snow cover)的识别通常是直观的，但是森林(世界上许多瞬时和季节性积雪出现在森林区)或复杂景观却使积雪的识别变得相当复杂。被动微波技术很难用于有降水或积雪很薄的地区。目前只能利用被动微波数据可靠地估算雪水当量(snow water equivalent)，但是受到空间分辨率的限制，并且只适用于干雪。雪的变质及其粒径大小的变化使雪水当量估算的复杂性大大增加。从空间估算雪深(snow depth)也特别困难。

卫星图像通常能精确地识别海冰(sea ice)的空间范围，在这方面被动微波方法特别有用。事实上，冰密集度(concentration)的测量不太可靠。还没有一个普遍接受的冰密集度算法，而且在夏季和表面潮湿的任何时候，目前所有算法的效果都很差。从空间测量海冰的厚度(thickness)也相当困难。

与海冰相比，淡水冰(freshwater ice)遥感发展相对落后，其中一个原因可能是淡水冰的空间尺度很小。许多湖泊和河流提供足够空间分辨率图像的能力，就意味着对观测系统的空间分辨率提出更为迫切的需求。如前所述，提高空间分辨率会降低时间分辨率。如果不考虑空间分辨率的问题，可以用 VIR 和 SAR 图像来研究淡水冰，但是黑冰(black ice)的探测仍是个难题，而且至今没有理想的技术从空间测量冰的厚度。

冰川(glacier)和更大陆地冰盖的星载遥感相对发展良好。事实上，利用雷达图像识别表面带(surface facies)和平衡线(equilibrium line)，以及利用被动微波数据估算积累速率(accumulation rates)都存在一定的不确定性。目前，冰川厚度不能直接从卫星测量获得(但机载和地面方法很有价值)，但是冰体积的改变可通过测量表面地形(surface topography)的变化来监控。然而，由于受卫星轨道方式和(雷达高度计的)传感器自身空间分辨率的限制，通过卫星测量地形的分辨率非常粗糙。因此，这种地形测量方法适合于冰帽和冰盖，而不适合更小的冰川。

卫星图像中，从开阔水域背景中识别冰山(iceberg)相对直观，这包括大的平顶冰山及一般的小冰山。然而，大部分冰山的宽度小于 100 m，要求观测系统具有高的空间分辨率。由于 10.2.1 节中讨论的普遍问题，这里不再论述宏观监测问题及小冰山运动的跟踪问题。从海冰背景中区分出冰山是更大的挑战，而且同样需要高分辨率图像。除非是大的平顶冰山，否则冰山厚度不能直接从空间观测来测定。

10.3 近期趋势和未来发展方向

尽管在前面几节中我们讨论了卫星遥感的不足之处，但是，冰冻圈监测的许多进展呈现出卫星遥感的良好发展前景。这些包括面向冰川研究的卫星计划(或计划的不同阶段)，如 Radarsat 南极制图计划、IceSAT 和 Cryosat，以及发展更加灵活的传感器(如更适合雪冰的观测参数组合)。其灵活性的例子包括雷达高度计(受地形高度的突变引起锁定缺失的概率降低(8.3 节))，以及合成孔径雷达(空间分辨率和扫描宽度的多种组合(6.2 节))。此外，现有传感器数据的新应用也正在兴起。例如，雷达高度计数据用于测量雪深(5.3.2 节)、海冰密集度(6.2 节)和厚度(6.5 节)方面的前景，而且微波散射计也正在受到更多关注(例如在海冰密集度方面的研究(6.2节))。有些已经出现的观测技术没有被广泛使用，但是有可能用于其他稍有不同类型的观测技术中。这些方法包括 SAR 的干涉测量，已经很好地用于冰川运动和地形测量，但在其他方面如测量雪水当量(5.3.1节)和识别冰川雪线(8.7 节)相对来说研究很少。还有激光剖面测量，近几年在航空技术上取得了很大进展(在冰川制图方面开始兴起，如 8.3 节中所述)，并且已开始在卫星上应用。可能最期待的新型卫星观测系统是多频率、多极化的 SAR。它很可能解决许多单参数 SAR 图像在众多冰冻圈现象应用中的不确定问题，包括积雪制图(5.2.1.2 节)、雪深(5.3.1 节)、海冰类型(6.3 节)和冰川表面制图(8.7 节)等。

另一个具有发展前景的领域是数据融合。已被广泛接受的积雪径流模型是一个数据融合的典型例子(5.4 节)，可通过地理信息系统融合不同来源的数据。有一些简单并且得到广泛认可的实例，例如将陆地/海洋掩膜用于 VIR 和被动微波数据测量海冰的范围和密集度研究中，以及利用多源数据进行全球积雪制图(5.2.3 节)。其他方面的例子有融合 SAR 或被动微波数据和土地覆盖类型图进行积雪制图(5.2.1.2 节，5.2.3 节和 5.3.2 节)，融合被动微波数据和热红外数据解决积雪范围测量中的不确定问题(5.2.3 节和 5.3.2 节)，融合散射计和被动微波数据测量海冰类型(6.3节)，融合倾斜摄影测量和雷达高度计数据来提高冰盖数字高程模型的空间分辨率(8.3节)，以及融合被动微波数据和雷达高度计数据估算冰盖的积累速率(8.6 节)。一种特殊的数据融合是通过数字高程模型 (DEM)数据来增加地表图像的解译能力。从 InSAR 或激光剖面仪提取的高精度、高空间分辨率的 DEM，可使该能力得到进一步增强。使用 DEM 的例子包括在 VIR 图像中模拟阴影(5.2.1.1 节)、VIR 和 SAR 中入射角与视场几何影响(包括地形变形)的纠正(2.9.2 节，5.2.1.2 节和 5.5.2 节)，以及在 InSAR 分析中速度和地形分量的分离(8.8 节)。

图像分类与分析方法的进展扩展了从遥感图像中提取有用数据的远大前景。虽然该学科涉及很多前沿问题，但是有三点需特别指出。第一是多时相数据分析，数据随时间变化增加了数据集的维数，在 6.3 节中有相应的例子。第二是纹理分析，在冰冻圈的应用中，它并没有得到应有的利用。第三是其他方法的潜力，神经网络和专家系统方法具有显著提高我们从遥感数据中提取定量环境信息能力的希望。

参考文献

Abdalati, W., and K. Steffen. 1995. Passive microwave-derived snow melt regions on the Greenland ice sheet. *Geophysical Research Letters* 22(7):787-790.

——. 1998. Accumulation and hoar frost effects on microwave emission on the Greenland ice-sheet dry-snow zones. *Journal of Glaciology* 44(148): 523-531.

Ackerman, S. A., K. I. Strabala, P. W. P. Menzel, R. A. Frey, C. C. Moeller, and L . E. Gumley. 1998. Discriminating clear sky from clouds with MODIS.*Journal of Geophysical Research* 103 (D24): 32141-32157.

Adalgeirsdóttir, G., K. Echelmeyer, and W.D. Harrison.1998. Elevation and volume changes on the Harding Icefield, Alaska. *Journal of Glaciology* 44(148): 570-582.

Ahlnäs, K., C. S. Lingle, W. D. Harrison, T. A. Heinrichs, and K. A. Echelmeyer. 1992. Identification of late-summer snow lines on glaciers in Alaska and the Yukon Territory with ERS-1 SAR imagery(abstract).*EOS Transactions* 73(43):204.

Albertz, J., and K. Zelianeos. 1990. Enhancement of satellite image data by data cumulation.*Journal of Photogrammetry and Remote Sensing* 45(3):161-174.

Alley, R.B. 1995. Resolved: the Arctic controls global climate change. In *Arctic Oceanography:Marginal Ice Zones and Continental Shelves*,edited by W.O. Smith and J.M.Grebmeier.Washington DC:American Geophysical Union.

Alley,R.B.,C.A.Shuman,D.A.Meese,A.J.Gow,K.C.Taylor,K.M.Cuffey,J.J.Fitzpatrick, G.Spinelli,G.A.Zielinski,M.Ram.P.M.Grootes,and B.Elder.1997.Visualising stratigraphic dating of the Greenland Ice Sheet Project 2(GISP2)ice core:Basis,reproducibility, and application.*Journal of Geophysical Research* 102:26367-26381.

Andersen,T.1982.Operational snow mapping by satellites.Paper read at Hydrological Aspects of Alpine and High Mountain Areas,at Exeter,U.K.

Andreassen, L.M.,H.Elvehøy, and B.Kjøllmoen.2002.Using aerial photography to study glacier changes in Norway.*Annals of Glaciology* 34:343-348.

Aniya, M., H. Sato, R. Naruse, P. Skvarca, and G. Casassa.1996. The use of satellite and airborne imagery to inventory outlet glaciers of the southern Patagonia icefield,South America.*Photogrammetric Engineering and Remote Sensing* 62(12):1361-1369.

Annan, A.P., and J.L. Davis. 1977. Impulse radar applied to ice thickness measurements and freshwater bathymetry. *Geological Society of Canada papers* 77-1B:63-65.

Archer, D.R., J.O. Bailey, E.C.Barrett, and D. Greenhill. 1994. The potential of satellite remote-sensing of snow over Great Britain in relation to cloud cover.*Nordic Hydrology* 25(1-2):39-52.

Arcone,S.A., and A.J Delaney. 1987.Airborne river-ice thickness profiling with helicopter-borne UHF thort-pulse radar. *Journal of Glaciology* 33 (115):330-340.

Arcone, S. A., A.J. Delaney, and D.J.Calkins. 1989. Water detection in the coastal plains of the Arctic National Wildlife Refuge using helicopter-borne short-pulse radar.Hanover, NH: U.S. Army Cold Regions Research and Engineering Laboratory.

(Argentina), Servicio Meteorológico Nacional.1992. Monitoring of a drifting iceberg in the South Atlantic.*Marine observer* 62(317): 130-134.

Armstrong, R.L. 1985. Metamorphism in a subfreezing, seasonal snow cover: the role of thermal and vapor pressure conditions.PhD, University of Colorado, Boulder.

Armstrong, R.L., and M.J. Brodzik, 2002. Hemispheric-scale comparison and evaluation of passive-microwave snow algorithms. *Annals of Glaciology* 34:38-44.

Armstrong, R.L., A. Chang, A.Rango, and E. Josberger. 1993. Snow depths and grainsize relationships with relevance for passive microwave studies. *Annals of Glaciology* 17:171-176.

Avery, T.E., and G.L. Berlin. 1992. *Fundamentals of Remote Sensing and Airphoto Interpretation*, 5th ed. New York:Macmillan Publishing Company.

Baghdadi,N.,J-P. Fortin, and M.Bernier.1999. Accuracy of wet snow mapping using simulated Radarsat backscattering coefficients from observed snow cover characteristics. *International Journal of Remote Sensing* 20(10):2049-2068.

Baghdadi, N.,Y. Gauthier, and M.Bernier.1997. Capability of multitemporal ERS-1 SAR data for wet-snow mapping. *Remote Sensing of Environment* 60 (2):174-186.

Baghdadi,N., C.E. Livingstone, and M. Bernier. 1998. Airborne C-band SAR measurements of wet snow-covered areas. *IEEE Transactions on Geoscience and Remote Sensing* 36(6):1977-1981.

Bamber,J.L. 1994. Ice sheet altimeter processing scheme. *International Journal of Remote Sensing* 15(4):925-938.

Bamber,J.L.,and C.R.Bentley.1994. A comparison of satellite altimetry and ice-thickness measurements of the Ross Ice Shelf, Antarctica. *Annals of Glaciology* 20:357-364.

Bamber, J.L.,and R.A.Bindschadler.1997.An improved elevation dataset for climate and ice-sheet modelling:validation with satellite imagery. *Annals of Glaciology* 25:439-444.

Bamber,J.L.,and J.A.Dowdeswell. 1990. Remote-sensing studies of K vitoyjokulen,an ice cap on Kvitoya,north-east Svalbard.*Journal of Glaciology* 36(122):75-81.

Bamber,J.L.,S. Ekholm,and W. Krabill. 1998. The accuracy of satellite radar altimeter date over the Greenland ice sheet.*Geophysical Research Letters* 25(16):3177-3180.

Bamber, J.L., and A.R. Harris. 1994.The atmospheric correction for satellite infrared radiometer data in polar regions .*Geophysical Research Letters* 21(19):2111-2114.

Bamber,J.L.,R.L. Layberry,and S.P.Gogineni.2001a.A new ice thickness and bed date set for the Greenland ice sheet. 1. Measurement,data reduction, and errors.*Journal of*

Geophysical Research 106(D24):33773-33780.

——. 2001b.A new ice thickness and bed data set for the Greenland ice sheet. 2. Relationship between dynamics and basal topography. *Journal of Geophysical Research* 106(D24):33781-33788.

Baral, D.J.,and R.P.Gupta.1997.Integration of satellite sensor data with DEM for the study of snow cover distribution and depletion pattern. *International Journal of Remote Sensing* 18(18):3889-3894.

Barber, D.G., and E.F. LeDrew. 1994. On the links between microwave and solar wavelength interactions with snow-covered first-year sea ice.*Arctic* 47:298-309.

Barber, D.G.,T.N.Papakyriakou,and E.F.LeDrew.1994.On the relationship between energy fluxes, dielectric properties,and microwave scattering over snow covered first-year sea ice during the spring transition period. *Journal of Geophysical Research* 99:22401-22411.

Barber, D.G., T.N. Papakyriakou, E.F. LeDrew, and M.E. Shokr.1995.An examination of the relation between the spring period evolution of the scattering coefficient σ^0 and radiative fluxes over landfast sea-ice.*International Journal of Remote Sensing* 16:3343-3363.

Bardel, P., A.G. Fountain, D.K. Hall, and R. Kwok. 2002. Synthetic aperture radar detection of the snowline on Commonwealth and Howard Glaciers, Taylor Valley, Antarctica.*Annals of Glaciology* 34:177-183.

Barnett, T.P.,L. Dümenil, U. Schlese, E.Roeckner,and M. Latif.1989. The effect of Eurasian snow cover on regional and global climatic variations. *Journal of Atmospheric Science* 46(5):661-685.

Barton, I.J., A.M. Zavody, D.M. O'Brien, D.R. Cutten, R.W. Saunders, and D.T. Llewellyn-Jones. 1989. Theoretical algorithms for satellite-derived sea surface temperatures.*Journal of Geophysical Research* 94(D3):3365-3375.

Basist A., and N.C. Grody. 1994. Identification of snowcover, using SSM/I measurements. Paper read at American Meteorological Society:Sixth Conference on Climatic Variations ,at Nashville.

Bauer, P., and N.Grody. 1995.The Potential of combining SSM/I and SSMT/2 measurements to improve the identification of snow cover and precipitation. *IEEE Transactions on Geoscience and Remote Sensing* 33:252-261.

Baumgartner, M.F., and G.Apfl. 1993. Alpine snow cover analysis system. Paper read at Sixth AVHRR Data Users' Meeting, at Belgirate.

Baumgartner, M.F., G. Apfl, and T. Holzer.1994.Monitoring Alpine snow cover variations using NOAA-AVHRR data.Paper read at International Geoscience and Remote Sensing Symposium. Surface and Atmospheric Remote Sensing: Technologies, Data Analysis and Interpretation, at Pasadena.

Baxter, J.P. 1991.Soviet satellite imagery:the photographic alternative to digital remote sensing data .*Mapping Awareness* 5:30-33.

Bayr, K., D. K. Hall, and W.M.Kovalick. 1994.Observations on glaciers in the eastern Austrian Alps using satellite data. *International Journal of Remote Sensing* 15 (9):1733-1742.

Beaven, S.G., S.P.Gogineni, S.Tjuatja, and A.K. Fung. 1997. Model-based interpretation of ERS-1 SAR images of Arctic sea ice.*International Journal of Remote Sensing* 18(12):2483-2503.

Beltaos, S., D.J. Calkins, L.W.Gatto, T.D. Prowse, S.Reedyk, G. J. Scrimgeour, and S.P. Wilkins. 1993.Physical effects of river ice.In *Environmental Aspects of River Ice*, edited by T.D. Prowse and N.C. Gridley. Saskatoon: National Hydrology Research Institute, Canada.

Beltrami, H., and A.E.Taylor.1994.Records of climatic change in the Canadian Arctic:combination of geothermal and oxygen isotope data yields high resolution ground temperature histories .*EOS Transactions* 75(44):75.

Benson, C.S.1961.Stratigraphic studies in the snow and firn of the Greenland Ice Sheet. *Folia Geographica Danica* 9:13-37.

Bindschadler, R. 1998. Monitoring ice sheet behavior from space. *Reviews of Geophysics* 36(1):79-104.

Bindschadler,R.,M.Fahnestock, and R.Kvck.1992.Monitoring of the Greenland ice sheet using ERS-1 synthetic apeture radar imagery.Paper read at Space at the Service of our Environment:First ERS-1 Symposium,at Cannes.

Bindschadler, R., T.A.Scambos, H.Rott, P.Skvarca, and P.Vornberger 2002.Ice dolins on Larsen Ice Shelf, Antarctica.*Annals of Glaciology* 34:283-290.

Bindschadler, R.,A.,K.C.Jezek, and J.Crawford.1987.Glaciological investigations using the Synthetic Aperture Radar imaging system. *Annals of Glaciology* 9:11-19.

Bindschadler.R, A.,and P.L. Vornberger. 1990.AVHRR imagery reveals Antarctic ice dynamics. *EOS Transactions* 71 (23):741-742.

——. 1992.Interpretation of SAR imagery of the Greenland ice sheet using coregistered TM imagery. *Remote Sensing of Environment* 42(3):167-175.

——. 1994.Detailed elevation map of ice stream C using satellite imagery and airborne radar.*Annals of Glaciology* 20:327-335.

Bingham,A.W.,and W.G.Res.1999.Construcuon of a high-resolution DEM of an Arctic ice cap using shape-from-shading.*International Journal of Remote Sensing* 20(15-16):3231-3242.

Bishop,M.P.,J.F.Shroder,B.L.Hickman,and L.Copland. 1998. Scale-dependent analysis of satellite imagery for characterization of glacier surfaces in the Karakoram Himalaya.*Geomorphology* 21(3-4):217-232.

Bjørgo, E., O.M.Johannessen, and M.W.Miles.1997.Analysis of merged SMMR-SSMI time series of Arctic and Antarctic sea ice parameters 1978-1995.*Geophysical Research*

Letters 24(4):413-416.

Bobylev,L.P.,K.Y.Kondratyev,and O.M.Johannessen,eds.2003.*Arctic Environment Varibility in the Context of Global Change*.Chichester:Springer-Praxis.

Bochert, A.1999.Airborne line scanner measurements for ERS-l SAR interpretation of sea ice.*International Journal of Remote Sensing* 20(2):329-348.

Bogorodsky, V.V., C.R.Bentley, and P.Gudmandsen.1985. *Radioglaciology*. Dordrecht:Reidel.

Borodulin, V.V.1989. Use of radar images from the Kosmos-1500 and -1766 satellites to describe ice conditions on inland bodies of water.[Ispol'zovaniye radiolokatsionnykh snimkov s ISZ "Kosmos-1500,1766"dlya kharakteristiki ledovoy obstanovki na vnutrennikh vodoyemakh.] *Soviet Meteorology and Hydrology* 5:70-74.

Borodulin, V.V., and V.G. Prokacheva. 1983. Studying lake ice regimes by remote sensing methods. Paper read at Hydrological Applications of Remote Sensing and Remote Data Transmission, 1985, at Hamburg.

Bourdelles, B., and M. Fily. 1993. Snow grain-size determination from Landsat imagery over Terre Adélie, Antarctica. *Annals of Glaciology* 17:86-92.

Braun, M.,and F. Rau, H. Saurer, and H. Gossmann. 2000. Development of radar glacier zones on the King George Island ice cap, Antarctica, during austral summer 1996/97 as observed in ERS-2 SAR data.*Annals of Glaciology* 31:357-363.

Brenner, A.C., R.A.Bindschadler, R.H.Thomas,and H.J.Zwally.1983.Slope-induced errors in radar altimetry over continental ice sheets. *Journal of Gephysical Research* 88:1617-1623.

Bromwich, D.H.,T.R. Parish, and C.A.Zorman.1990.The confluence zone of the intense katabatic winds at Terra Nova Bay, Antarctica, as derived from airborne sastrugi surveys and mesoscale numerical modeling.*Journal of Geophysical Research* 95(D5):5495-5509.

Brown, I.A., M.P. Kirkbride, and R.A. Vaughan. 1999. Find the firn line! The suitability of ERS-1 and ERS-2 SAR data for the analysis of glacier facies on Icelandic icecaps.*International Journal of Remote Sensing* 20 (15):3217-3230.

Brown, J., O.J. Ferrians, J.A. Heginbottom, and E.S. Melnikov. 1998. *Circum-arctic map of permafrost and ground-ice conditions.* National Snow and Ice Data Center/World Data Center for Glaciology 1998(cited 26 May 2004).Available from http://nsidc.org/data/ggd318.html.

Brown, R.D. 2000. Northern hemisphere snow cover variability and change. *Journal of Climate* 13:2339-2355.

Brown, R.D., and R.O. Braaten.1998. Spatial and temporal variability of Canadian snow depths 1946-1995. *Atmosphere and Ocean* 36 (1):37-54.

Bryan, M.L.,and R.W. Larson. 1975. The study of freshwater lake ice using multi-plexed imaging radar.*Journal of Glaciology* 14(72):445-457.

Budd, W.F. 1970. Ice flow over bedrock perturbations. *Journal of Glaciology* 9 (55):29-48.

Budyko, M.I. 1966. Polar ice and climate. Paper read at Symposium on the Arctic Heat Budget and Atmospheric Circulation, at Santa Monica.

Burakov, D.A., and others. 1996. A technique for determining snow cover of a river basin from satellite data for operational runoff forecasts.[Metodika opredele-niya zasnezhennosti rechnogo basseyna po sputnikovym dannym dlya operativnykh prognozov stoka.]*Russian Meteorology and Hydrology* 8:58-65.

Burns, B.A., D.J.Cavalieri, M.R. Keller, W.J.Campbell, T.C. Grenfell, G.A.Maykut, and P.Gloersen.1987.Multisensor comparison of ice concentration estimates in the marginal ice zone. *Journal of Geophysical Research* 92(C7):6843-6856.

Campbell, J.B. 1996.*Introduction to Remote Sensing*, 2nd ed. London:Taylor and Francis.

Campbell, W.J.,W.F. Weeks, R.O.Ramseier, and P. Gloersen.1975. Geophysical studies of floating ice by remote sensing. *Journal of Glaciology* 15(73):305-328.

Campbell, W.J., P. Gloersen, E.G. Josberger, O.M. Johannessen, P.S. Guest, N.Mognard, R.Shuchman,B.A.Burns,N.Lannelongue,and K.L.Davidson.1987.Variations of mesoscale and large-scale ice -morphology in the 1984 marginal ice-zone experiment as observed by microwave remote-sensing.*Journalof Geophysical Research—Oceans* 92(C7):6805-6824.

Carroll, S.S., and T.R.Carroll.1989. Effect of uneven snow cover on airborne snow water equivalent estimates obtained by measuring terrestrial gamma radiation.*Water Resource Research* 25(7):101-115.

Carsey, F.D.,R.G.Barry, and W.F. Weeks. 1992. Introduction.In *Microwave Remote Sensing of Sea Ice*,edited by F.D. Carsey.Washington DC: American Geophysical Union.

Casassa, G.,K. Smith , A. Rivera, J.Araos, M. Schnirich, and C. Schneider. 2002. Inventory of glaciers in isla Riesco, Patagonia, Chile, based on aerial photography and satellite imagery. *Annals of Glaciology* 34:373-378.

Casassa, G., and J.Turner. 1991. Dynamics of the Ross Ice Shelf. *Eos* 72(44):473-481.

Cavalieri, D.J.,J.P. Crawford, M.R.Drinkwater, D.T.Eppler, L.D.Farmer, R.R.Jentz, and C.C. Wackerman. 1991. Aircraft active and passive microwave validation of sea ice concentration from the Defense Meteorological Satellite Program Special Sensor Microwave Imager. *Journal of Geophysical Research* 96:21989-22008.

Cavalieri, D.J.,P. Gloersen, and W.J. Campbell. 1984. Determination of sea ice parameters with the Nimbus-7 SMMR. *Journal of Geophysical Research* 89:5355-5369.

Cavalieri, D.J.,C.L. Parkinson, P. Gloersen, J.C. Comiso,and H.J.Zwally.1999.Deriving long-term time series of sea ice cover from satellite passive-microwave multisensor data sets. *Journal of Geophysical Research* 104 (C7):15803-15814.

Chacho, E.F., S.A. Arcone,and A.J. Delaney. 1992.Location and detection of winter water supplies on the north slope of Alaska, Paper read at 43rd Arctic Science Conference, at Valdez, Alaska.

Chang, A.T.C. , and L.S. Chiu. 1991. Satellite estimation of snow water equivalent:classification of physiographic regimes. Paper read at IGARSS.'91:International Geoscience and Remote

Sensing Symposium:Global Monitoring for Earth Management,at Espoo, Finland.

——. 1990. Satellite sensor estimates of Northern Hemisphere snow volume. *International Journal of Remote Sensing* 11(1):167-171.

Chang, A.T.C., J.L.Foster, and D.K. Hall. 1987. Nimbus-7 SMMR derived global snow cover parameters. *Annals of Glaciology* 9:39-44.

Chang, A.T.C., J.L. Foster, D.K.Hall, A. Rango, and B.K. Hartline. 1981. Snow water equivalent determination by microwave radiometry.In *NASA Technical Memoranda*. Greenfield, Maryland: NASA Goddard Space Flight Center.

Chang, A.T.C., and L. Tsang. 1992. A neural network approach to inversion of snow water equivalent from passive microwave measurements.*Nordic Hydrology* 23(3):173-182.

Chang, T.C.,P. Gloersen, T. Schmugge, T.T. Wilheit, and H.J. Zwally.1976.Microwave emission from snow and glacier ice.*Joural of Glaciology* 16 (74):23-39.

Chase, J.R., and R.J. Holyer. 1990. Estimation of sea ice type and concentration by linear unmixing of Geosat altimeter waveforms. *Journal of Geophysical Research* 95(C10): 18015-18025.

Choi, E.M. 1999. The Radarsat Antarctic mapping mission. *IEEE Aerospace Electronics Systems Magazine* 14(5):3-5.

Choudhury, B.J.,and A.T.C.Chang.1979.Two-stream theory of reflectance of snow. *IEEE Transactions on Geoscience Electronics* GE17:63-68.

Christensen, E. L., N. Reeh, R. Forsberg, J.H. Jörgensen, N.Skou, and K. Woelders. 2000 . A low-cost glacier-mapping system, *Journal of Glaciology* 46(154):531-537.

Chine, D.W. 1993.Measuring alpine snow depths by digital photogrammetry. Part 1.Conjugate point identification. Paper read at Eastern Snow Conference, at Quebec.

Cline, D.W., R.C.Bales, and J.Dozier. 1998.Estimating the spatial distribution of snow in mountain basins using remote sensing and energy balance modeling. *Water Resources Research* 34(5):1275-1285.

Colby, J.D. 1991.Topographic normalisation in rugged terrain. *Photogrammetric Engineering and Remote Sensing* 57(5):531-537.

Collins, M.J., and W.J.Emery. 1988. A computational method for estimating sea ice motion in sequential seasat synthetic aperture radar imagery by matched filtering. *Journal of Geophysical Research* 93(C8):9241-9251.

Collins, M.J., and W.J. Emery. 1988. A computational method for estimating sea ice motion in sequential seasat synthetic aperture radar imagery by matched filerting.*Journal of Geophysical Research* 93(C8):9241-9251.

Collins, M.J., C.E.Livingstone, and R.K. Raney. 1997.Discrimination of sea ice in the Labrador marginal ice zone from synthetic aperture radar image texture. *International Journal of Remote Sensing* 18(3):535-571.

Comiso, J. C.1990. Arctic multiyear ice classification and summer ice cover using passive microwave satellite data. *Journal of Geophysical Research* 95:13411-13422.

Comiso, J.C. 1983. Sea ice effective microwave, emissivitives from satellite passive microwave and infrared observations, *Journal of Geophysical Research* 88(C12): 7686-7704.

——. 2000.Variability and trends in Antarctic surface temperatures from in situ and satellite infrared measurements. *Journal of Climate* 13(10):1674-1696.

Comiso, J.C., D.J.Cavalieri, C.L.Parkinson, and P.Gloersen. 1997. Passive microwave algorithms for sea ice concentration:a comparison of two techniques. *Remote Sensing of Environment* 60(3):357-384.

Comiso,J.C.,P.Wadhams,W.B.Krabill,R.N.Swift,J.P.Crawford, and W.B.Tucker.1991.Top bottm multisensor remote-sensing of Arctic sea ice.*Journal of Geophysical* Resecrch—Oceans 96(C2):2693-2709.

Cooper, D.W.,R.A.Mueller,and R.J.Schertler.1976.Remote profiling of lake ice using an S-band short-pulse radar aboard an all terrain vehicle.*Radio Science*11:375-381.

Cracknell, A.P., and L.W.B. Hayes. 1991.*Introduction to Remote Sensing*. London: Taylor and Francis.

Cumming, W. 1952. The dielectric properties of ice and snow at 3.2 cm. *Journal of Applied Physics* 23:768-773.

Dahl,J.B.,and H. Ødegaard. 1970.Areal measurement of water equivalents of snow deposits by means of natural radioactivity in the ground. Paper read at Symposium on Isotope Hydrology, at Vienna.

Dammert, P.B.G., M.Leppäranta, and J.Askne. 1998.SAR interferometry over Baltic Sea ice.*International Journal of Remote Sensing* 19(16):3019-3037.

Das, S.B., R.B. Alley, D.B. Reusch, and C.A. Shuman.2002.Temperature variability at Siple Dome, West Antarctica, derived from ECMWF reanalyses, SSM/I and SMMR brightness temperatures and AWS records. *Annals of Glaciology* 34:106-112.

Dash, M.K., S.M. Bhandari, N.K.Vyas, N.Khare, A.Mitra,and P.C.Pandey.2001.Oceansat-MSMR imaging of the Antarctic and the Southern Polar Ocean. *International Journal of Remote Sensing* 22(16):3253-3259.

Datcu, M.1997.A new image formation model for the segmentation of the snow cover in mountainous areas. Paper read at EARSEL Workshop on Remote Sensing of Land Ice and Snow, at Freiburg.

Davis, C.H. 1993. A surface and volume retracking algorithm for ice sheet satellite altimetry.*IEEE Transactions on Geoscience and Remote Sensing* 31:811-818.

——. 1995. Synthesis of passive microwave and radar altimeter data for estimating accumulation rates of dry polar snow.*International Journal of Remote Sensing* 16:2055-2067.

Davis, D. T., Z.X.Chen, J.N.Hwang, A.T.C.Chang, and L.Tsang. 1993.Retrieval of snow parameters by interative inversion of a neural-network. *IEEE Transactions on Geoscience and Remote Sensing* 31(4):842-852.

De Sève, D., M.Bernier, J-P. Fortin,and A.Walker.1997.Preliminary analysis of the snow microwave radiometry using the SSM/I passive microwave data:the case of La Grande River watershed (Quebec).*Annals of Glaciology* 25:353-361.

Demuth, M., and A. Pietroniro. 1999. Inferring glacier mass balance using RADARSAT: Results from Peyto Glacier, Canada. *Geografiska Annaler Series a Physical Geography* 81A(4):521-540.

Derksen, C., A. Waller, E. LeDrew, and B. Goodison. 2002. Time-series analysis of passive microwave derived central North American snow water equivalent imagery. *Annals of Glaciology* 34:1-7.

Deser, C., J.E. Walsh,and M.S.Timlin. 2000.Arctic sea ice variability in the context of recent atmospheric circulation trends. *Journal of Climate* 13:617-633.

Dickson, R.R., T.J.Osborn, J.W.Hurrell, J.Meincke, J.Blindheim,B.Adlandsvik, and others. 2000. The Arctic Ocean response to the North Atlantic Oscillation.*Journal of Climate* 13:2671-2696.

Doake, C.S.M.,H.F.J. Corr, H.Rott, P. Skvarca, and N.W.Young.1998. Breakup and conditions for stability of the northern Larsen Ice Shelf, Antarctica. *Nature* 391(6669):778-780.

Dobrowolski, A., and R. Gronet. 1990. Use of airborne remote sensing for assessment of intensity of slush ice transport in river, Paper read at IAHR 10th Symposium on Ice, at Espoo.

Dowdeswell, J.A. 1989. On the nature of the Svalbard icebergs. *Journal of Glaciology* 35:224-234.

Dowdeswell, J.A., A.F. Glazovsky, and Y.Y. Macheret. 1995.Ice divides and drainage basins on the ice caps of Franz Josef Land, Russian High Arctic, defined from Landsat, KFA-1000,and ERS-1 SAR satellite imagery. *Arctic and Alpine Research* 27(3):264-270.

Dowdeswell, J.A., M.R. Gorman, A.F. Glazovsky, and Yu.Ya. Macheret. 1994.Evidence for floating ice shelves in Franz Josef Land, Russian High Arctic. *Arctic and Alpine Research* 26(1):86-92.

Dowdeswell, J.A., M.R. Gorman, Yu.Ya. Macheret, M.Yu. Moskalevsky, and J.O.Hagen. 1993.Digital comparison of high resolution Sojuzkarta KFA-1000 imagery of ice masses with Landsat and SPOT data. *Annals of Glaciology* 17:105-112.

Dowdeswell, J.A., and N.F.McIntyre. 1986.The saturation of Landsat MSS detectors over large ice masses. *International Journal of Remote Sensing* 7(1):151-164.

Dowdeswell, J.A., W.G.Rees,and A.D.Diament.1993.ERS-l SAR investigations of snow and ice facies in the European High Arctic. Paper read at Space at the Service of Our Environment:Second ERS-l Symposium, at Hamburg.

Dowdeswell, J.A., and M. Williams. 1997. Surge-type glaciers in the Russian High Arctic identified from digital satellite imagery. *Journal of Glaciology* 43(145):489-494.

Dozier, J. 1984.Snow reflectance from Landsat-4 Thematic Mapper. *IEEE Transactions on Geoscience and Remote Sensing* GE22(3):323-328.

——. 1989. Spectral signature of Alpine snow cover from the Landsat Thematic Mapper. *Remote Sensing of Environment* 28:9-22.

Dozier, J., and J.Frew. 1990.Rapid calculation of terrain parameters for radiation modeling from digital elevation date. *IEEE Transactions on Geoscience and Remote Sensing* GE28(5):963-969.

Dozier, J., and D. Marks. 1987. Snow mapping and classification from Landsat Thematic Mapper data. *Annals of Glaciology* 9:97-103.

Dozier, J., S.R. Schneider, and D.F.McGinnis. 1981.Effect of grain size and snowpack water equivalence on visible and near-infrared satellite observations of snow.*Water Resources Research* 17:1213-1221.

Drewry, D.J. 1981.Radio echo sounding of ice masses: principles and applications.In *Remote Sensing in Meterology, Oceanography and Hydrology*,edited by A.P.Cracknell. Chichester:Ellis Horwood.

——. 1983.Antarctic ice sheet thickness and volume. In *Antarctica:Glaciological and Geophysical Folio*, edited by D.J.Drewry. Cambridge:Cambridge University Press.

Drinkwater, M.R. 1991.Ku-band airborne radar altimeter observations of sea ice during the 1984 Marginal Ice Zone Experiment. *Journal of Geophysical Research* 96(C3):4555-4572.

Drinkwater, M.R., R. Kwok, E. Rignot, H. Israelson, R.G. Onstott, and D.P. Winebrenner. 1992.Potential applications of polarimetry to the classification of sea ice.In *Microwave Remote Sensing of Sea Ice*, edited by F.D.Carsey.Washington DC:American Geophysical Union.

Drinkwater, M.R., R. Kwok, D.P. Winebrenner, and E.Rignot. 1991.Multifrequency polarimetric synthetic aperture radar observations of sea ice. *Journal of Geophysical Research——Oceans* 96(C11):20679-20698.

Drinkwater, M.R., and V.A. Squire. 1989. C-band SAR observations of marginal ice zone rheology in the Labrador Sea. *IEEE Transactions on Geoscience and Remote Sensing* GE27:522-534.

Duguay, C.R., and E.F. LeDrew. 1992. Estimating surface reflectance and albedo over rugged terrain from Landsat-5 Thematic Mapper. *Photogrammertric Engineering and Remote Sensing* 58(5):551-558.

Ebbesmeyer, C.C., A. Okubo, and H.J.M. Helset. 1980. Description of iceberg probability between Baffin Bay and the Grand Banks using a stochastic model .*Deep-Sea Research* 27A:975-986.

Echelmeyer, K.A., W.D. Harrison, C.F. Larsen, J.Sapiano, J.E. Mitchell, J.DeMallie, and B.

Rabus. 1996. Airborne surface elevation measurements of glaciers:a case study in Alaska. *Journal of Glaciology* 42(142):538-547.

Eisen, O., U. Nixdorf, F. Wilhelms, and H.Miller. 2002.Electromagnetic wave speed in polar ice:validation of the common-midpoint technique with high-resolution dielectric profiling and γ-desity measurements. *Annals of Glaciology* 34:150-156.

Ekholm, S., R. Forsberg, and J.M.Brozena. 1995. Accuracy of satellite altimeter elevations over the Greenland ice sheet. *Journal of Geophysical Research* 100(C2):2687-2696.

El Naggar, S., C.Garrity, and R.O. Ramseier. 1998.The modeling of sea ice melt-water ponds for the high Arctic using an Airborne line scan camera,and applied to the Satellite Special Sensor Microwave/Imager(SSM/I).*International Journal of Remote Sensing* 19(12):2373-2394.

Elachi, C., M.L. Bryan, and W.F. Weeks.1976.Imaging radar observations of frozen Arctic lakes. *Remote Sensing of Environment* 5:169-175.

Emery, W.J., C.W. Fowler, J. Hawkins, and R.H. Preller. 1991. Fram Strait satellite image-derived ice motions. *Journal of Geophysical Research* 96(C5):8917-8920.

Engeset, R.V. 2000. Change detection and monitoring of glaciers and snow using satellite microwave imaging PhD. University of Oslo, Oslo.

Engeset, R.V., J.Kohler, K. Melvold, and B. Lundén.2002.Change detection and monitoring of glacier mass balance and facies using ERS SAR winter images over Svalbard. *International Journal of Remote Sensing* 23(10):2023-2050.

Engeset, R.V., and R.S. Ødegård. 1999. Comparison of annual changes in winter ERS-l SAR images and glacier mass balance of Slakbreen, Svalbard. *International Journal of Remote Sensing* 20(2):259-271.

Engeset, R.V., and D.J. Weydahl. 1998. Analysis of glaciers and geomorphology on Svalbard using multitemporal ERS-l SAR images. *IEEE Transactions on Geoscience and Remote Sensing* 36(6):1879-1887.

Eppler, D.T., L.D.Farmer, A.W.Lohanick, M.R.Anderson, D.J.Cavalieri, J.Comiso, P. Gloersen, C. Garrity, T.C.Grenfell, M. Hallikainen, J.A. Maslanik, C.Mätzler, R.A. Melloh, I. Rubinstein, and C.T. Swift. 1992. Passive microwave signatures of sea ice. In *Microwave Remote Sensing of Sea Ice.*edited by F.D.Carsey.Washington DC:American Geophysical Union.

Eyton, R. 1989. Low-relief topographic enhancement in a Landsat snow-cover scene.*Remote Sensing of Environment* 27:105-118.

Fahnestock, M.A., W. Abdalati, and C.A. Shuman. 2002. Long melt seasons on ice shelves of the Antarctic Peninsula:an analysis using satellite-based microwave emission measurements. *Annals of Glaciology* 34:127-133.

Fahnestock, M.A., and R.A. Bindschadler. 1993. Description of a program for SAR investigation of the Greenland ice sheet and an example of margin detection using SAR. *Annals of Glaciology* 17:332-236.

Fahnestock, M.A.,R.A. Bindschadler, R.Kwok, and K.C.Jezek. 1993.Greenland ice sheet surface properties and ice flow from ERS-l SAR imagery. *Science* 262:1530-1534.

Fahnestock, M.A., T.A. Scambos, C.A.Shuman, R.J.Arthern, D.P.Winebrenner, and R. Kwok.2000. Snow megadune fields on the East Antarctic Plateau:extreme atmosphere-ice interaction. *Geophysical Research Letters* 27(22):3719-3722.

Fairbanks, R.G. 1989. A 17,000-year glacio-eustatic sea level record:influence of glacial melting rates on the Younger Dryas event and deep-ocean circulation. *Nature* 342(6520):637-649.

Fastook, J.L.,H.H.Brecher, and T.J. Hughes.1995.Derived bedrock elevations, strain rates and stresses from measured surface elevations and velocities:Jakobshavns Isbrae, Greenland.*Journal of Glaciology* 41(137):161-173.

Fatland, D.R., and C.S. Lingle. 1998. Analysis of the 1993–1995 Bering Glacier (Alaska) surge using differential SAR interferometry. *Journal of Glaciology* 44(148):532-546.

Favey, E., A. Geiger, G.H.Gudmundsson, and A. Wehr. 1999.Evaluating the potential of an airborne laser scanning system for measuring volume changes of glaciers.*Geografiska Annaler Series a Physical Geography* 81:555-561.

FENCO.1987. Optimum deployment of TODs(TIROS Ocean Drifters)to derive ocean currents for iceberg drift forecasting. Ontario:Meteorological Services Branch, Atmospheric Environment Division.

Ferrigno, J.G.,and W.G. Gould. 1987. Substantial changes in coastline of Antarctic revealed by satellite imagery. *Polar Record* 23(146):577-583.

Ferrigno, J.G., B.K. Lucchitta, K.F. Mullins, A.L.Allison, R.J. Allen, and W.G. Gould. 1993. Velocity measurements and changes in position of Thwaites Glacier/iceberg tongue from aerial photography, Landsat images and NOAAA VHRR data. *Annals of Glaciology* 17:239-244.

Ferrigno, J.G., R.S.Williams, E.Rosanova,B.K.Lucchitta,and C. Swithinbank. 1998.Analysis of coastal change in Marie Byrd Land Ellsworth Land, West Antarctica, using Landsat imagery. *Annals of Glaciology* 27:33-40.

Fetterer,F., and N. Untersteiner. 1998. Observations of melt ponds on Arctic sea ice.*Journal of Geophysical Research* 103(C11):24821-24835.

Fetterer, F.M.,M.R. Drinkwater, K.C. Jezek, S.W.C. Laxon, R.G. Onstott, and L.M.H Ulander. 1992.Sea ice altimetry. In *Microwave Remote Sensing of Sea Ice.* edited by F.D.Carsey.Washington DC: American Geophysical Union.

Fillin, S., and B. Csathó. 2002. Improvement of elevation accuracy for massbalance monitoring using in flight laser calibration. *Annals of Glaciology* 34:330-334.

Fily, M.,B. Bourdelles, J.P.Dedieu, and C.Sergent. 1997.Comparison of in situ and Landsat thematic mapper derived snow grain characteristics in the Alps. *Remote Sensing of Environment* 59(3):452-460.

Fily, M., J.P. Dedieu, and Y.Durand.1999. Comparison between the results of a snow metamorphism model and remote sensing derived snow parameters in the Alps. *Remote Sensing of Environment* 68(3):254-263.

Fily, M., and D.A. Rothrock. 1991.Opening and closing of sea ice leads: digital measurements from synthetic aperture radar. *Journal of Geophysical Research* 95(C1):789-796.

Flint, R.F.1971.*Glacial and Quaternary Geology.* 892 vols.New York: John Wiley.

Forster, R.R., and B.L. Isacks. 1994. The Patagonian icefields revealed by space shuttle synthetic aperture radar (SIR-C/X-SAR)(abstract).*EOS Transactions* 75(44):226.

Forster, R. R., B.L. Isacks, and S.B.Das.1996. Shuttle imaging radar(SIR-C/X-SAR)reveals near-surface properties of the South Patagonian ice field. *Journal of Geophysical Research* 101(E10):23169-23180.

Forster, R.R., K.C. Jezek, J. Bolzan, F. Baumgartner,and S.P. Gogineni. 1999. Relationships between radar backscatter and accumulation rates on the Greenland ice sheet. *International Journal of Remote Sensing* 20(15):3131-3147.

Forsythe, K.W. 1999. Developing snowpack models in the Kalkhochalpen region.PhD. University of Salzburg, Salzburg.

Foster, J., D.Schultz, and W.C. Dallam. 1978. Ice conditions on the Chesapeake Bay as observed from Landsat during the winter of 1977.Paper read at 35th Eastern Snow Conference, at Hanover, New Hampshire.

Foster, J.L., and A.T.C.Chang. 1993. Snow Cover. In *Atlas of Satellite Observations Related to Global Change.* edited by R.J. Gurney, J.L. Foster and C.L.Parkinson. Cambridge: Cambridge University Press.

Frei, A., and D.A. Robinson. 1999. Northern hemisphere snow extent:regional variability 1972-1994.*International Journal of Climatology* 19(14):1535-1560.

Frezzotti, M., S.Gandolfi, F. La Marca, and S. Urbini. 2002.Snow dunes and glazed surfaces in Antarctica:new field and remote-sensing data. *Annals of Glaciology* 34:81-88.

Fricker, H.A., N.W. Young, I.Allison, and R. Coleman. 2002.Iceberg calving from the Amery Ice Shelf, East Antarctica. *Annals of Glaciology* 34:241-246.

Fujita, S., H.Maeno, T. Furukawa, and K.Matsuoka. 2002.Scattering of VHF radio waves from within the top 700 m of the Antarctic ice sheet and its relation to the depositional environment: a case-study along the Syowa-Mizuho-Dome Fuji traverse. *Annals of Glaciology* 34:157-164.

Garrity, C. 1992.Characterization of snow on floating ice and case studies of brightness temperature changes during the onset of melt. In *Microwave Remote Sensing of Sea Ice*, edited by F.D. Carsey. Washington DC:American Geophysical Union.

Garvin, J.B., and R.S. Williams. 1993. Geodetic airborne laser altimetry of Breidamerkurjökull and Skeidarárjökull, Iceland, and Jakobshavns Isbrae, West Greenland. *Annals of Glaciology* 17:379-385.

——. 1993.River ice conditions determined from ERS-1 SAR. Paper read at Eastern Snow Conference 50th Annual Meeting, at Quebec, Canada.

Gatto, L.W., and S.F. Daly. 1986.Ice conditions along the Allegheny, Monongahela and Ohio Rivers, 1983~1984.In *Internal Report*. Hanover, New Hampshire:U.S. Army Cold Regions Research and Engineering Laboratory.

Giovinetto, M.B., and H.J. Zwally. 2000. Spatial distribution of net surface accumulation on the Antarctic ice sheet.*Annals of Glaciology* 31:171-178.

Gloersen, P. 1995. Modulation of hemispheric ice cover by ENSO events.*Nature* 373:503-505.

Gloersen, P., W.J. Campbell, D.J.Cavalieri Comiso, C.L. Parkinson, and H.J. Zwally. 1992.*Arctic and Antarctic Sea Ice,* 1978-1987:*Satellite Passive Microwave Observations and Analysis.* Vol. NASA SP-511. Washington DC:National Aeronautics and Space Administration.

Gloersen, P., and D.J.Cavalieri. 1986. Reduction of weather effects in the calculation of sea ice concentrations from microwave radiances. *Journal of Geophysical Research* 91:3913-3919.

Goodison, B.E. 1989. Determination of areal snow water equivalent on the Canadian Prairies using passive microwave satellite data. Paper read at International Geoscience and Remote Sensing Symposium(IGARSS), Quantitative Remote Sensing:an Economic Tool for the Nineties, 12th Canadian Symposium on Remote Sensing, at Vancouver.

Goodison, B.E., and A.E. Walker. 1995.Canadian development and use of snow cover information from passive microwave satellite data. In *Passive Microwave Remote Sensing of Land-Atmosphere Interactions*, edited by B.J.Choudhury, Y.H.Kerr, E.G.Njoku, and P.Pampaloni. Zeist:VSP BV.

Goodison, B.E., S.E. Waterman, and E.J. Langham. 1980. Application of synthetic aperture radar data to snow cover monitoring. Paper read at Sixth Canadian Symposium on Remote Sensing, at Halifax, Nova Scotia.

Goodwin, I.D.1990.Snow accumulation and surface topography in the katabatic zone of eastern Wilkes Land, Antarctic.*Antarctic Science* 2(3):235-242.

Grandell, J., J.A. Johannessen, and M.T. Hallikainen. 1999. Development of a synergetic sea ice retrieval method for the ERS-1 AMI wind scatter meter and SSM/I radiometer. *IEEE Transactions on Geoscience on Remote Sensing* 37(2):668-679.

Gratton, D.J.,P.J. Howarth, and D.J. Marceau. 1990. Combining DEM parameters with Landsat MSS and TM imagery in a GIS for mountain glacier characterization. *IEEE Transactions on Geoscience and Remote Sensing* GE28(4):766-769.

Gray, A.L., and L.D. Arsenault. 1991.Time-delayed reflections in L-band synthetic aperture radar images of icebergs. *IEEE Transactions on Geoscience and Remote Sensing* GE29:284-291.

Gray, A.L., C.E. Livingstone, and R.K. Hawkins. 1982. Testing radar systems in polar ice.*GEOS* 11:4-9.

Gray, A.L., K.E. Mattar, and P.W. Vachon. 1998. InSAR results from the RADARSAT Antarctic mapping mission data: estimation of data using a simple registration procedure. Paper read at 18th International Geoscience and Remote Sensing Symposium, at Seattle.

Gray, L., N. Short, R. Bindschadler, I. Joughin, L.Padman, P. Vornberger, and A.Khananian. 2002. RADARSAT interferometry for Antarctic grounding-zone mapping. *Annals of Glaciology* 34:269-276.

Green, R.O., J.Dozier, D.Roberts, and T. Painter. 2002. Spectral snow-reflectance models for grain-size and liquid-water fraction in melting snow for the solarreflected spectrum. *Annals of Glaciology* 34:71-73.

Grenfell, T.C. 1983. A theoretical model of the optical properties of sea ice in the visibe and near infrared. *Journal of Geophysical Research——Oceans and Atmospheres* 88(C14):9723-9735.

Grenfell, T.C., D.J. Cavalieri, J.C.Comiso, M.R. Drinkwater, R.G. Onstott, I. Rubinstein, K.Steffen, and D.P.Winebrenner. 1992.Considerations for microwave remote sensing of thin sea ice. In *Microwave Remote Sensing of Sea Ice*, edited by F.D.Carsey. Washington DC:American Geophysical Union.

Grenfell, T.C., and G.A.Maykut. 1977.The optical properties of ice and snow in the Arctic Basin. *Journal of Glaciology* 18(80):445-463.

Grenfell, T.C., S.G.Warren, and P.C.Mullen. 1994.Reflection of solar radiation by the Antarctic snow at ultraviolet, visible and near-infrared wavelengths.*Journal of Geophysical Research* 99(D9):18669-18684.

Grody, N.C. 1991. Classification of snowcover and precipitation using the special sensor microwave imager. *Jounal of Geophysical Research* 96:7423-7435.

Grody, N.C., and A.N. Basist. 1996.Global identification of snowcover using SSM/I measurements. *IEEE Transactions on Geoscience and Remote Sensing* 34(1):237-249.

Gudmundsson, S., M.T.Gudmundsson, H. Björnsson, F. Sigmundsson, H. Rott, and J.M.Carstensen. 2002. Three-dimensional glacier surface motion maps at Gjálp eruption site, Iceland, inferred from combining InSAR and other displacement data. *Annals of Glaciology* 34:315-322.

Guneriussen, T. 1997. Backscattering properties of a wet snow cover derived from DEM corrected ERS-1 SAR data. *International Journal of Remote Sensing* 18(2):375-392.

——. 1998. Snow characteristics in mountainous areas as observed with synthetic aperture radar (SAR) instruments. PhD. University of Tromsø, Tromsø.

Guneriussen, T., K.A. Høgda, H.Johnson, and I.Lauknes. 2000. InSAR for estimation of changes in snow water equivalent of dry snow. Paper read at International Geosciences and Remote Sensing Symposium, at Honolulu.

Guneriussen, T., H. Johnsen, and K. Sand. 1996.DEM corrected ERS-1 SAR data for snow monitoring. *International Journal of Remote Sensing* 18(2):181-195.

Gustajtis, K.A. 1979. Iceberg population distribution in the Labrador Sea:July data report. In *C-Core Publications*. St John's, Newfoundland: Centre for Cold Ocean Resources Engineering, Memorial University of Newfoundland.

Haefliger, M.,K. Steffen, and C.Fowler.1993.AVHRR surface temperature and narrow-band albedo comparison with ground measurements for the Greenland Ice Sheet. *Annals of Glaciology* 17:49-54.

Haefner,H., F. Holecz, E. Meier,D.Nüesch,and J. Piesbergen.1993. Capabilities and limitations of ERS-1 SAR data for snow cover determination in mountainous regions. Paper read at Second ERS-1 Symposium:Space at the Service of Our Environment, at Hamburg. Germany.

Haefner, H., and J. Piesbergen. 1997. Methods of snow cover monitoring with active microwave data in high mountain terrain. In *Proceedings of the EARSEL Workshop Remote Sensing of Land Ice and Snow*, edited by S.Wunderle. Saint Étienne, France: European Association of Remote Sensing Laboratories.

Hall, D.K. 1993. Acvive and passive microwave remote sensing of frozen lakes for regional climate studies. Glaciological data.

Hall, D.K.,R.A. Bindschadler, J.L. Foster, A.T.C. Chang, and H. Siddalingaiah. 1990. Comparison of *in situ* and satellite-derived reflectances of Forbindels Glacier, Greenland. *International Journal of Remote Sensing* 11(3):493-504.

Hall, D.K., A.T.C. Chang, J.L.Foster, C.S.Benson, and W.M.Kovalick. 1989. Comparison of in situ and Landsat derived reflectance of Alaskάn glacier. *Remote Sensing of Environment* 28:23-31.

Hall, D.K., A.T.C. Chang, and H. Siddalingaiah. 1988. Reflectances of glaciers as calculated using Landsat-5 Thematic Mapper data. *Remote Sensing of Environment* 25(3):311-321.

Hall, D.K., D.B.Fagre, F. Klasner, G. Linebaugh, and G.E.Liston. 1994. Analysis of ERS-1 synthetic aperture radar data of frozen lakes in northern Montana and implications for climate studies. *Journal of Geophysical Research* 99(C11):22473-22482.

Hall, D.K., J.L. Foster, A.T.C. Chang, and A. Rango. 1981. Freshwater ice thickness observations using passive microwave sensors. *IEEE Transactions on Geoscience and Remote Sensing* GE19:189-193.

Hall, D.K., J.L. Foster, J.R.Irons, and P.W.Dabney. 1993.Airborne bidirectional radiances of snow-covered surfaces in Montana, USA. *Annals of Glaciology* 17:35-40.

Hall, D.K., J.L. Foster, V.V. Salomonson, A.G. Klein. And J.Y.L. Chien. 2001. Development of a technique to assess snow-cover mapping errors from space.*IEEE Transactions on Geoscience and Remote Sensing* GE39(2):432-438.

Hall, D.K., R.E.J. Kelly, G.A. Riggs, A.T.C.Chang, and J.L. Foster. 2002.Assessment of the relative accuracy of hemispheric-scale snow-cover maps. *Annals of Glaciology* 34:24-30.

Hall, D.K., and J.Martinec. 1985. *Remote Sensing of Ice and Snow*. London:Chapman and

Hall.

Hall, D.K., J.P. Ormsby, R.A. Bindschadler, and H. Siddalingaiah. 1987. Characterization of snow and ice reflectance zones on glaciers using Landsat Thematic Mapper data. *Annals of Glaciology* 9:1-5.

Hall, D.K., G.A. Riggs, and V.V.Salomonson. 1995.Development of methods for mapping global snow cover usting moderate resolution imaging spectroradiometer data. *Remote Sensing of Environment* 54:127-140.

Hall, D.K., and C. Roswell.1981. The origin of water feeding icings on the eastern North Slope of Alaska. *Polar Record* 20:433-438.

Hall, D.K., R.S. Williams, J.S. Barton, O.Sigurdsson, L.C. Smith, and J.B.Garvin.2000.Evaluation of remote-sensing techniques to measure decadal-scale changes of Hofsjökull ice cap, Iceland. *Journal of Glaciology* 46:375-388.

Hall, D.K., R.S. Williams, and K.J. Bayr. 1992.Glacier recession in Iceland and Austria.*Eos* 73(12):129.

Hallikainen, M. 1986. Retrieval of the water equivalent of snowcover in Finland by satellite microwave radiometry. *IEEE Transactions on Geoscience and Remote Sensing* GE-24:855-862.

Hallikainen, M., V.I. Jääskeläinen, L. Kurvonen, J.Koskinen, E-A. Herland, and J.Perälä. 1992. Application of ERS-l SAR data to snow mapping. Paper read at First ERS-l Symposium:Space at the Service of Our Environment, at Cannes.

Hallikainen, M., F.T. Ulaby, and M. Abdelrazik. 1986. Dielectric properties of snow in the 3 to 37 GHz range. *IEEE Transactions on Antennas and Propagation* AP34:1329-1340.

Hallikainen, M., and D.P. Winebrenner. 1992. The physical basis for sea ice remote sensing. In *Microwave Remote Sensing of Sea Ice*, edited by F.D. Carsey. Washington, DC: American Geophysical Union.

Hallikainen, M.T. 1984. Retrieval of snow water equivalent from Nimbus-7 SMMR data: effect of land cover categories and weather conditions. *IEEE Journal of Oceanic Engineering* OE9(5):372-376.

Hallikainen, M.T., and P.A. Jolma. 1992.Comparison of algorithms for retrieval of snow water equivalent from Nimbus-7 SMMR data in Finland. *IEEE Transactions on Geoscience and Remote Sensing* GE30(1):124-131.

Hallikainen, M.T., F.T. Ulaby, and T.E. Van Deventer. 1987. Extinction behavior of dry snow in the 18-90 GHz range. *IEEE Transactions on Geoscience and Remote Sensing* 25:737-745.

Hambrey, M.J., and J.A. Dowdeswell. 1994. Flow regime of the Lambert Glacier Amery Ice Shelf system, Antarctica: Structural evidence from Landsat imagery. *Annals of Glaciology* 20:401-406.

Hansen, B.U., and A.Mosbech. 1994. Use of NOAA-AVHRR data to monitor snow cover and spring meltoff in the wildlife habitats in Jameson Land, East Greenland. *Polar Research* 13(1):125-137.

Harrison, A.R., and R.M. Lucas. 1989. Multispectral classification of snow using NOAA AVHRR imagery. *International Journal of Remote Sensing* 10 (4-5):907-916.

Haverkamp, D, L.K. Soh, and C. Tsatsoulis. 1995. A comprehensive, automated approach to determining sea ice thickness from SAR data. *IEEE Transactions on Geoscience and Remote Sensing* 33:46-57.

Hawkins, J.D., D.A. May, F. Abell, and D. Ondrejuk. 1993.Antarctic tabular iceberg A-24 movement and decay via satellite remote sensing. Paper read at Fourth International Conference on Southern Hemisphere Meteorology and Oceano-graphy, at Hobart.

Heacock, T., T. Hirose, F. Lee, M. Manore, and B.Ramsay. 1993.Sea-ice tracking on the east coast of Canada using NOAA AVHRR imagery. *Annals of Glaciology* 17:405-413.

Herzfeld, U.C., C.S. Lingle, and L-H. Lee. 1993. Geostatistical evaluation of satellite radar altimetry for high-resolution mapping of Lambert Glacier, Antarctica. *Annals of Glaciology* 17:77-85.

Herzfeld, U.C., and M.S. Matassa. 1999. *GEOSAT Radar Altimeter DEM Atlas of Antarctica North of* 72.1 *Degrees South*. National Snow and Ice Date Center. (Cited 2004.) Available from http://nsidc.org/data/nsidc-0075.html.

Hewison, T.J., and S.J. English. 1999. Airborne retrievals of snow and ice surface emissivity at millimeter wavelengths. *IEEE Transactions on Geoscience and Remote Sensing* 37(4):1871-1879.

Hiltbrunner, D., and C. Mätzler. 1997. Land surface temperature retrieval and snow discrimination using SSM/I data. Paper read at EARSEL Workshop on Remote Sensing of Land Ice and Snow, at Freiburg.

Hofer, R., and C. Mätzler. 1980. Investigations on snow parameters by radiometry in the 3-to 60 mm wavelength region. *Journal of Geophysical Research* 85 (C1):453-460.

Hoinkes, H. 1967. Glaciology in the international hydrological decade. *IAHS Commission on Snow and Ice:Reports and Discussions* 79:7-16.

Holben, B., and C.O.Justice.1980.An examination of spectral band ratioing to reduce the topograthic effect on remotely sensed data. In *Technical Memorandum:* NASA.

Holden, C. 1977. Experts ponder icebergs as relief for world water dilemma. *Science* 198:274-276.

Holladay, J.S., J.R. Rossiter, and A. Kovacs. 1990. Airborne measurement of sea ice thickness using electromagnetic induction sounding. Paper read at Ninth International Conference on Offshore Mechanical and Arctic Engineering, at Houston.

Holt, B., D.A. Rothrock, and R. Kwok. 1992. Determination of sea ice motion from satellite images. In *Microwave Remote Sensing of Sea Ice*, edited by F.D.Carsey.Washington DC: American Geophysical Union.

Hubbard, A., I. Willis, M. Sharp, D. Mair, P, Nienow, B. Hubbard, and H. Blatter. 2000. Glacier mass-balance determination by remote sensing and high resolution modelling. *Journal of Glaciology* 46(154):491-498.

Hufford, G.L. 1981. Sea ice detection using enhanced infrared satellite data. *Mariners Weather Log* 25(1):1-6.

Ishizu, M., K. Mizutani, and T.Itabe. 1999. Airborne freeboard measurements of sea ice and lake ice at the Sea of Okhotsk coast in 1993-1995 by a laser altimeter. *International Journal of Remote Sensing* 20(12):2461-2476.

Jacobel, R.W., and R. Bindschadler. 1993.Radar studies at the mouths of ice streams D and E, Antarctica. *Annals of Glaciology* 17:262-268.

Jacobel, R.W., A.E. Robinson, and R.A. Bindschadler. 1994. Studies on the grounding-line location on ice streams D and E, Antarctica. *Annals of Glaciology* 20:39-42.

Jacobs, J.D., E.L. Simms, and A. Simms. 1997. Recession of the southern part of Barnes Ice Cap, Baffin Island, Canada, between 1961 and 1993, determined from digital mapping of Landsat TM. *Journal of Glaciology* 43(143):98-102.

Jacobs, S.S., H.H. Hellmer, C.S.M. Doake, A. Jenkins, and R.M. Frohlich. 1992. Melting of ice shelves and the mass balance of Antarctica. *Journal of Glaciology* 38(130):375-387.

Jacobsen, A., A.R. Carstensen, and J. Kamper. 1993. Mapping of satellite derived surface albedo on the Mitdluagkat Glacier, Eastern Greenland, using a digital elevation model and SPOT HRV data. *Geografisk Tidsskrift* 93:6-18.

Jeffries, M.O., K. Morris, W.F. Weeks, and H. Wakabayashi. 1994. Stuctural and stratigraphic features and ERS-1 SAR backscatter characteristics of ice growing on lakes in NW Alaska, winter 1991-1992. *Journal of Geophysical Research* 99(C11):22459-22471.

Jeffries, M.O., and W.M. Sackinger. 1990. Ice island detection and characterization with airborne synthetic aperture radar. *Journal of Geophysical Research* 95 (C4):5371-5377.

Jensen, H., and S. Løset. 1989. Ice management in the Barents Sea. Paper read at P.A. 89: Tenth Conference on Port and Ocean Engineering under Arctic Conditions , at Luleå.

Jezek, K. 1992. Spatial patterns in backscatter strength across the Greenland ice sheet. Paper read at First ERS-l Symposium: Space at the Service of Our Environment, at Cannes.

Jezek, K.C.1999.Glaciological properties of the Antarctic ice sheet from RADARSAT-l synthetic aperture radar imagery. *Annals of Glaciology* 29:286-290.

——. 2002.RADARSAT-1 Antarctic Mapping Project: change-detection and surface velocity campaign. *Annals of Glaciology* 34:263-268.

Jin, Z., and J.J. Simpson. 1999.Bidirectional anisotropic reflectance of snow and sea ice in AVHRR channel 1 and 2 spectral regions –Part 1:theoretical analysis. *IEEE Transactions on Geoscience and Remote Sensing* 37(1):543-554.

Jiskoot, H., P. Boyle, and T.Murray.1998.The incidence of glacier surging in Svalbard: evidence from multivariate statistics. *Computers and Geosciences* 24(4):387-399.

Johannessen, O.M., J.A. Johannessen, J.H. Morison, B.A. Farrelly, and E.A.S. Svendsen. 1983.Oceanographic conditions in the marginal ice zone north of Svalbard in early fall 1979 with emphasis on mesoscale processes. *Journal of Geophysical Research* 88:2755-2769.

Johannessen, O.M., S.Sandven, and K. Kloster. 1991.Remote sensing of icebergs in the Barents Sea during SI.E.89.Paper read at POAC 91:Eleventh International Conference on Port and Ocean Engineering under Arctic Conditions, at St John' s,Newfoundland.

Johannessen, O.M., E.V. Shalina,and M.W. Miles. 1999. Satellite evidence for an Arctic sea ice cover in transformation. *Science* 286(5446):1937-1939.

Josberger, E.G., and N.M.Mognard. 1998.A passive microwave snow-depth algorithm with a proxy for snow metamorphism. Paper read at Fourth International Workshop on Applications of Remote Sensing in Hydrology, at Santa Fe.

Josberger, E.G., N.M. Mognard, B.Lind, R. Matthews, and T. Carroll. 1998. Snowpack water-equivalent estimates from satellite and aircraft remote-sensing measurements of the Red River basin, north-central U.S.A. *Annals of Glaciology* 26:119-124.

Joughin, I. 2002.Ice-sheet velocity mapping:a combined interferometric and speckle-tracking approach. *Annals of Glaciology* 34:195-201.

Joughin, I., D. Winebrenner, M. Fahnestock, R. Kwok, and W. Krabill. 1996. Measurement of ice-sheet topography using satellite-radar interferometry. *Journal of Glaciology* 42:10-22.

Joughin, I.R., R. Kwok, and M. A. Fahnestock. 1996. Estimation of ice sheet motion using satellite radar interferometry: Method and error analysis with application to Humboldt Glacier, Greenland. *Journal of Glaciology* 42(142):564-575.

——. 1998. Interferometric estimation of three-dimensional ice-flow using ascending and desceding passes. *IEEE Transactions on Geoscience and Remote Sensing* 36(1):25-37.

Kääb, A., F. Paul, M. Maisch, M. Hoelzle, and W. Haeberli. 2002.The new remote-sensing-derived Swiss glacier inventory: Ⅱ: First results. *Annals of Glaciology* 34:362-366.

Kapitsa, A.P.,J.K. Ridley, G. deQ. Robin, M.J. Siegert,and I.A.Zotikov. 1996. A large deep freshwater lake beneath the ice of central East Antarctica. *Nature* 381:684-686.

Kargel, J.S. 2000. New eyes in the sky measure glaciers and ice sheets. Eos 81(24):265, 270-271.

Kelly, R.E.J. 2002. Estimation of the ELA on Hardangerjøkulen, Norway, during the 1995/1996 winter season using repeat-pass SAR coherence.*Annals of Glaciology* 34:349-354.

Kendra, J.R., K. Sarabandi, and F.T.Ulaby. 1998. Radar measurements of snow: experiment and analysis. *IEEE Transactions on Geoscience and Remote Sensing* 36(3):864-879.

Kennett, M., and T.Eiken. 1997.Airborne measurements of glacier surface elevation by scanning laser altimeter. *Annals of Glaciology* 24:293-296.

Ketchum, R.D. 1971. Airborne laser profiling of the Arctic packice. *Remote Sensing of*

Environment 2:41-52.

Key, J., and M. Haefliger. 1992. Arctic ice surface temperature retrieval from AVHRR thermal channels. *Journal of Geophysical Research* 97(D5):5885-5893.

Keys, H.J.R., S.S. Jacobs, and L.W. Brigham. 1998. Continued northward expansion of the Ross Ice Shelf, Antarctica. *Annals of Glaciology* 27:93-98.

Keys, J.R., S.S. Jacobs, and D. Barnett. 1990. The calving and drift of iceberg B-9 in the Ross Sea, Antarctica. *Antarctic Science* 2:243-257.

Khvorostovsky, K.S., L.P. Bobylev, and O.M. Johannessen. 2003.Greenland ice sheet elevation variations. In *Arctic Environment Variability in the Context of Global Change*, edited by L.P. Bobylev, K.Y. Kondratyev, and O.M. Johannessen.Chichester:Praxis-Springer.

Kidder, S.Q., and H.T. Wu. 1984. Dramatic contrast between low cloud and snow cover in daytime 3.7 μm images. *Monthly Weather Review* 112(11):2345-2346.

Kirby, M.E. 1982. Digital image analysis of SAR imagery for the detection of icebergs. *Iceberg Research* 2:6-18.

Kirby, M.E., and R.J. Lowry. 1979. Iceberg detectability problems using SAR and SLAR systems. Paper read at Fifth Annual W.T. Pecora Symposium: Satellite Hydrology, at Sioux Falls, South Dakota.

Klein, A.G., and D.K. Hall. 1999. Snow albedo determination using the NASA MODIS instrument. Paper read at Eastern Snow Conference, 55th Annual Meetion, at Fredericton ,New Brunswick.

Klein, A.G., D.K. Hall, and G.A. Riggs. 1998. Improving snow-cover mapping in forests through the use of a canopy reflectance model. *Hydrological Processes* 12:1723-1744.

Klein, A.G., and J. Stroeve. 2002. Development and validation of a snow albedo algorithm for the MODIS instrument. *Annals of Glaciology* 34:45-52.

Kloster, K., and W. Spring. 1993. Iceberg and glacier mapping using satellite optical imagery during the Barents Sea ice surface data acquisition program(IDAP).Paper read at POAC 93: Twelfth International Conference on Port and Ocean Engineering under Arctic Conditions, at Hamburg.

Knap, W.H., and J. Oerlemans. 1996. The surface albedo of the Greenland ice sheet: satellite-derived and in situ measurements in the Sondre Stromfjord area during the 1991 melt season. *Journal of Glaciology* 42(141):364-374.

Knap, W.H., and C.H. Reijmer. 1998. Anisotropy of the reflected radiation field over melting glacier ice: Measurements in Landsat TM bands 2 and 4. *Remote Sensing of Environment* 65:93-104.

Knap, W.H., C.H. Reijmer, and J. Oerlemans. 1999. Narrowband to broadband conversion of Landsat TM glacier albedos. *International Journal of Remote Sensing* 20(10):2091-2110.

Koelemeijer, R., J. Oerlemans, and S. Tjemkes. 1993. Surface reflectance of Hinteresiferner,

Austria, from Landsat 5 TM imagery. *Annals of Glaciology* 17:17-22.

Koenig, L.S., K.R. Greenaway, M. Dunbar, and G. Hattersley-Smith. 1952.Arctic ice islands. *Arctic* 5:67-103.

Koerner, R.M. 1970.Some observations on superimposition of ice on the Devon Island ice cap. *Geographical Annals* 52a(1):57-67.

——. 1989. Ice core evidence for extensive melting of the Greenland ice sheet in the last interglacial. *Science* 244(4907):964-968.

Komyshenets, V.I., and Ye.B. Leont'yev. 1989. The drift of a giant iceberg in the Weddell Sea. [Dreyf gigantskogo aysberga v more Uedella.]*Polar Geography and Geology* 13(1): 68-71.

König, M., J. Wadham, J-G. Winther, J. Kohler, and A-M. Nuttall. 2002. Detection of superimposed ice on the glaciers Kongsvegen and midre lovénbreen, Svalbard, using SAR imagery. *Annals of Glaciology* 34:335-342.

König, M., J-G. Winther, and E. Isaksson. 2001.Measuring snow and glacier ice properties from satellite. *Reviews of Geophysics* 39(1):1-27.

Korsnes, R., S.R. Souza, R. Donangelo, A. Hansen, M. Paczuski, and K. Sneppen. 2004. Scaling in fracture and refreezing of sea ice. *Physica A* 331:291-296.

Koskinen, J.,L .Kurvonen, V. Jääskeläinen, and M. Hallikainen. 1994.Capability of radar and microwave radiometer to classify snow types in forested areas. Paper read at International Geoscience and Remote Sensing Symposium. Surface and Atmospheric Remote Sensing:Technologies, Data Analysis and Interpretation, at Pasadena.

Koskinen, J.T., J.T. Pulliainen, and M. Hallikainen. 1997. The use of ERS-1 SAR data in snow melt monitoring. *IEEE Transactions on Geoscience and Remote Sensing* 35(3):601-610.

Kotlyakov, V.M. 1970. Land glaciation part in the earth's water balance. Paper read at IAHS/Unesco Symposium on World Water Balance, at Reading.

Kovacs, A.,A.J.Gow, and R.M. Morey. 1995. The in-situ dielectric constant of polar firn revisited. *Cold Regions Science and Technology* 23(3):245-256.

Kovacs, A., and R.M. Morey. 1986. Electromagnetic measurements of multiyear sea ice using impulse radar. *Cold Regions Science and Technology* 12:67-93.

Krabill, W., and 9 others. 2000. Greenland ice sheet: high-elevation balance and peripheral thinning. *Science* 289(5478):428-430.

Krabill, W.B., R.N. Swift, and W.B. Tucker.1990.Recent measurements of sea ice topography in the Eastern Arctic. In *Sea Ice Properties and Processes*, edited by S.F. Ackley and W.F. Weeks. Hanover, New Hampshire: U.S. Army Cold Regions Research and Engineering Laboratory.

Kramer, H.J. 1996. *Observation of Earth and Its Environment.* 3rd ed. Berlin: Springer.

Krimmel, R.M., and M.F. Meier.1975.Glacier applications of ERTS images. *Journal of Glaciology* 15(73):391-402.

Kuga, Y., F.T. Ulaby, T.F. Haddock, And R.D. Deroo. 1991. Millimeter-wave radar scattering from snow.1. Radiative-transfer model. *Radio Science* 26(2):329-341.

Kuittinen, R.1997. Optical and thermal sensors in snow cover modelling. Paper read at EARSEL Workshop on Remote Sensing of Land Ice and Snow, at Freiburg.

Kurvonen, L.,and M.Hallikainen. 1997. Influence of land-cover category on brightness temperature of snow. *IEEE Transactions on Geoscience and Remote Sensing* 35(2): 367-377.

Kwok, R. 2002. Arctic sea-ice area and volume production:1996/1997 versus 1997/1998. *Annals of Glaciology* 34:447-453.

Kwok, R., G.Cunningham, and B. Holt. 1992. An approach to the identification of sea ice types from spaceborne SAR data. In *Microwave Remote Sensing of Sea Ice,* edited by F.D. Carsey. Washington DC:American Geophysical Union.

Kwok, R., and G.F.Cunningham. 1994.Backscatter characteristics of the winter ice cover in the Beaufort Sea. *Journal of Geophysical Research* 99:7787-7802.

Kwok, R., J.C.Curlander, R.McConnell, and S.S.Pang. 1990.An ice-motion tracking system at the Alaska SAR Facility. *IEEE Journal of Oceanic Engineering* OE15(1):44-54.

Kwok, R., and M.A. Fahnestock. 1996.Ice sheet motion and topography from radar interferometry. *IEEE Transactions on Geoscience and Remote Sensing* 34:189-200.

Kwok, R.,E. Rignot, B.Holt, and R.G.Onstott. 1992. Identification of sea ice type in spaceborne SAR data. *Journal of Geophysical Research* 97:2391-2402.

Laberge, M.J., and S.Payette. 1995. Long-term monitoring of permafrost change in palsa peatland in northern Quebec, Canada: 1983-1993. *Arctic and Alpine Research* 27:167-171.

Lachenbruch, A.H., and B.V.Marshall. 1986. Changing climate:geothermal evidence from permafrost in the Alaskan Arctic. *Science* 234:689-696.

Larrowe, B.T., R.B. Innes, R.A. Rendleman, and R.J.Porcello. 1971.Lake ice surveillance via airborne radar: some experimental results.Ann Arbor, Michigan: University of Michigan.

Larson, R.W., R.A. Schuchman, R.A. Rawson, and R.D. Worsfold. 1978. The use of SAR systems for iceberg detection and characterization. Paper read at Twelfth International Symposium on Remote Sensing of Environment, at Ann Arbor.

Laxon, S.W.C.1989.Satellite radar altimetry over sea ice. PhD.Mullard Space Science Laboratory, University College London, London.

Lazzara, M.A., K.C. Jezek, T.A. Scambos, D.R. MacAyeal, and C.J. Van der Veen. 1999.On the recent calving of icebergs from the Ross Ice Shelf. *Polar Geography* 23(3):201-212.

Leconte, R., and P.D. Klassen. 1991. Lake and river ice investigations in northern Manitoba using airborne SAR imagery. *Arctic* 44(supp l):152-163.

Lefauconnier, B., J.O. Hagen, and J.P. Rudant. 1994.Flow speed and calving rate of Kongsbreen glacier, Svalbard, using SPOT images.*Polar Research* 13(1):59-65.

Leshkevich, G.A. 1981. Categorization of Northern Green Bay ice cover using Landsat-l digital data — a case study. In *NOAA Technical Memorandum*: National Oceanographic and Atmospheric Administration.

——. 1985. Machine classification of freshwater ice types from Landsat-l digital data using ice albedos as training sets. *Remote Sensing of Environment* 17:251-263.

Lewis, E.O., C.E. Livingstone, C.Garrity, and J.R. Rossiter. 1994. Properties of ice and snow. In *Remote Sensing of Sea Ice and Icebergs,* edited by S.Haykin, E.O. Lewis, R.K. Raney, and J.R. Rossiter. New York: John Wiley & Sons.
Journal of Remote Sensing 22(13):2479-2487.

Li, X., T. Koike, and G.D.Cheng. 2002. Retrieval of snow reflectance from Landsat data in rugged terrain. *Annals of Glaciology* 34:31-37.

Li, Z,Q., and H.G. Leighton. 1992.Narrow-band to broad-band conversion with autocorrelated reflectance measurements. *Journal of Applied Meteorology* 31(5):421-432.

Liu, A.K., and D.J. Cavalieri. 1998. On sea ice drift from the wavelet analysis of the Defense Meteorological Satellite Program (DMSP) Special Sensor Microwave Imager(SSM/I)data. *International Journal of Remote Sensing* 19(7):1415-1423.

Liu, H., K.C. Jezek, and B. Li. 1999. Development of an Antarctic digital elevation model by integrating cartographic and remotely sensed data:a geographic information system based approach. *Journal of Geophysical Research* 104 (B10):23199-23213.

Livingstone, C.E. ,R.K. Hawkins, A.L. Gray, L.D. Arsenault, K. Okamoto,T.L.Wilkinson, and D.Pearson. 1983. The CCRS/SURSAT active-passive experiment 1978-1980. The microwave signatures of sea ice. Ottawa:Canada Centre for Remote Sensing.

Livingstone, C.E., R.G. Onstott, L.D. Arsenault, A.L. Gray, and K.P. Singh. 1987.Microwave sea-ice signatures near the onset of melt. *IEEE Transactions on Geoscience and Remote Sensing* 25:174-187.

Løset, S., and T.Carstens. 1993.Production of icebergs and observed extreme drift speeds in the Barents Sea. Paper read at POAC 93:Twelfth International Conference on Port and Ocean Engineering under Arctic Conditions, at Hamburg.

Løvås, S.M., W. Spring, and A. Holm. 1993. Stereo photogrammetric analysis of icebergs and sea ice from the Barents Sea ice data acquisition program(IDAP). Paper read at POAC 93:Twelfth International Conference on Port and Ocean Engineering under Arctic Conditions,at Hamburg.

Lowry, R.T.,and J.Miller.1983.Iceberg mapping in Lancaster Sound with synthetic aperture radar. *Iceberg Research* 6:3-9.

Lucchitta, B.K., K.F. Mullins, A.L.Allison, and J.G.Ferrigno. 1993.Antarctic glacier-tongue velocities from Landsat images: first results. *Annals of Glaciology* 17:356-366.

Lucchitta, B.K., C.F. Rosanova, and K.F. Mullins. 1995. Velocities of Pine Island Glacier, West Antarctica,from ERS-1 SAR images. *Annals of Glaciology* 21:277-283.

Lundstrom, S.C., A.E. McCafferty, and J.A. Coe.1993. Photogrammetric analysis of 1984-1989 surface altitude change of the partially debris-covered Eliot Glacier, Mount Hood, Oregon, USA. *Annals of Glaciology* 17:167-170.

Lure, Y.M.F., N.C. Grody, H.Y.M. Yeh, and J.S.J. Lin. 1992.Neural network approaches to classification of snow cover and precipitation from special sensor microwave imager(SSM/I). Paper read at Eighth International Conference on Interactive Information and Processing Systems (IIPS) for Meteorology, Oceanography and Hydrology,at Atlanta, Georgia.

Lythe, M., A. Hauser, and G. Wendler. 1999.Classification of sea ice types in the Ross Sea, Antarctica from SAR and AVHRR imagery. *International Journal of Remote Sensing* 20(15):3073-3085.

Mackay, D.K., and O.H. Løken. 1974. Arctic hydrology. In *Arctic and Alpine Environments*,edited by J.D.Ives and R.G. Barry. London:Methuen.

Macqueen, A.D. 1988. Radio echo-sounding as a glaciological technique:a bibliography. Cambridge: World Data Centre "C" for glaciology.

Markus, T., D.J. Cavalieri, and A. Ivanoff. 2002. The potential of using Landsat 7 ETM+for the classification of sea-ice surface conditions furing summer. *Annals of Glaciology* 34:415-419.

Marshall, G.J., W.G.Rees, and J.A. Dowdeswell. 1993. Limitations imposed by cloud cover on multitemporal visible sand satellite data sets from polar regions. *Annals of Glaciology* 17:113-120.

Marshall, G.J., W.G. Rees, and J.A. Dowdeswell. 1995.The discrimination of glacier facies in ERS-l SAR data. In *Sensors and Environmental Applications of Remote Sensing Data*, edited by J. Askne. Rotterdam:A.A. Balkema.

Martin, S., K. Steffen, J. Comiso, D. Cavalieri, M.R. Drinkwater, and B. Holt.1992. Microwave remote sensing of polynyas. In *Microwave Remote Sensing of Sea Ice*, edited by F.D. Carsey. Washington DC: American Geophysical Union.

Martin, T.V., H.J. Zwally, A.C. Brenner, and R.A. Bindschadler.1983.Analysis and retracking of continental ice sheet radar altimeter waveforms. *Journal of Geophysical Research* 88:1608-1616.

Martinec, J. 1977.Expected snow loads on structures from incomplete hydrological data. *Journal of Glaciology* 19(81):185-195.

Martinec, J., A. Rango, and E.Major. 1983. The Snowmelt Runoff-Model(SRM) user's manual. In *NASA Reference Publication:* National Aeronatics and Space Administration.

Maslanik, J.A., and R.G. Barry. 1987. Lake ice formation and breakup as an indicator of climatic change potential for monitoring remote sensing techniques. Paper read at The Influence of Climatic Change and Climatic Variability on the Hydrologic Regime and Water resources, at Vancouver.

Massom, R.A. 1991. *Satellite Remote Sensing of Polar Regions.* Boca Raton, Florida: Lewis Publications.

Matson, M., C.F. Ropelewski, and M.S. Varnardore. 1986. *An Atlas of Satellite-Derived Northern Hemisphere Snow Cover Frequency.* Washington, DC: U.S. Department of Commerce. National Oceanic and Atmospheric Administration Data and Information Service. National Environmental Satellite, Data and Information Service.

Matsuoka, K., H. Maeno, S. Uratsuka, S. Fujita, T. Furukawa, and O.Watanabe. 2002. A ground-based, multi-frequency ice-penetrating radar system. *Annals of Glaciology* 34:171-176.

Matsuoka, T., S. Uratsuka, M. Satake, A. Nadai, T. Umehara, H. Maeno, H. Wakabayashi, F. Nishio, and Y. Fukamachi. 2002. Deriving sea-ice thickness and ice types in the Sea of Okhotsk using dual-frequency airborne SAR(Pi-SAR) data. *Annals of Glaciology* 34:429-434.

Mätzler, C. 1987. Applications of the interaction of microwaves with the natural snow cover. *Remote Sensing Reviews* 2:259-387.

——. 1994. Passive microwave signatures of landscapes in winter. *Meteorology and Atmospheric Physics* 54(1-4):241-260.

Mätzler, C., and U. Wegmüller. 1987. Dielectric properties of freshwater ice at microwave frequencies. *Journal of Physics D:Applied Physics* 20:1623-1630.

Maxfield, A.W. 1994. Radar satellite snowmelt detection in the Canadian Rocky Mountains. Paper read at International Geoscience and Remote Sensing Symposium. Surface and Atmospheric Remote Sensing:Technologies, Data Analysis and Interpretation, at Pasadena.

Maykut, G.A.1986. The surface heat and mass balance. In *Geophysics of Sea Ice*, edited by N. Untersteiner. London: Plenum Press.

Maykut, G.A.1985. The ice environment. In *Sea Ice Biota*, edited by R.A. Horner. Boca Raton, Florida: CRC Press.

Meier, M.F. 1984. Contribution of small glaciers to global sea level. *Science* 226(4681):1418-1421.

——. 1990. Reduced rise in sea level.*Nature* 343:115.

Melling, H. 1998. Detection of features in first-year pack ice by synthetic aperture radar (SAR).*International Journal of Remote Sensing* 19(6):1223-1249.

Melloh, R.A., and L.W. Gatto. 1990.Interpretation of passive and active microwave imagery over snow-covered lakes and rivers near Fairbanks, Alaska. Paper read at Workshop on Applications of Remote Sensing in Hydrology, at Saskatoon, Saskatchewan.

Merson, R.H. 1989. An AVHRR mosaic image of Antarctica. *International Journal of Remote Sensing* 10:669-674.

Michel, B. 1971.Winter regime of rivers and lakes. In *Cold Regions Science and Engineering Monographs.* Hanover, New Hampshire:U.S. Army Cold Regions Research and

Engineering Laboratory.

Michel, R., and E. Rignot. 1999. Flow of Glacier Moreno, Argentina, from repeat-pass Shuttle Imaging Radar images: comparison of the phase correlation method with radar interferometry. *Journal of Glaciology* 45(149):93-100.

Middleton, W.E., and A.G. Mungall. 1952. The luminous directional reflectance of snow. *Journal of the Optical Society of America* 42:572-579.

Mognard, N. 2003. Snow cover dynamics. In *Arctic Environment Variability in the Context of Global Change*, edited by L.P. Bobylev, K.Y. Kondratyev, and O.M.Johannessen. Chichester: Praxis-Springer.

Mognard, N.M.,and E.G.Josberger. 2002.Northern Great Plains 1996/97 seasonal evolution of snowpack parameters from satellite passive-microwave measurements. *Annals of Glaciology* 34:15-23.

Morris, K., M.O. Jeffries, and W.S. Weeks. 1995.Ice processes and growth history on Arctic and sub-Arctic lakes using ERS-l SAR data. *Polar Record* 31(117):115-128.

Mote, T.L.,and M.R. Anderson. 1995.Variations in snowpack melt in the Greenland ice sheet based on passive-microwave measurements. *Journal of Glaciology* 41(137):51-60.

Mote, T.L., M.R. Anderson, K.C.Kuivinen, and C.M. Rowe. 1993.Passive microwave derived spatial and temporal variations of summer melt on the Greenland ice sheet, Annals and temporal variations of summer melt on the Greenland ice sheet. *Annals of Glaciology* 17:233-238.

Müller, F. 1962. Zonation in the accumulation area of the glaciers of Axel Heiberg Island, NWT. Canada. *Jounal of Glaciology* 4:302-313.

Müller, F., T. Caflisch, and G. Müller.1976. *Firn und Eis der Schweitzer Alpen: Gletscherinventar,Geographisches Institut Publ.* Zürich:Eidgenössische Tech-nische Hochschule.

Murphy, D.L., and G.L. Wright. 1991. Iceberg movement determined by satellite tracked platforms: International Ice Patrol in the North Atlantic.

Murray, T., T. Strozzi, A.Luckman, H. Pritchard, and H.Jiskoot. 2002.Ice dynamics during a surge of Sortebrae, East Greenland. *Annals of Glaciology* 34:323-329.

Nagler, T. 1991.Verfahren zur Analyse der Schneebedeckung aus Messungen des SSM/I. Diplomarbeit, Universität Innsbruck, Innsbruck.

Nagler, T., and H.Rott. 1997.The application of ERS-1SAR for snowmelt runoff modelling. Paper read at Remote Sensing and Geographic Information Systems for Design and Operation of Water Resources Systems, at Rabat, Morocco.

Nagurny, A.P., V.G.Korostelev, and V.V.Ivanov. 1999.Multiyear variability of sea ice thickness in the Arctic Basin measured by elastic-gravity waves on the ice surface. *Meteorologiyai Hidrologiya* 3:72-78.

Narayanan, R.M., and S.R.Jackson. 1994. Snow cover classification using millimeter-wave radar imagery. Paper read at International Geoscience and Remote Sensing Symposium. Surface and Atmospheric Remote Sensing: Technologies, Data Analysis and Interpretation, at Pasadena.

Negri, A.J.,E.J. Nelkin, R.F. Adler, G.J. Huffman, and C. Kummerow. 1995. Evaluation of passive microwave precipitation algorithms in wintertime midlatitude situations. *Journal of Atmospheric and Oceanic Technology* 12:20-32.

Nolin, A.W., and J. Dozier. 1993. Estimating snow grain-size using AVIRIS data. *Remote Sensing of Environment* 44(2-3):231-238.

——. 2000. A hyperspectral method for remotely sensing the grain size of snow. *Remote Sensing of Environment* 74(2):207-216.

Nolin, A. W., J. Dozier, and L. A. K. Mertes. 1993. Mapping alpine snow cover using a spectral mixture modelling technique. *Annals of Glaciology* 17:121-124.

Nolin, A.W., and J. Stroeve. 1997. The changing albedo of the Greenland ice sheet: implications for climate modelling. *Annals of Glaciology* 25:51-57.

Nyfors, E. 1982. On the dielectric properties of dry snow in the 800 MHz to 13 GHz range. Helsinki: Radio Laboratory, Helsinki University of Technology.

Nystuen, J.A., and F.W.Garcia. 1992. Sea ice classification using SAR backscatter statistics. *IEEE Transactions on Geoscience and Remote Sensing* GE30:502-509.

Onstott, R.G. 1992. SAR and scatterometer signatures of sea ice.In *Microwave Remote Sensing of Sea Ice,* edited by F.D. Carsey. Washington DC: American Geophysical Union.

Oppenheimer, M. 1998. Global warming and the stability of the West Antarctic ice sheet. *Nature* 393(6683):325-332.

Orheim, O. 1998. Antarctic icebergs—production, distribution and disintegration. *Annals of Glaciology* 11:205.

Orheim, O., and B.K.Lucchitta. 1988. Numerical analysis of Landsat thematic mapper images of Antarctica: Surface temperatures and physical properties. *Annals of Glaciology* 11:109-120.

Padman, L., H.A. Fricker, R. Coleman, S. Howard, and L. Erofeeva. 2002. A new tide model for the Antarctic ice shelves and seas. *Annals of Glaciology* 34:247-254.

Palecki, M.A., and R.G.Barry. 1986. Freeze-up and break-up of lakes as an index of temeparture changes during the transition seasons: a case study in Finland. *Journal of Climate and Applied Meteorology* 25:893-902.

Papa, F., B.Legresy, N.M.Mognard, E.G. Josberger, and F. Rémy. 2002. Estimating terrestrial snow depth with Topex-Poseidon altimeter and radiometer. *IEEE Transactions on Geoscience and Remote Sensing* 40(10):2162-2169.

Parashar, S.K., C. Roche, and R.D. Worsfold. 1978. Four channel synthetic aperture radar imagery results of freshwater ice and sea ice in Lake Melville. St John's, Newfoundland: C-Core.

Paren, J., and G. deQ. Robin. 1975. Internal reflections in polar ice sheets. *Journal of Glaciology* 14(71):251-259.

Parkinson, C.L. 1994. Spatial patterns in the length of the sea ice season in the Southern Ocean, 1979-1986. *Journal of Geophysical Research* 99(C8):16327-16339.

——. 2002. Trends in the length of the Southern Ocean sea-ice season, 1979-1999. *Annals of Glaciology* 34:435-440.

Parkinson, C.L., and D.J.Cavalieri. 2002. A 21 year record of Arctic sea-ice extents and their regional, seasonal and monthly variability trends. *Annals of Glaciology* 34: 441-446.

Parkinson, C.L, D.J. Cavalieri, P. Gloersen, P.Gloersen, H.J.Zwally, and J. Comiso. 1999.Arctic sea ice extents, areas and trends, 1978-1996.*Journal of Geophysical Research* 104(C9):20837-20856.

Parkinson, C.L., and P. Gloersen. 1993. Global sea ice coverage. In *Atlas of Satellite Observations Related to Global Change,* edited by R.J. Gurney, J.L. Foster, and C.L.Parkinson. Cambridge:Cambridge University Press.

Parrot, J.F., N. Lyberis, B.Lefauconnier, and G. Manby. 1993. SPOT multispectral data and digital terrain model for the analysis of ice-snow fields on Antarctic glaciers. *International Journal of Remote Sensing* 14(3):425-440

Partington, K.C. 1998. Discrimination of glacier facies using multi-temporal SAR data.*Journal of Glaciology* 44(146):42-53.

Paterson, W.S.B. 1994. *The Physics of Glaciers*, 3rd ed. Kidlington: Elsevier Science.

Pattyn, F., and H.Decleir. 1993. Satellite monitoring of ice and snow conditions in the Sør Rondane Mountains, Antarctica. *Annals of Glaciology* 17:41-48.

Paul, F., A. Kääb, M. Maisch, T.Kellenberger, and W.Haeberli.2002. The new remote-sensing derived Swiss glacier inventory: I: Methods. Annals of Glaciology 34:355-361.

Peel, D.A. 1992. Spatial temperature and accumulation rate variations in the Antarctic Peninsula. In *The Contribution of Aatarctic Peninsula Ice to Sea Level Rise (CEC Project Report EPOC-CT*90-0015*)*, edited by E.M. Morris. Cambridge:British Antarctic Survey.

Perovich, D.K. 1989. A two-stream multilayer, spectral radiative transfer model for sea ice. Hanover, New Hampshire: Cold Regions Research and Engineering Laboratory.

Perovich, D.K., and T.C. Grenfell. 1981.Laboratory studies of the optical properties of young sea ice. *Journal of Glaciology* 96:331-346.

Perovich, D.K., G.A.Maykut, and T.C.Grenfell. 1986. Optical properties of ice and snow in the polar oceans. I:Observations. *SPIE Journal* 637:232-244.

Pivot, F.C., C. Kergomard, and C.R. Duguay. 2002.Use of passive-microwave data to monitor spatial and temporal variations of snow cover at tree line near Churchill, Manitoba, Canada. *Annals of Glaciology* 34:58-64.

Proy, C., D. Tanré, and P.Y. Deschamps. 1989. Evaluation of topographic effects in remotely sensed data. *Remote Sensing of Environment* 30:21-32.

Pulliainen, J.T., and M. Hallikainen. 2001. Retrieval of Regional Snow Water Equivalent from Space-Borne Passive Microwave Observations. *Remote Sensing of Environment* 75(1):76-85.

Ramage,J.M.,and B.L. Isacks. 2002. Determination of melt-onset and refreeze timing on southeast Alaskan icefields using SSM/I diurnal amplitade variations. *Annals of Glaciology* 34:391-398.

Ramage, J.M., B.L. Isacks, and M.M. Miller. 2000.Radar glacier zones in southeast Alaska, USA:field and satellite observations. *Journal of Glaciology* 46(153):287-296.

Ramsay, B.H. 1998. The interactive multisensor snow and ice mapping system. *Hydrological Processes* 12(10-11):1537-1546.

Rango, A.1993. Snow hydrology processes and remote-sensing. 2. *Hydrological Processes* 7(2):121-138.

Rango, A., A.T.C. Chang, and J.L. Foster. 1979.The utilization of spaceborne microwave radiometers for monitoring snowpack properties. *Nordic Hydrology* 10(1):25-40.

Rango, A., and A.I. Shalaby. 1998. Operational applications of remote sensing in hydrology: success, prospects and problems. *Hydrological Sciences Journal* (*Journal Des Sciences Hydrologiques*) 43(6):947-968.

Rau, F., and M. Braun. 2002. The regional distribution of the dry-snow zone on the Antarctic Peninsula north of 70° S. *Annals of Glaciology* 34:95-100.

Rees, W.G. 1988. Synthetic aperture radar data over terrestrial ice.Paper read at International Geoscience and Remote Sensing Symposium. Remote Sensing:Moving Towards the 21st Century, at Edinburgh.

——. 1999. *The Remote Sensing Data Book*. Cambridge:Cambridge University Press.

——. 2001. *Physical Principles of Remote Sensing*, 2nd ed. Cambridge:Cambridge University Press.

Rees, W.G., and R.E. Donovan. 1992.Refraction correction for radio echo sounding of large ice masses. *Journal of Glaciology* 38(129):302-308.

Rees, W.G., and J.A. Dowdeswell. 1988.Topographic effects on light scattering from snow. Paper read at IGARSS 88, at Edinburgh.

Rees, W.G., J.A. Dowdeswell, and A.D. Diament. 1995.Analysis of ERS-1 Synthetic Aperture Radar data from Nordaustlandet, Svalbard. *International Journal of Remote Sensing* 16(5):905-924.

Rees, W.G., and I.Lin. 1993. Texture-based classification of cloud and ice-cap surface features. *Annals of Glaciology* 17:250-254.

Rees, W.G., and A.M. Steel. 2001.Radar backscatter coefficients and snow detectability for upland terrain in Scotland. *International Journal of Remote Sensing* 22(15):3015-3026.

Richards, J.A. 1993.*Remote Sensing Digital Image Analysis*. 2nd ed. Berlin: Springer-Verlag.

Ridley, J.K. 1993a. Climatc signals from SSM/I observations of marginal ice shelves. *Annals of Glaciology* 17:189-194.

——. 1993b. Surface melting on Antarctic Peninsula ice shelves detected by passive microwave sensors. *Geophysical Research Letters* 20(23):2639-2642.

Ridley, J.K., and K.C. Partington . 1988. A model of satellite radar altimeter return from ice sheets. *International Journal of Remote Sensing* 9:601-624.

Riggs, G.A., D.K. Hall, and S.A. Ackerman. 1999. Sea ice extent and classification mapping with the moderate resolution imaging spectroradiometer airborne simulator. *Remote Sensing of Environment* 68(2):152-163.

Rignot, E. 2002. Mass balance of East Antarctic glaciers and ice shelves from satellite data. *Annals of Glaciology* 34:217-227.

Rignot, E., G. Buscarlet, B.Csatho, S. Gogineni, W. Krabill, and M. Schmeltz. 2000. Mass balance of the northeast sector of the Greenland ice sheet: a remote sensing perspective. *Journal of Glaciology* 46(153):265-273.

Rivera, A., C. Acuña, G. Casassa, and F. Bown.2002.Use of remotely sensed and field data to estimate the contribution of Chilean glaciers to eustatic sea-level rise. *Annals of Glaciology* 34:367-372.

Robin, G. deQ., S. Evans, and J.T.Bailey. 1969. Interpretation of radio echo sounding in polar ice sheets. *Philosophical Transactions of Royal Society of London Series A Mathematical Physical Engineering Sciences* 265(1166):437-505.

Robinson, D.A. 1993. Hemispheric snow cover from satellites. *Annals of Glaciology* 17:367-371.

——. 1997.Hemispheric snow cover and surface albedo for model validation. *Annals of Glaciology* 25:241-245.

——. 1999. Northern hemisphere snow cover during the satellite era. Paper read at Fifth Conference on Polar Meteorology and Oceanography, at Dallas, Texas.

Robinson, D.A., K.F. Dewey, and R.R. Heim. 1993. Global snow cover monitoring:an update. *Bulletin of the American Meteorological Society* 74(9):1689-1696.

Romanov, P., G. Gutman, and I. Csiszar. 2000. Automated monitoring of snow cover over North America using multispectral satellite data. *Journal of Applied Meteorology* 39:1866-1890.

Rosenfeld, S., and N.Grody. 2000. Metamorphic signature of snow revealed in SSM/I measurements. *IEEE Transactions on Geoscience and Remote Sensing* 38(1):53-63.

Rosenthal, W., and J. Dozier. 1996. Automated mapping of montane snow cover at sub-pixel resolution from Landsat Thematic Mapper. *Water Resources Research* 6(12):2370-2393.

Ross, B., and J. Walsh. 1986. Synoptic-scale influences of snow cover and sea ice. *Monthly Weather Review* 114(10):1795-1810.

Rossiter, J.R., L.D. Arsenault, J. Benoit, A.L. Gray, E.V. Guy, D.J. Lapp, R.O. Ramseier, and E. Wedler. 1984. Detection of icebergs by airborne imaging radars. Paper read at Ninth

Canadian Symposium on Remote Sensing, at St John's, Newfoundland.

Rossiter, J.R., and K.A.Gustajtis. 1978. Iceberg sounding of impulse radar. *Nature* 271:48-50.

Rossiter, J.R., and J.S. Holladay. 1994. Ice-thickness measurement. In *Remote Sensing of Sea Ice and Icebergs*, edited by S. Haykin, E.O. Lewis, R.K.Raney and J.R.Rossiter. New York:John Wiley & Sons.

Rossiter, J.R., and others. 1995. Remote sensing ice detection capabilities. Environmental Studies Research Funds.

Rothrock, D.A., Y. Yu, and G.A. Maykut. 1999. Thinning of Arctic sea ice cover. *Geophysical Research Letters* 26(23):3469-3472.

Rott, H. 1984. The analysis of backscattering properties from SAR data of mountain regions. *IEEE Journal of Oceanic Engineering* 9(5):347-353.

——. 1994. Thematic studies in Alpine areas by means of polarimetric SAR and optical imagery. *Advances in Space Research* 14(3):217-226.

Rott, H., and R.E. Davies. 1993. Multifrequency and polarimetric SAR observations on alpine glaciers. *Annals of Glaciology* 17:98-104.

Rott, H., R.E. Davis, and J. Dozier. 1992. Polarimetric and multifrequency SAR signatures of wet snow. Paper read at IGARSS '92, at Houston, Texas.

Rott, H., G. Domik, C. Mätzler, H. Miller, and K. G. Lenhart. 1985. Study on use and characteristics of SAR for land snow and ice applications. Innsbruck: Institut für Meteorologie und Geophysik, Universität Innsbruck.

Rott, H., D-M. Floricioiu, and A. Siegel. 1997. Polarimetric and interferometric analysis of SIR-C/X-SAR data for glacier research. In *Proceedings of the EARSEL Workshop Remote Sensing of Land Ice and Snow*, edited by S. Wunderle. Saint-Étienne, France:European Association of Remote Sensing Laboratories.

Rott, H., and C. Mätzler. 1987. Possibilities and limitations of synthetic aperture radar for snow and glacier surveying. *Annals of Glaciology* 9:195-199.

Rott, H., C. Mätzler, and D. Strobl. 1986. The potential of SAR in a snow and glacier monitoring system. Paper read at SAR Applications Workshop, at Frascati, Italy.

Rott, H., and T. Nagler. 1992. Snow and glacier investigations by ERS-1 SAR—first results. Paper read at First ERS-1 Symposium: Space at the Service of Our Environment, at Cannes.

——. 1993. Capabilities of ERS-1 SAR for snow and glacier monitoring in Alpine areas. Paper read at 2nd ERS-1 Symposium, at Hamburg.

——. 1995. Monitoring temporal dynamics of snowmelt with ERS-1 SAR. Paper read at International Geoscience and Remote Sensing Symposium,at Firenze, Italy.

Rott, H., T. Nagler, and D-M. Floricioiu. 1995. Snow and glacier parametres derived from single-channel and multi-parameter SAR. Paper read at Extraction de parameters biogeophysiques a partir des donnees RSO pour lens applications terrestres, at Toulouse.

Rott, H., W. Rack, P. Skvarca, and H. de Angelis. 2002. Northern Larsen Ice Shelf, Antarctica: further retreat after collapse. *Annals of Glaciology* 34:277-282.

Rott, H., and K. Sturm. 1991. Microwave signature measurements of Antarctic and Alpine snow. Paper read at 11th EARSEL symposium. Europe: From Sea Level to Alpine Peaks, from Iceland to the Urals, at Graz, Austria.

Rott, H., K. Sturm, and H. Miller. 1992. Signatures of Antarctic firn by means of ERS-1 AMI and by field measurements. Paper read at First ERS-1 Symposium: Space at the Service of Our Environment, at Cannes.

——.1993. Active and passive microwave signatures of Antarctic firn by means of field measurements and satellite data. *Annals of Glaciology* 17:337-343.

Running, S.W., J.B. Way, K.C. McDonald, J.S. Kimball, S.Frolking, A.R. Keyser, and others. 1999. Radar remote sensing proposed for monitoring freeze-thaw transitions in boreal regions. *EOS Transactions* 80(213):220-221.

Saich, P., W.G. Rees, and M. Borgeaud. 2001. Detecting pollution damage to forests in the Kola Peninsula using the ERS SAR. *Remote Sensing of Environment* 75:22-28.

Salisbury, J.W., D.M.D'Aria, and A. Wald. 1994. Measurements of thermal infrared spectral reflectance of frost, snow and ice. *Journal of Geophysical Research* 99(B12):24234-24240.

Sandven, S., K. Kloster, and O.M. Johannessen. 1991. Remote sensing of icebergs in the Barents Sea during SIZEX 89. Paper read at First International Offshore and Polar Engineering Conference, at Edinburgh.

Sapiano, J., W. Harrison, and K. Echelmeyer. 1998. Elevation, volume and terminus changes of nine glaciers in North America. *Journal of Glaciology* 44(146):119-135.

Saraf, A.K., J.L. Foster, P. Singh, and S. Tarafdar. 1999. Passive microwave data for snow-depth and snow-extent estimations in the Himalayan mountains. *International Journal of Remote Sensing* 20(1):83-95.

Scambos, T.A., and R. Bindschadler. 1993. Complex ice stream flow revealed by sequential satellite imagery. *Annals of Glaciology* 17:177-182.

Scambos, T.A., M.J. Dutkiewicz, J.C. Wilson, and R.A. Bindschadler. 1992. Application of image cross-correlation to the measurement of glacier velocity using satellite image data. *Remote Sensing of Environment* 42:177-186.

Scambos, T.A., and M.A. Fahnestock. 1998. Improving digital elevation models over ice sheets using AVHRR-based photoclinometry. *Journal of Glaciology* 44:97-103.

Scambos, T.A., and T. Haran. 2002. An image-enhanced DEM of the Greenland ice sheet. *Annals of Glaciology* 34:291-298.

Scambos, T.A., C. Hulbe, M. Fahnestock, and J. Bohlander. 2000. The link between climate warming and break-up of ice shelves in the Antarctic Peninsula. *Journal of Glaciology* 46(154):516-530.

Schaper, J., K. Seidel, and J. Martinec. 2000. Precision snow cover and glacier mapping for runoff modelling in a high alpine basin. Paper read at Remote Sensing and Hydrology, at Santa Fe.

Scherer, D., and M. Brun. 1997. Determination of the solar albedo of snow-covered regions in complex terrain. Paper read at EARSEL Workshop on Remote Sensing of Land Ice and Snow, at Freiburg.

Schmeltz, M., E. Rignot, and D. MacAyeal. 2002. Tidal flexure along ice-sheet margins:comparison of InSAR with an elastic-plate model. *Annals of Glaciology* 34:202-208.

Schmugge, T., T.T. Wilheit, P. Gloersen, et al. 1974. Microwave signatures of snow and freshwater ice. Paper read at Advanced Concepts and Techniques in the Study of Snow and Ice.

Schowengerdt, R.A. 1997. *Remote Sensing: Models and Methods for Image Processing*, 2nd ed. New York: Academic Press.

Seidel, K., C. Ehrler, J. Martinec, and O. Turpin. 1997. Derivation of statistical snow line from high resolution snow cover mapping. Paper read at EARSEL Workshop on Remote Sensing of Land Ice and Snow, at Freiburg.

Seidel, K., and J. Martinec. 1992. Operational snow cover mapping by satellites and real time runoff forecasting. Paper read at Snow and Glacier Hydrology, at Kathmandu.

Sellmann, P.V., J. Brown, R.I. Lewellen, H. McKim, and C. Merry. 1975. The classi fication and geomorphic implications of thaw lakes on the Arctic coastal plain, Alaska. Hanover, New Hampshire: U.S. Army Cold Regions Research and Engineering Laboratory.

Sellmann, P.V., W. F. Weeks, and W.J. Campbell. 1975. Use of side-looking airborne radar to determine lake depth on the Alaskan north slope. Hanover, New Hampshire: U.S. Army Cold Regions Research and Engineering Laboratory.

Semovski, S.V., N.Y. Mogilev, and P.P. Sherstyankin. 2000. Lake Baikal ice: analysis of AVHRR imagery and simulation of under-ice phytoplankton bloom. *Journal of Marine Systems* 27(1-3):117-130.

Sephton, A.J., L.M.J. Brown, T.J. Macklin, K.C. Partington, N.J. Veck, and W.G. Rees. 1994. Segmentation of synthetic aperture radar imagery of sea ice. *International Journal of Remote Sensing* 15:803-825.

Serreze, M.C., J.E. Walsh, F.S. Chapin, T. Osterkamp, M. Dyurgerov, V. Romanovsky, W.C. Oechel, J. Morison, T. Zhang, and R.G. Barry. 2000. Observational evidence of recent change in the northern high-latitude environment. *Climate Change* 46:159-207.

Shashi Kumar, V., P.R. Paul, C.L.V. Ramana Rao, H. Haefner, and K. Seidel. 1992. Snowmelt runoff forecasting studies in Himalayan basins. Paper read at Snow and Glacier Hydrology. Proceedings published in 1993, at Kathmandu.

Sherjal, I., M. Fily, O. Grosjean, J. Lemorton, B. Lesaffre, Y. Page, and M. Gay. 1998. Microwave remote sensing of snow from a cable car at Chamonix in the French Alps.

IEEE Transactions on Geoscience and Remote Sensing 36 (1):324-328.

Shi, J., and J. Dozier. 1993. Measurement of snow and glacier-covered areas with single polarization SAR. *Annals of Glaciology* 17:72-76.

——. 1994. Estimating snow particle size using TM band 4. Paper read at International Geoscience and Remote Sensing Symposium. Surface and Atmospheric Remote Sensing: Technologies, Data Analysis and Interpretation, at Pasadena.

——. 1995. Inferring snow wetness using C-band data from SIR-C's polarimetric synthetic aperture radar. *IEEE Transactions on Geoscience and Remote Sensing* 33(4):905-914.

——. 1997. Mapping seasonal snow with SIR-C/X-SAR in mountainous areas. *Remote Sensing of Environment* 59 (2):294-307.

Shi, J., J. Dozier, and R. Davis. 1990. Simulation of snow depth estimation from multi-frequency radar. Paper read at International Geoscience and Remote Sensing Symposium, at New York.

Shi, J., J. Dozier, and H. Rott. 1994. Active microwave measurements of snow cover: progress in polarimetric SAR. Paper read at International Geoscience and Remote Sensing Symposium. Surface and Atmospheric Remote Sensing: Technologies, Data Analysis and Interpretation, at Pasadena.

Shokr, M., B. Ramsay, and J.C. Falkingham. 1992. Preliminary evaluation of ERS-1 SAR data for operational use in the Canadian sea ice monitoring program. Paper read at First ERS-1 symposium:space at the Service of Our Environment, at Cannes.

Shokr, M.E. 1991. Evaluation of second-order texture parameters for sea ice classification from radar images. *Journal of Geophysical Research* 96:10625-10640.

Shuman, C.A., R.B. Alley, and S. Anandakrishnan. 1993. Characterization of a hoar development episode using SSM/I brightness temperatures in the vicinity of the GISP2 site, Greenland. *Annals of Glaciology* 17:183-188.

Shuman, C.A., R.B. Alley, S. Anandakrishnan, and C.R. Stearns. 1995a. An empirical Technique for estimating near-surface air temperature trends in central Green-land from SSM/I brightness temperatures. *Remote Sensing of Environment* 51(2):245-252.

Shuman, C.A., R.B. Alley, S. Anandakrishnan, J.W.C. White, P.M. Grootes, and C.R. Stearns. 1995b. Temperature and accumulation at the Greenland summit:Comparison of high-resolution isotope profiles and satellite passive microwave brightness temperature trends. *Journal of Geophysical Research* 100:9165-9177.

Shuman, C.A., and J.C. Comiso. 2002. In situ and satellite surface temperature records in Antarctica. *Annals of Glaciology* 34:113-120.

Sidjak, R.W., and R.D. Wheate. 1999. Glacier mapping of the Illecillewaet icefield, British Columbia, Canada, using Landsat TM and digital elevation data. *International Journal of Remote Sensing* 20 (2):273-284.

Singer, F.S., and R.W. Popham. 1963. Non-meteorological observations from satellites.

Astronautics and Aerospace Engineering 1 (3):89-92.

Skriver, H. 1989. Extraction of sea ice parameters from synthetic aperture radar images. PhD, Electromagnetics Institute, Technical University of Denmark, Copenhagen.

Skvarca, P. 1994. Changes and surface features of the Larsen Ice Shelf, Antarctica, derived from Landsat and Kosmos mosaics. *Annals of Glaciology* 20:6-12.

Skvarca, P., H. Rott, and T. Nagler. 1995. Satellite imagery, a baseline for glacier variation study on James Ross Island, Antarctica. *Annals of Glaciology* 21:291-296.

Slater, M.T., D.R. Sloggett, W.G. Rees, and A. Steel. 1999. Potential operational multi-satellite sensor mapping of snow cover in maritime sub-polar regions. *International Journal of Remote Sensing* 20 (15):3019-3030.

Smith, B.E., N.F. Lord, and C.R. Bentley. 2002. Crevasse ages on the northern margin of Ice Stream C, West Antarctica. *Annals of Glaciology* 34:209-216.

Smith, D.M. 1998. Recent increase in the length of the melt season of perennial Arctic sea ice. *Geophysical Research Letters* 25:655-658.

Smith, F.M., C.F. Cooper, and E.G. Chapman. 1967. Measuring snow depths by aerial photogrammetry. Paper read at 35th Western Snow Conference, at Boise, Idaho.

Smith, L.C., R.R. Forster, B.L. Isacks, and D.K. Hall. 1997. Seasonal climatic forcings of alpine glaciers revealed with orbital synthetic aperture radar. *Journal of Glaciology* 43 (145):480-488.

Soh, L-K., and C.Tsatsoulis. 1999. Unsupervised segmentation of ERS and Radarsat sea ice images using multiresolution peak detection and aggregated population equalization. *International Journal of Remote Sensing* 20(15):3087-3109.

Sohn, H-G., and K.C. Jezek. 1999. Mapping ice sheet margins from ERS-1 SAR and SPOT imagery. *International Journal of Remote Sensing* 20(15):3201-3216.

Sohn, H-G., K.C. Jezek, and C.J. Van der Veen. 1998. Jakobshavn Glacier, West Greenland: Thirty years of spaceborne observations. *Geophysical Research Letters* 25 (14):2699-2702.

Solberg, R., and T. Andersen. 1994. An automatic system for operational snow-cover monitoring in the Norwegian mountain regions. Paper read at International Geoscience and Remote Sensing Symposium. Surface and Atmospheric Remote Sensing: Technologies, Data Analysis and Interpretation, at Pasadena.

Solberg, R., D. Hiltbrunner, J. Koskinen, T. Guneriussen, K. Rautiainen, and M. Hallikainen. 1997. Snow algorithms and products — review and recommendations for research and development. SNOW-TOOLS WP410. Oslo:Norwegian Computing Centre.

Spring, W., T. Vinje, and H. Jensen. 1993. Iceberg and sea ice data obtained in the annual expeditions of the Barents Sea ice data acquisition program (IDAP). Paper read at POAC 93:Twelfth International Conference on Port and Ocean Engineering under Arctic Conditions, at Hamburg.

Stähli, M., J. Schaper, and A. Papritz. 2002. Towards a snow-depth distribution model in a heterogeneous subalpine forest using a Landsat TM image and an aerial photograph. *Annals of Glaciology* 34:65-70.

Stamnes, K., S-C. Tsay, W. Wiscombe, and K. Jayaweera. 1988. Numerically stable algorithm for discrete-ordinate-method radiative transfer in multiple scattering and emitting layered media. *Applied Optics* 27 (12):2502-2509.

——. 1995. Passive microwave studies of snow for the NOAA climate and global change program. Part 2. Bristol: Centre for Remote Sensing, University of Bristol.

Standley, A.P. 1997. The use of passive microwave and optical data in the SNOW-TOOLS project. Paper read at EARSEL Workshop on Remote Sensing of Land Ice and Snow, at Freiburg.

Standley, A.P., and E.C. Barrett. 1994. Passive microwave studies of snow for the NOAA climate and global change program. Part 1. Bristol: Centre for Remote Sensing, University of Bristol.

——. 1999. The use of coincident DMSP SSM/I and OLS satellite data to improve snow cover detection and discrimination. *International Journal of Remote Sensing* 20 (2): 285-305.

Starosolszky, O., and I. Mayer. 1988. Characteristics of ice conditions based on aerial photography. Paper read at Ninth International Symposium on Ice, at Sapporo.

Steffen, K., R. Bindschadler, G. Casassa, J. Comiso, D. Eppler, F. Fetterer, J. Hawkins, J. Key, D. Rothrock, R. Thomas, R. Weaver, and R. Welch. 1993. Snow and ice applications of AVHRR in polar regions: report of a workshop held in Boulder, Colorado, 20 May 1992. *Annals of Glaciology* 17:1-16.

Steffen, K., J. Key, D.J. Cavalieri, J. Comiso, P. Gloersen, K. St Germain, and I. Rubinstein. 1992. The estimation of geophysical parameters using passive microwave algorithms. In *Microwave Remote Sensing of Sea Ice*, edited by F.D. Carsey. Washington DC: American Geophysical Union.

Steffen, K., and A. Schweiger. 1991. NASA Team Algorithm for sea ice concentration retrieval from Defense Meteorological Satellite Program Special Sensor Microwave Imager: Comparison with Landsat satellite imagery. *Journal of Geophysical Research* 96:21971-21987.

Stiles, W.H., and F.T. Ulaby. 1980a. The active and passive microwave response to snow parameters. 1. Wetness. *Journal of Geophysical Research* 85 (C2):1037-1044.

——. 1980b. Radar observations of snowpacks. *NASA Conference Publications* 2153:131-146.

Stouffer, R., S. Manabe, and K. Bryan. 1989. Interhemipsheric asymmetry in climate response to a gradual increase of atmospheric CO_2. *Nature* 342:660-682.

Stroeve, J., M. Haefliger, and K. Steffen. 1996. Surface temperature from ERS-1 ATSR infrared thermal satellite data in polar regions. *Journal of Applied Meteorology* 35 (8):1231-1239.

Strozzi, T., U. Wegmuller, and C. Mätzler. 1999. Mapping wet snowcovers with SAR interferometry. *International Journal of Remote Sensing* 20 (12):2395-2403.

Sturm, M., T.C. Grenfell, and D.K. Perovich. 1993. Passive microwave measurements of tundra and taiga snow covers in Alaska, USA. *Annals of Glaciology* 17:125-130.

Sugden. D.E., and B.S. John. 1976. *Glaciers and Landscape*. New York: John Wiley, Sun. Y., A. Carlström, and J. Askne. 1992. SAR image classification of ice in the Gulf of Bothnia. *International Journal of Remote Sensing* 13:2489-2514.

Surdyk, S. 2002. Low microwave brightness temperatures in central Antarctica: observed features and implications. *Annals of Glaciology* 34:134-140.

Surdyk, S, and M. Fily. 1993. Comparison of microwave spectral signature of the Antarctic ice sheet with traverse ground data. *Annals of Glaciology* 17:337-343.

Svendsen, E., K. Kloster, B. Farrelly. O.M. Johannessen, J.A. Johannessen, W.J. Campbell, P. Gloersen, D. Cavalieri, and C. Matzler. 1983. Norwegian Remote-sensing experiment — evaluation of the Nimbus-7 scanning multi-channel microwave radiometer for sea ice research. *Journal of Geophysical Research — Oceans and Atmospheres* 88 (NC5):2781-2791.

Swamy, A.N., and P.A. Brivio. 1996. Hydrological modelling of snowmelt in the Italian Alps using visible and infrared remote sensing. *International Journal of Remote Sensing* 17 (16):3169-3188.

Swift, C., R.F. Harrington, and F. Thornton. 1980. Airborne microwave radiometer remote sensing of lake ice. Paper read at IEEE Electronics and Aerospace Convention.

Swithinbank, C. 1985. A distant look at the cryosphere. *Advances in Space Research* 5(6):263-274.

——. 1988. *Satellite Image Atlas of Glaciers of the World: Antarctica*. edited by R.S. Williams and J.G. Ferrigno. Vol. 1386-B, U.S. *Geological Survey professional Papers*. Washington, DC: U.S. Government Printing Office.

Swithinbank, C.W.M., E. P. McClain, and P. Little. 1977. Drift tracks of Antarctic icebergs. *Polar Record* 18 (116):495-501.

Tait, A. 1998. Estimation of snow water equivalent using passive microwave radiation data. *Remote Sensing of Environment* 64(3):286-291.

Tanikawa, T., T. Aoki, and F. Nishio. 2002. Remote sensing of snow grain-size and impurities from Airborne Multispectral Scanner data using a snow bidirectional reflectance distribution function model. *Annals of Glaciology* 34:74-80.

Tanré, D., C. Deroo, P. Duhaut, M. Herman, J.J. Morcrette, J. Perbos, and P.Y. Deschamps. 1990. Description of a computer code to simulate the satellite signal in the solar spectrum: the 5S code. *International Journal of Remote Sensing* 11(4):659-668.

Tchernia, P. 1974. Étude de la dérive antarctique Est-Ouest au moyen d'icebergs suivis par la satellite Éole. *Comptes Rendus Hebdomadaires des Séances de l'Académie des Sciences* B278 (14) :667-670.

Tchernia, P., and P.F. Jeanin. 1982. Some aspects of the Antarctic ocean circulation revealed by satellite tracking of icebergs. *Iceberg Research* 2:4-5.

Thomas, A., and D.G. Barber. 1998. On the use of multi-year ice ERS-1 σ^0 as a proxy indicator of melt period sea ice albedo. *International Journal of Remote Sensing* 19(14):2807-2821.

Thomas, R., W. Krabill, E. Frederick, and K. Jezek. 1995. Thickening of Jakobshavns Isbrae, West Greenland, measured by airborne laser altimetry. *Annals of Glaciology* 21:259-262.

Thomas, R.H. 1993. Ice sheets. In *Atlas of Satellite Observations Related to Global Change*, edited by R.J. Gurney, J.L. Foster and C.L. Parkinson. Cambridge:Cambridge University Press.

Tinga, W.R., W.A.G. Voss, and D.F. Blossey. 1973. Generalized approach to multi-phase dielectric mixture theory. *Journal of Applied Physics* 44:3897-3902.

Tsang, L., Z.X. Chen, S. Oh, R.J. Marks, and A.T.C. Chang. 1992. Inversion of snow parameters from passive microwave remote-sensing measurements by a neural network trained with a multiple-scattering model. *IEEE Transactions on Geoscience and Remote Sensing* 30 (5):1015-1024.

Tucker, W.B., D.K. Perovich, A.J. Gow, W.F. Weeks, and M.R. Drinkwater. 1992. Physical properties of sea ice relevant to remote sensing. In *Microwave Remote Sensing of Sea Ice*, edited by F.D. Carsey. Washington, DC: American Geophysical Union.

Ulaby, F.T., R.K. Moore, and A.K. Fung. 1982. *Microwave Remote Sensing — Active and Passive. Volume 2: Radar remote sensing and surface scattering and emission theory.* Reading, Massachusetts: Addison-Wesley.

Ulaby, F.T., R.K. Moore, and A.K. Fung. 1986. *Microwave Remote Sensing — Active and Passive. Volume 3: From theory to applications*. Reading, Massachusetts: Artech House.

Ulaby, F.T., W.H. Stiles, and M. Abdelrazik. 1984. Snowcover influence on backscattering from terrain. *IEEE Transactions on Geoscience and Remote Sensing* GE22:126-133.

Ulander, L.M.H. 1991. Radar remote sensing of sea ice: Measurements and theory. In *Technical report*. Göteborg: Chalmers University of Technology.

Unesco/IAHS/WMO. 1970. Seasonal snow cover. In *Technical Papers in Hydrology*. Paris: Unesco/IAHS/WMO.

Unwin, B., and D. Wingham. 1997. Topography and dynamics of Austfonna, Nordaustlandet, Svalbard, from SAR interferometry. *Annals of Glaciology* 24:402-408.

Van de Wal, R.S.W., J. Oerlemans, and J. van der Hage. 1992. A study of ablation variations on the tongue of Hinteresiferner, Austrian Alps. *Journal of Glaciology* 38(130):319-324.

Van der Veen, C.J., and K.C. Jezek. 1993. Seasonal variations in brightness temperature for central Antarctica. *Annals of Glaciology* 17:300-306.

Vaughan, D.G., J.L. Bamber, M.B. Giovinetto, J. Russell, and A.P.R. Cooper. 1999. Reassessment of net surface mass balance in Antarctica. *Journal of Climate* 12(4):933-946.

Vefsnmo, S., S.M. Løvas, S. Løset, and T. Næss. 1989. Identification and volume estimation of icebergs by remote sensing in the Barents Sea. Paper read at IGARSS 89: Twelfth Canadian Symposium on Remote Sensing. Quantitative Remote Sensing: an Economic Tool for the Nineties, at Vancouver.

Venkatesh, S., B. Sanderson, and M.S.S El-Tahan. 1990. Optimum deployment of satellite-tracked drifters to support iceberg drift forecasting. *Cold Regions Science and Technology* 18(2):117-131.

Vermote, E.F., and A. Vermeulen. 1999. *Atmospheric Correction Algorithm: Spectral Reflectances MOD09*. U.S. National Aeronautics and Space Administration. (Cited 2003). Available from http://modis. gsfc. nasa. gov/MODIS/Data/ATBDs/atbd. mod08. pdf.

Vesecky, J.F., R. Samadani, M.P. Smith, J.M. Daida, and R.N. Bracewell. 1988. Observations of sea-ice dynamics using synthetic aperture radar images: automated analysis. *IEEE Transactions on Geoscience and Remote Sensing* GE26(1):38-48.

Vesecky, J.F., M.P. Smith, and R. Samadani. 1990. Extraction of lead and ridge characteristics from SAR images of sea ice. *IEEE Transactions on Geoscience and Remote Sensing* GE28(4):740-744.

Vikhamar, D., and R. Solberg. 2000. A method for snow-cover mapping in forest by optical remote methods. Paper read at EARSEL Specialist Workshop on Remote Sensing of Land and Snow, Proceedings published in 2001, at Dresden.

Vinje, T. 1989. Icebergs in the Barents Sea. Paper read at Eighth International Conference on Offshore Mechanics and Arctic Engineering, at The Hague.

Vogel, S.W.2002. Usage of high-resolution Landsat-7 band 8 for single-band snowcover classification. *Annals of Glaciology* 34:53-57.

Vornberger, P.L., and R.A. Bindschadler. 1992. Multi-spectral analysis of ice sheets using coregistered SAR and TM imagery. *International Journal of Remote Sensing* 13:637-645.

Voss, S., G. Heygster, and R. Ezraty. 2003. Improving sea ice type discrimination by the simultaneous use of SSM/I and scatterometer data. *Polar Research* 22:35-42.

Wadhams, P., and J.C.Comiso.1992. The ice thickness distribution inferred using remote sensing techniques. In *Microwave Remote Sensing of Sea Ice*, edited by F.D. Carsey. Washington DC:American Geophysical Union.

Wadhams, P., and N.R.Davis. 2000. Further evidence of sea ice thinning in the Arctic Ocean. *Geophysical Research Letters* 27(24):3973-3976.

Wadhams, P., W.B. Tucker,W.B.Krabill, R.N.Swift, J.C. Comiso, and N.R. Davis. 1992.Relationship between sea ice freeboard and draft in the Arctic Basin, and implications for thickness monitoring.*Journal of Geophysical Research* 97(C12):20325-20334.

Wakabayashi, H., M.O.Jeffries, and W.F.Weeks. 1992.C-band backscatter from ice on shallow tundra lakes:observations and modelling. Paper read at First ERS-1 Symposium:Space at the Service of Our Environment,at Cannes.

Walker, A.E., and B. E. Goodison. 1993. Discrimination of a wet snowcover using passive microwave satellite data. *Annals of Glaciology* 17:307-311.

Walker, A.E., and A. Silis. 2002.Snow-cover variations over the Mackenzie River basin, Canada,derived from SSM/I passive-microwave satellite data. *Annals of Glaciology* 34:8-14.

Wang, J., and W. Li. 2001.Establishing snowmelt runoff simulating model using remote sensing data and GIS in the west of China. *International Journal of Remote Sensing* 22(17):3267-3274.

Wang, S.L., H.J.Jin, S.Li, and L.Zhao. 2000. Permafrost degradation on the Qinghai Tibet Plateau and its environmental impacts. *Permafrost and Periglacial Processes* 11:43-53.

Warren, C.R., and D.E.Sugden. 1993.The Patagonian icefields: a glaciological review. *Arctic and Alpine Research* 25(4):316-331.

Warren, S.G.1982. Optical properties of snow. *Reviews of Geophysics and Space Physics* 20(1):67-89.

——. 1984. Optical constants of ice from the ultraviolet to the microwave. *Applied Optics* 23:1026-1225.

Warren, S.G., and W.J. Wiscombe. 1980. A model for the spectral albedo of snow. Ⅱ.Snow containing atmospheric aerosols. *Journal of Atmospheric Science* 37(12):2734-2745.

Washburn, A.L. 1980. Permafrost features as evidence of climate change. *Earth Sciences Review* 15:327-402.

Watanabe, O.1978.Distribution of surface features of snow cover in Mizuho plateau. *Memoirs of the National Institute for Polar Research* Special issue 7:154-181.

Watkins, A.B., and I. Simmonds. 2000. Current trends in Antarctic sea ice: the 1990s impact on a short climatology. *Journal of Climate* 13(24):4441-4451.

Weeks, W.F., and S.F. Ackley. 1986.The growth,structure and properties of sea ice. In *The Geophysics of Sea Ice*, edited by N. Untersteiner, New York: Plenum Press.

Weeks, W.F., A.G. Fountain, M.L. Bryan, and C. Elachi. 1978. Differences in radar return from ice-covered North Slope lakes. *Journal of Geophysical Research* 83:4069-4073.

Weeks, W.F., P.V. Sellmann, and W.J. Campbell. 1977. Interesting features of radar imagery of ice-covered North Slope lakes. *Journal of Glaciology* 18:129-136.

Weidick, A. 1995. *Satellite Image Atlas of Glaciers of the World:Greenland.* edited by R.S. Williams and J.G. Ferrigno. Vol. 1386, *U.S.Geological Survey Professional Papers.* Washington DC: U.S. Government Printing Office.

Welch, H. 1991. Comparisons between lakes and seas during the Arctic winter. *Arctic and Alpine Research* 23(1):11-23.

Welch, H.E., J.A. Legault, and M.A. Bergmann. 1987. Effects of snow and ice on the annual cycles of heat and light in Saqvaqjuac Lakes. *Canadian Journal of Fisheries and Aquatic Sciences* 44:1451-1461.

Wendler,G.,K. Ahlnäs, and C.S. Lingle. 1996. On Mertz and Ninnis Glaciers, East Antarctica. *Journal of Glaciology* 42(142):447-453.

Wessels, R.L., J.S. Kargel, and H.H. Kieffer. 2002. ASTER measurement of supraglacial lakes in the Mount Everest region of the Himalaya. *Annals of Glaciology* 34:399-408.

Whillans, I.M., and S.J. Johnsen. 1983. Longitudinal variations in glacial flow:theory and test using data from the Byrd station strain network, Antarctica. *Journal of Glaciology* 29(101):78-97.

Whillans, I.M.,and Y. Tseng. 1995. Automatic tracking of crevasses on satellite images. *Cold Regions Science and Technology* 23:201-214.

Wiesnet, D.R. 1979. Satellite studies of fresh-water ice movement on Lake Erie. *Journal of Glaciology* 24:415-426.

Wildey, R.L. 1975. Generalized photoclimometry for Mariner 9. *Icarus* 25:613-626.

Williams, P.J., and M.W.Smith. 1989. *The Frozen Earth: Fundamentals of Geocryology*. Cambridge: Cambridge University Press.

Williams, R.N.,W.G. Rees,and N.W. Young. 1999.A technique for the identification and analysis of icebergs in synthetic aperture radar images of Antarctica. *International Journal of Remote Sensing* 20(15):3183-3199.

Williams, R.N., K.J. Michael, S. Pendlebury, and P. Crowther. 2002.An automated image analysis system for detecting sea-ice concentration and cloud cover from AVHRR images of the Antarctic. *International Journal of Remote Sensing* 23(4):611-625.

Williams, R.S., J.G.Ferrigno, C.Swithinbank, B.K. Lucchitta,and B.A.Seekins.1995. Coastal-change and glaciological maps of Antarctica. *Annals of Glaciology* 21:284-290.

Williams, R.S., and D.K.Hall. 1993.Claciers.In *Atlas of Satellite Observations Related to Global Change*, edited by R.J. Gurney, J.L.Foster and C.L. Parkinson. Cambridge: Cambridge University Press.

Williams, R.S., D.K. Hall, and C.S. Benson. 1991.Analysis of glacier facies using satellite techniques. *Journal of Glaciology* 37(125):120-128.

Willis, C.J., J.T.Macklin, K.C.Partington, K.C.Teleki,and W.G.Rees. 1996.Iceberg detection using ERS-1 synthetic aperture radar. *International Journal of Remote Sensing* 17(9):1777-1795.

Wilson, L.L.,L. Tsang, J.N. Hwang, and C.T.Chen. 1999.Mapping snow water equivalent by combining a spatially distributed snow hydrology model with passive microwave remote-sensing data.*IEEE Transactions on Geoscience and Remote Sensing* 37(2): 690-704.

Winebrenner, D.P., E.D.Nelson, R. Colony, and R.D.West. 1994. Observation of melt onset on multi-year Arctic sea ice using the ERS-1 synthetic aperture radar. *Journal of Geophysical Research* 99:22425-22441.

Wingham, D.J.1995.The limiting resolution of ice-shcet elevations derived from pulse limited satellite altimetry. *Journal of Glaciology* 41:413-422.

Wingham, D.J., A.L. Ridout, R.Scharroo, R.J. Arthern, and C.K. Shum.1998. Antarctic elevation change 1992 to 1996. *Science* 282(5388):456-458.

Winsor, P.2001. Arctic sea ice thickness remained constant during the 1990s. *Geophysical Research Letters* 28(6):1039-1041.

Winther, J-G. 1993. Landsat TM derived and in situ summer reflectance of glaciers in Svalbard. *Polar Research* 12(1):37-55.

Winther, J-G., and D.K. Hall. 1999. Satellite-derived snow coverage related to hydropower production in Norway: present and future. *International Journal of Remote Sensing* 20(15):2991-3008.

Wiscombe, W.J., and S.G.Warren.1980.A model for the spectral albedo of snow. 1:pure snow. *Journal of Atmospheric Science* 37:2712-2733.

Wismann, V. 2000. Monitoring of seasonal snowmelt on Greenland with ERS scatterometer data .*IEEE Transactions on Geoscience and Remote Sensing* 38(4):1821-1826.

Wunderle, S., and J.Schmidt. 1997. Comparison of interferograms using different DTM's—a case study of the Antarctic Peninsula. In *Proceedings of the EARSeL Workshop Remote Sensing* Laboratories.

Wynne, R.H., and T.M.Lillesand. 1993.Satellite observation of lake ice as a climate indicator — initial results from statewide monitoring in Wisconsin. *Photogrammetric Engineering and Remote Sensing* 59(6):1023-1031.

Xiao, X., Z. Shen, and X.Qin. 2001. Assessing the potential of VEGETATION sensor data for mapping snow and ice vover:a normalized difference snow and ice index. *International*

Xu, H., J.O.Bailey, E.C.Barrett, and R.E.J.Kelly. 1993.Monitoring snow area and depth with integration of remote-sensing and GIS. *International Journal of Remote Sensing* 14(17): 3259-3268.

Yankielun, N.E., S.A. Arcone, and R.K. Crane. 1992.Thickness Profiling of freshwater ice using millimeter-wave FM-CW radar. *IEEE Transactions on Geoscience and Remote Sensing* 30(5):1094-1100.

Yankielun, N.E., M.G. Ferrick, and P.B. Weyrick. 1993. Development of an airborne millimeter-wave FM-CW radar for mapping river ice. *Canadian Journal of Civil Engineering* 20(6):1057-1064.

Yi, D., and C.R. Bentley. 1994.Analysis of satellite radar altimeter return waveforms over the east Antarctic ice sheet. *Annals of Glaciology* 20:137-142.

Young, N.W., and G. Hyland. 2002.Velocity and strain rates derived from InSAR analysis of the Amery Ice Shelf, East Antarctica. *Annals of Glaciology* 34:228-234.

Zeng, Q. Z., M.S.Cao, and X.Z.Feng. 1984. Study on Spectral reflection characteristics of snow, ice and water of northwestern China. *Sci. Sinisu*(*Series B*)27:647-656.

Zhang, T., R.G. Barry, K.Knowles, J.A. Heginbottom, and J. Brown. 1999. Statistics and characteristics of permafrost and ground ice distribution in the Northern Hemisphere. *Polar Geography* 23(2):147-169.

Zhang, Y. 1999.*MODIS UCSB Emissivity Library*. Available from http://www.icess.-ucsb. edu/modis/EMIS html/em.html.

Zibordi, G., and G.P.Meloni, 1991.Classification of Antarctic surfaces using AVHRR data—a multispectral approach. *Antarctic Science* 3(3):333-338.

Zibordi, G., and M. van Woert. 1993. Antarctic sea ice mapping using the AVHRR. *Remote Sensing of Environment* 45:155-163.

Zwally, H.J.1977. Microwave emissivity and accumulation rate of polar firn. *Journal of Glaciology* 18:195-215.

Zwally, H.J., M.A. Beckley, A.C. Brenner, and M.B. Giovinetto. 2002. Motion of ice-shelf fronts in Antarctica from slant-range analysis of radar altimeter data, 1978-1998. *Annals of Glaciology* 34:255-262.

Zwally, H.J., and A.C.Brenner. 2001. The role of satellite radar altimetry in the study of ice sheet dynamics and mass balance. In *Satellite Altimetry and Earth Sciences*, edited by L.-L.Fu. New York:Academic Press.

Zwally, H.J.,A.C.Brenner, J.A.Major, R.A.Bindschadler, and J.G.Marsh. 1989. Growth of Greenland Ice Sheet:Measurement. *Science* 246:1587-1589.

Zwally, H.J.,and S. Fiegles. 1994. Extent and duration of Antarctic surface melt. *Journal of Glaciology* 40(136):463-476.

Zwally, H. J., and M. B. Giovinetto. 1995.Accumulation in Antarctica and Greenland derived from passive-microwave data: A comparison with contoured complications.*Annals of Glaciology* 21:123-130.

Zwally, H. J., and P. Gloersen. 1977. Passive microwave images of the polar regions and research applications. *Polar Record* 18(116):431-450.

索　引

中文	页码	英文
“5S”模型	113	5S code
62 度以北执行委员会	11	OKN
62 度以北执行委员会	11	Operator Committee North of 62°
AATSR	见改进型沿轨扫描辐射仪	AATSR
AES-York 算法	118	AES-York algorithm
AIMR	见机载成像微波辐射计	AIMR instrument
AMI	52	AMI instrument
AMM	见南极制图计划	AMM
Aqua 卫星	30, 36	Aqua satellite
Argon 卫星	25	Argon satellite
ARGOS	10	ARGOS
ASCAS	见高山积雪分析系统	ASCAS
ASF	见阿拉斯加 SAR 研究室	ASF
ASTER	26, 27, 28, 30, 33, 69, 143, 144	ASTER
ATLAS 激光高度计	151	ATLAS laser altimeter
ATSR, ATSR-2	见沿轨扫描辐射计	ATSR(and ATSR-2) instrument
AVHRR	见改进型甚高分辨率辐射仪	AVHRR instruments
AVIRIS	106, 113	AVIRIS instrument
Balkan-1 激光剖面仪	39, 152	Balkan-1 laser profiler
Bootstrap 算法	118	Bootstrap algorithm
Budd 冰流动模型	154	Budd model of ice flow
CCD	见电荷耦合器件	CCD
Corona 卫星	25	Corona satellite
Cryosat 卫星	150, 176	Cryosat satellite
DEM	见数字高程模型	DEM
DMSP 卫星	见国防气象卫星计划	DMSP satellites
DN 值	55	Digital number
Envisat 卫星	44, 53, 119, 150, 152, 170	Envisat satellite
ERS	44, 49, 54, 104, 119, 120, 123, 124, 130, 132, 148, 150,	ERS satellite

中文	页码	英文
	159, 162, 161, 167, 168, 169, 170, 彩图 7.1	
ESMR	见电子扫描微波辐射仪	ESMR instrument
ESSA 卫星	115	ESSA satellites
ETM+传感器	见增强型专题制图仪	ETM+ instrument
FCIR	见假彩色红外	FCIR
FNOC 算法	118	FNOC algorithm
FWHH	见半高宽	FWHH
GCP	见地面控制点	GCP
GEOS-3 卫星	44, 150	GEOS-3 satellite
GIS	见地理信息系统	GIS
GLAS	见地球科学激光高度系统	GLAS instrument
GLCM	见灰度共生矩阵	GLCM, see Gray level co-occurrence matrix
GLRS	见地球科学激光高度系统	GLRS
GMS 卫星	30, 彩图 2.2	GMS satellites
GOES 卫星	27, 30, 108, 彩图 2.2	GOES satellites
GOMS 卫星	彩图 2.2	GOMS satellite
HRV 传感器	26, 145, 166	HRV instrument
ICEAMAPPER	116	ICEAMAPPER
ICESat 卫星	36, 39, 152, 176	ICESat satellite
IDAP	见冰川数据获取计划	IDAP
IFOV	见瞬时视场	IFOV
Ikonos 卫星和传感器	28	Ikonos satellite and instrument
InSAR	见 SAR 干涉测量	InSAR
IRS 卫星	30	IRS satellites
ISCCP	见国际卫星云气候学计划	ISCCP
JERS-1 卫星	53	JERS-1 satellite
Jason-1 卫星	44	Jason-1 satellite
“Keyhole”相机	25	Keyhole camera
KFA-1000 照片	145	KFA-1000 camera
Kosmos 卫星	25	Kosmos satellites
KVR 摄影相机	25	KVR camera
Landsat 卫星	7, 27, 28, 30, 32, 58, 60, 61, 62, 63, 65, 101, 102, 105, 107,	Landsat satellites

中文	页码	英文
	113, 133, 134, 135, 139, 144, 145, 146, 154, 162, 166, 167, 174, 彩图 3.1, 彩图 3.2, 彩图 7.1	
Lanyard 卫星	25	Lanyard satellite
Lebedev 公式模拟海冰的增长	128	Lebedev formula for sea-ice growth
LOWTRAN 模型	33, 155	LOWTRAN
Minnaert 模型	113	Minnaert model
Mir 空间站	39, 44	Mir space station
MODIS 传感器	2, 6, 30, 33, 106, 109, 113, 116, 133, 154, 165, 彩图 5.1, 彩图 5.2	MODIS instrument
MODTRAN 模型	33	MODTRAN
MSC	见加拿大气象局	MSC
MSMR	见多通道扫描微波辐射计	MSMR
MSU-SK 传感器	彩图 2.4	MSU-SK instrument
MSU-S 传感器	105	MSU-S instrument
Muhleman 模型	114, 147	Muhleman model
NASA 算法	117, 118, 119, 132	NASA Team algorithm
NDSI	见归一化差值积雪指数	NDSI
NESDIS	108	NESDIS
NEΔT	见噪声等效温差	NEΔT
Nimbus 系列卫星	36, 115	Nimbus satellites
NOAA	108	NOAA
NOAA 系列卫星	30, 115, 165	NOAA satellites
NORSEX 算法	118	NORSEX algorithm
NSCAT 传感器	52	NSCAT instrument
NSIDC	见美国国家雪冰数据中心	NSIDC
Oceansat 卫星	115	Oceansat satellite
Okean 卫星	120	Okean satellite
OLS 传感器	107, 165, 167	OLS instrument
PAN 传感器	30	PAN instrument
QuickScat 卫星	47, 52	QuickScat satellite
Radarsat 卫星	51, 119, 147, 152, 160, 162 , 163, 168, 170, 176	Radarsat
San Rafael 冰川	彩图 8.1	San Rafael Glacier, Chile

中文	页码	英文
Saroma 湖	128	Saroma, Lake
SAR 干涉测量	50, 105, 110, 131, 143, 152, 162, 163, 173, 174, 彩图 2.5, 彩图 6.3, 彩图 8.1	SAR interferometry
SeaWinds 散射计	47, 52	SeaWinds scatterometer
SIR	见航天飞机成像雷达	SIR
Skylab 卫星	44	Skylab
SMMR	见多通道扫描微波辐射计	SMMR
SPOT 卫星	26, 105, 145, 148, 166	SPOT satellite
SRM	见融雪径流模型	SRM
SSM/I 传感器	36, 37, 107, 108, 110, 118, 119, 129, 155, 167	SSM/I instrument
SSM/T 传感器	107	SSM/T instrument
SWE	见雪水当量	SWE
Terra 卫星	30, 105, 109	Terra satellite
TIROS 卫星	102, 115	TIROS satellites
TM	见专题制图仪	TM
Topex-Poseidon 卫星	44	Topex-Poseidon satellite
VHRR	见甚高分辨率辐射仪	VHRR
阿比斯库（瑞典）	103	Abisko, Sweden
阿尔卑斯	7, 9, 105, 143, 163	Alps
阿拉斯加	7, 9, 16, 110, 135, 138, 139, 140, 159, 160, 163	Alaska
阿拉斯加 SAR 研究室	123	Alaska SAR facility
阿拉斯加的朱诺冰原	159, 160	Juneau Icefield, Alaska
埃尔斯米尔岛（加拿大）	69	Ellesmere Island, Canada
埃勒夫灵内斯岛（加拿大）	171	Ellef Ringnes Island, Canada
埃默里冰架	44, 148	Amery Ice Shelf
安第斯山	7	Andes
岸固冰	87	Anchor ice
奥地利	97, 147	Austria
奥斯特佛纳（斯瓦尔巴特群岛）	152, 159	Austfonna, Svalbard
巴恩斯冰帽（加拿大巴芬岛）	147	Barnes Ice Cap, Baffin Island, Canada
巴伦支海	11, 116, 121, 165, 166	Barents Sea

中文	页码	英文
巴罗（阿拉斯加）	138	Barrow, Alaska
白冰	87	White ice
白岛（斯瓦尔巴群岛）	152	Kvitøya, Svalbard
白令海	121	Bering Sea
拜洛特岛（加拿大）	8	Bylot Island, Canada
半变率	76	Semivariogram
半高宽	21	Full width to half height
半球反照率	113	Hemispherical albedo
薄冰	见海冰	Thin ice
北冰洋	121	Arctic Ocean
北大西洋涛动	121	North Atlantic Oscillation
北地	9	Severnaya Zemlya
贝加尔湖	133	Baikal, Lake
被动微波系统	34, 107, 110, 115, 122, 129, 139, 140, 155, 157, 167, 174	Passive microwave systems
被动遥感	19	Passive remote sensing
比值图像	60, 113, 146	Ratio image
边缘检测	59, 69	Edge-detection
变化检测	69, 147	Change detection
变化向量分析	71	Change vector analysis
变质（积雪）	73, 110	Metamorphosis, snow
标量近似	84	Scalar approximation
表面粗糙度	74, 89, 114, 128, 139	Roughness, surface
表面相	见相	Surface facies
冰		Ice
白冰	见白冰	White, see white ice
层状、菱形和管状	94, 97, 152	ice lens, layer, pipe
复折射指数	98	refractive index
黑冰	见黑冰	Black, see black ice
物理特性	80, 87, 152	physical properties
冰崩	见冰山	Calving of icebergs
冰层	94, 97, 173	Layer, ice
冰川	3, 143	Glacier
表面温度和表面融化	154	surface temperature and melting
冰厚度和岩床地形	152, 175	thickness and bedrock topography
冰舌	165	tongue

中文	页码	英文
动力学	173, 175	dynamics
面，相（冰川）	94, 158, 175, 176	facies
融水通道	151	meltwater channel
温度	95	temperature
物理特性	93	physical properties
跃动	9, 148	surging
质量平衡	144, 163	mass balance
冰川数据获取计划	11	Ice Data Acquisition Programme
冰川最大值和最小值	8	Glacial maximum and minimum
冰带	157	Ice zone, glacier
冰岛	7, 147, 151, 163	Iceland
冰冻圈	1	Cryosphere
冰分界线	148, 158	Ice divide
冰盖	3, 143	Ice sheet
冰湖溃决洪水	9	Jökulhlaup
冰架	6, 95, 143, 147, 163, 165, 173	Ice shelf
冰间湖	89	Polynya
冰间水道	15, 89, 115, 128	Lead
冰棱（棱状冰）	94, 97	Lens, ice
冰流	6, 162	Ice stream
冰帽	7, 143, 147, 彩图 2.5	Ice cap
冰面湖	144	Lake, supraglacial
冰碛物	162	Moraine
冰丘	89	Hummocks
冰山	7, 9, 69, 165	Iceberg
冰裂隙	9	crevassing
冰山厚度	171, 175	thickness
出水高度	98, 167, 171	freeboard
接地冰山	166	grounded
裂冰	8, 9, 33, 94, 95, 98, 148, 165	calving
平顶冰山	6, 9, 98, 99, 167, 176	tabular
物理特性	98	physical properties
冰下湖	150, 153, 173	Lake, subglacial
冰锥	15, 87, 139	aufeis
饼状冰	89	Pancake ice
波的尼亚湾	132, 彩图 6.3	Bothnia, gulf of

中文	页码	英文
波段变换	60	Band transformation, image
波弗特海	14, 124, 125, 126, 130, 彩图 6.2	Beaufort Sea
伯恩特伍德河(加拿大马尼托巴)	134, 136	Burntwood River, Manitoba
布罗格半岛（斯瓦尔巴群岛）	31, 49, 58, 65, 彩图 3.2	Brøgger Halvøya (peninsula), Svalbard
布儒斯特角	86	Brewster angle
侧视雷达	47, 120, 167	Side-looking radar
测距仪	20	Ranging instruments
查找表	123	Look-up table
超高频辐射	98	UHF radiation
成像雷达	20, 45	Imaging radar
成像雷达	20	Radar imaging
出水高度		Freeboard
冰山	见冰山	iceberg
淡水冰	见淡水冰——厚度	freshwater ice
海冰	见海冰——厚度	sea ice
处理层	67	Processing layer
穿透深度	见消光长度	Penetration length
大平原（美国）	110	Great Plain, USA
大气层顶太阳辐亮度	112	Exoatmospheric irradiance
大气顶层	113	TOA(top of atmosphere)
大气纠正的分裂窗算法	33, 155	Split window method for atmospheric correction
大气廓线	32	Atmospheric profiling
大气校正	32, 38, 43	Atmospheric correction
大熊湖（阿拉斯加）	139	Great Bear Lake, Alaska
大雪丘	144, 173	Megadunes
戴维斯站（南极）	170	Davis Station, Antarctica
单基地雷达方程	见雷达方程	Monostatic radar equation
淡水冰	15, 86, 133, 173	Freshwater ice
厚度	135, 175	thickness
类型	139	type
与积雪的辨别	133	discrimination from snow
岛峰	5, 162	Nunatak
岛状冻土	17	Sporadic permafrost

中文	页码	英文
德文冰帽（加拿大）	7, 51，彩图 2.5	Devon Island Ice Cap, Canada
地理编码	49	Geocoding
地理信息系统	55, 112, 176	Geographic information system
地理坐标参考过程	56, 162, 175	Georeferencing
地面单元	27, 55	Rezel
地面控制点	56, 162	Ground control point
地球辐射平衡	14	Radiation Budget, Earth
地球辐射收支	14	Earth radiation budget
地球静止卫星	27, 174，彩图 2.2	Geostationary satellites
地球科学激光高度系统	36, 39, 152	Geoscience Laser Altimeter System
地球物理处理机系统	123	Geophysical Processor System
地球物理处理系统	129	Geophysical Processor System
地球资源卫星	见 ERS	ERS satellite
地形（地表）	149, 173	Topography, surface
地形编码	49	Terrain geocoding
地形位移	24, 28	Relief displacement
第 2 阶段(P2)融化雷达带	159	Phase 2 melt zone
点分布函数	21	Point spread function
电磁感应	127	Electromagnetic induction
电磁感应	127	Induction, electromagnetic
电荷耦合器件	26, 27, 32	Change-coupled device
电离层	43	Ionosphere
电子扫描微波辐射仪	36, 115, 117	Electrically scanned microwave radiometer
叠掩	48	Layover
东北地岛（斯瓦尔巴群岛）	97	Nordaustlandet, Svalbard
东南极冰盖	5, 121	East Antarctic ice sheet
冻结冰	86, 89	Congelation ice
冻结到淡水底部	135, 173	Freezing to bottom of freshwater bodies
冻结渗浸带	159	Frozen percolation zone
度日	76, 112, 129	Degree-day
端元	64, 120	End-member
短波辐射	1	Short-wave radiation
对比度		Contrast

中文	页码	英文
航空像片对比度 影像对比度	21 78	photographic film image
多宾湾（埃尔斯米尔岛）	69	Dobbin Bay, Ellesmere Island
多光谱成像仪	102	Multispectral imager
多光谱分类	见分类	Multispectral classification, see Classification
多光谱扫描仪	30, 133, 145, 166	Multispectral Scanner
多瑙河	141	Danube, River
多年冰	见海冰	Multi-year ice
多年冻土	16	Permafrost
多时相影像分析	64, 104, 129, 147, 159	Multitemporal image analysis
多视向图像	50	Multi-look image
多通道扫描微波辐射计	115，彩图 6.1	Multichannel Scanning Microwave Radiometer, see MSMR
多通道扫描微波辐射计	36, 108, 117, 118, 155	Scanning Multichannel Microwave Radiometer
俄罗斯	7, 25, 105, 116, 120, 134, 135, 149, 151, 166，彩图 2.4, 彩图 5.1	Russia
厄茨谷冰川（奥地利）	97	Ötztal glacier, Austria
厄尔尼诺	121	El Niño
鄂霍次克海	121, 127, 128	Okhotsk, Sea of
二年冰	13	Second-year ice
二向反射分布函数	113	Bidirectional reflectance distribution function
发射率 冰 冰川 海冰 水体 雪盖	20, 32 88, 96 96, 155 91, 92, 115, 117, 132 96, 117 79, 85, 96, 107, 108, 114	Emissivity ice glacier sea ice water snow
反射率（行星）	见行星反射率	Reflectance, Planetary
反照率	3, 101, 112, 115, 126, 143, 166	Albedo
方位偏移	49	Azimuth shift
方位向	46	along-track direction

中文	页码	英文
方位向	46	Azimuth direction
放大（极地）	1	Amplification , polar
非监督分类	见分类	Unsupervised classification
非线性滤波器	59	Non-linear filter
菲尔希纳冰架（南极）	165, 167	Filchner Ice Shelf, Antarctic
分辨率		Resolution
辐射分辨率	32, 35, 49	radiometric
光谱分辨率	28, 32, 35	spectral
空间分辨率	27, 32, 34, 37, 39, 46, 55, 165, 174	spatial
摄影胶片分辨率	21	photographic film
时间分辨率	174	temporal
分幅成像	26	Step-stare imaging
分类（影像或图像）	63	Classification, image
多光谱	64, 146, 彩图 3.2	multispectral
多时相	158, 177	multitemporal
纹理	64, 124, 147, 157, 158, 166, 168, 170, 177	texture
分维	76	Fractal
芬兰	111, 彩图 5.1	Finland
弗朗茨约瑟夫地	9, 10, 25, 148, 166, 167	Franz Josef Land
浮冰	14, 89, 115, 124, 129	Floe, ice
浮冰岛	99, 170	Ice island
浮冰块(尺寸小于 5m)	98	Bergy bits
辐射传输模型	112, 155	Radiation transfer model
辐射量	19, 20	Radiance
福宾德尔斯冰川（格陵兰）	95	Forbindels Glacier, Greenland
负片，摄影测量	21	Negative, photographic
负指数函数	75	Negative exponential function
附加冰带	94, 158, 159	Superimposed ice, Superimposed ice zone
傅里叶变换	168	Fourier transform
伽马射线测量	110	Gamma-ray surveying
改进型甚高分辨率辐射计	28, 30, 31, 33, 105, 108, 115, 125, 129, 133, 139, 144, 147, 149, 154, 165, 167, 174	Advanced very high resolution radiometer

中文	页码	英文
改进型沿轨扫描辐射仪	33	Advanced along-track scanning radiometer
感光乳剂	20	Emulsion, photographic
感知器	67	Perceptron
干涉 SAR	见 SAR 干涉测量	Interferometric SAR
干雪	见雪	Dry snow
干雪带	94, 97, 158, 159	Dry snow zone
干雪线	94	Dry snow line
高光谱影像	64	Hyperspectral image
高级微波扫描辐射计	36	AMSR/E instrument
高山积雪分析系统	105, 112	Alpine snow cover analysis system
高斯函数	75	Gaussian function
高通滤波器	59	High-pass filter
格兰得班克	10	Grand Banks
格陵兰	94, 105, 121, 143, 163	Greenland
冰盖（格陵兰）	3, 4, 8, 9, 45, 94, 143, 144, 150, 151, 155, 156, 158, 159, 163, 165, 173	Ice Sheet
各向异性粗糙度	75	Anisotropic roughness
共轭点	25, 109	Conjugate points
孤立分布的多年冻土	17	Isolated permafrost
管状冰	94, 97	Pipe, ice
光导摄像管	26	Vidicon
光电倍增管	26	Photomutiplier
光电二极管	26, 32	Photodiode
光谱特征	64	Spectral signature
光学厚度	78	Optical thickness
光学特性		Optical properties
冰山光学特性	99	iceberg
淡水冰光学特性	87	freshwater ice
海冰光学特性	89	sea ice
雪光学特性	77, 95, 102, 112	snow
归一化差值积雪指数	61, 63, 102, 103, 106	Normalized difference snow index
归一化差值雪冰指数	105	Normalized difference snow and ice index
归一化差值植被指数	102, 105	Normalized difference vegetation

中文	页码	英文
		index
规格（摄影胶片）	22	Format, photographic film
国防气象卫星计划	36, 107, 165	Defense Meteorological Satellite Program
国际冰情巡逻队	10, 98	International Ice Patrol
国际卫星云气候学计划	174	International Satellite Cloud Climatology Program
国家雪冰数据中心（美国）	37, 118	National Snow and Ice Data Center
海冰	1, 11, 115	Sea ice
薄冰	89, 115, 118	thin
初冰	89	young
多年冰	13, 89, 115	multi-year
固定冰	131	fast
海冰动态行为	115, 129	dynamics
海冰范围	116	extent
海冰厚度	89, 126, 175	thickness
海冰类型	115, 121, 128, 176	type
海冰密集度	116, 175	concentration
海冰温度	132	temperature
海冰物理特性	88	physical properties
两年冰	13	second-year
新冰	13	new
一年冰	13, 89, 115	first-year
海冰外缘带	14, 124, 129	Marginal Ice Zone
海平面	8	Sea level
海水冰点	88	Sea water, freezing point
海洋卫星散射器系统	52	SASS instrument
海洋系列卫星	44, 53, 150, 170, 173	Seasat satellite
行星反射率	112	Planetary reflectance
航空摄影测量	20, 141, 143, 165, 彩图 2.1	Aerial photography
航空摄影测量	见航空摄影测量	Air photography
航天飞机成像雷达	51, 彩图 8.1	Shuttle Imaging Radar
毫米波雷达	140	Millimeter-wave radar
合成分析	71	Composite analysis
合成孔径雷达	47, 102, 103, 114, 118, 128, 129, 133, 136, 137, 143, 147,	Synthetic Aperture Radar

中文	页码	英文
	158, 162, 163, 167, 174, 176	
多极化 SAR	105, 110, 114, 125, 158, 168, 176	polarimetric
多频率 SAR	105, 114, 125, 158, 168, 176, 彩图 6.2	multifrequency
河冰	见淡水冰	River ice
黑白全色片	21	Panchromatic film
黑体，黑体辐射	20, 31, 34	Black body, black body radiation
恒值滤波器	59	Identity filter
横贯南极山脉	5	Transantarctic Mountains
红外	见假彩色红外	Infrared
红外胶片	20	film
热红外	19	thermal
红外自旋扫描辐射计	30, 33	VISSR instrument
洪水	3	Flooding
后向传递	67	Back-propagation
后向散射系数	20	Backscattering coefficient
冰	88, 133	Ice
冰川	96, 158	glacier
冰山	99, 170	iceberg
海冰	92, 93, 120, 122,123	sea ice
水体	123, 133, 170	water
雪盖	83, 104	snow
忽拉忽拉河（阿拉斯加）	140	Hulahula River, Alaska
湖冰	见淡水冰	Lake ice, see Freshwater ice
环状	74	Pendular regime
皇冠冰川（斯瓦尔巴群岛）	145	Kronebreen, Svalbard
灰度共生矩阵	66, 124	Gray level co-occurrence matrix
灰度值	55	Gray level
混合光谱模型	64, 106, 120	Spectral mixture modeling
活动层	16	Active layer
霍布森的选择	170, 171	Hobson's Choice ice island
霍夫变换	68, 168	Hough transform
机载成像微波辐射计	167	Airborne imaging microwave radiometer
积冰	87	Icing

中文	页码	英文
积分时间	32	Integration time
积累区	93, 96, 157, 彩图 2.1	Accumulation area
积累速率	97, 157, 158, 163, 175	Accumulation rate
积雪的各向异性反射	78, 113	Anisotropic reflectance of snow
积雪的孔隙度	74	Porosity, snow
积雪的热质	76	Thermal quality of snow
基尔霍夫模型	114	Kirchhoff model
基于单个像元的分类	64	Per-pixel classifier
激光测距仪，激光剖面仪	20, 36, 109, 127, 140, 143, 152, 163, 175	Laser profiler
激光雷达	见激光测距仪	LiDAR
极地放大	1	Polar amplification
极化比	117	Polarization ratio
几何光学模型	83, 158	Geometric optics model
几何特征	68, 129	Geometric features, detection
脊	14, 89, 128, 129	Ridge
季节性雪盖	1, 101	Seasonal snow cover
加拿大	7, 8, 9, 69, 110, 197, 160, 170, 171, 彩图 2.5，彩图 7.1	Canada
加拿大 Peyto 冰川	160	Peyto glacier, Canada
加拿大巴芬湾	10	Baffin Bay, Canada
加拿大气象局	110	Meteorological Service of Canada
假彩色红外	21, 彩图 2.4	False-color infrared
监督分类	见分类	Supervised classification
降水对遥感监测积雪的影响	107, 118	Precipitation, influence on remotely-sensed imagery
交叉分析	150	Crossover analysis
交叉极化梯度比	见梯度比	Cross-polarized gradient ratio
胶片（摄影）	20	Film, photographic
胶片感光度	21	Speed, film
脚印	37, 38	Footprint
接地线	144, 163	Grounding line
介电常数		Dielectric constant
冰	80, 87, 135	ice
冻结沉积物	135	frozen sediment
海冰	91	sea ice

中文	页码	英文
积雪 水体	80, 96 135	snow water
晶粒，摄影	20	Grain, photographic
晶粒尺寸;粒径（积雪） 对反射率的影响因素 对微波特性的影响因素	73, 95 78, 95, 113, 149 81, 85, 110, 114	Grain size, snow effect on reflectance effect on microwave properties
径流模拟	112, 176	Runoff modeling
距离向	46	Across-track direction
距离向	47	Range direction
卷积核	58	Kernel, convolution
卷积滤波	58	Convolution filter
均值滤波器	58	Averaging filter
喀拉海	116, 120, 121	Kara Sea
喀喇昆仑山	7	Karakoram Mountains
勘测相机	23	Reconnaissance camera
康斯韦根冰川（斯瓦尔巴群岛）	31, 145, 161, 162	Kongsvegen glacier, Svalbard
可见光近红外图像的饱和效应	31	Saturation in VIR imagery
可见光近红外影像	26, 102, 112, 115, 121, 133, 139, 143, 157, 162, 165, 171	VIR(visible-near infrared) imager
克里金插值	151	Kriging
克维克尼（挪威）	114	Kvikne, Norway
空间滤波器	58	Spatial filtering
空间相关矩阵	见灰度共生矩阵	Spatial dependence matrix
快鸟传感器	28, 30	Quickbird
宽波段反射率	113	Broad-band reflectance
框标	23	Fiducial mask
拉布拉多海	124	Labrador Sea
拉尼娜	121	La Niña
拉森冰架（南极）	6, 8, 52, 147, 156, 166, 173	Larsen Ice shelf, Antarctica
朗伯体反射	78, 113	Lambertian reflection
雷达斑点	50, 122, 143, 162, 169	Speckle, radar
雷达冰川带	159	Radar glacier zones
雷达方程	49	Radar equation
雷达高度计	20, 40, 110, 118, 120, 127, 150, 163, 174	Radar altimeter

中文	页码	英文
雷达高度计波形	40, 120, 151	Waveform, radar altimeter
雷达基线	51, 162	Baseline radar
雷达倾斜摄影测量法	149	Radar photoclinometry
雷达图像变形	47, 143	Distortion in radar imagery
雷诺夫冰川（弗朗茨约瑟夫地）	167	Renown glacier, Franz Josef Land
累加矩阵	68	Accumulator array
离散坐标辐射传输模型	113	DISORT (discrete ordinate radiative transfer model)
立体摄影	23, 109, 149, 163, 171	Stereophotography
粒径（积雪）	见晶粒尺寸;粒径	Crystal size, snow
粒雪	94	Firn
粒雪线	94	line
粒雪（法语）	95	Néné
连续多年冻土	17	Continuous permafrost
亮点效应	48	Hithlighting
亮度温度	20, 33, 101, 107, 108, 110, 117, 140	Brightness temperature
量测相机	23	Metric camera
裂隙	9, 97, 144, 151, 153, 158, 162	Crevasse
陆地冰的排水量	4	Discharge rate from land ice
罗斯冰架	6, 33	Ross Ice Shelf
罗斯海	13, 121	Ross Sea
裸冰区	157	Bare ice zone
马萨诸塞大学算法	118	University of Massachusetts algorithm
麦肯齐河海湾（南极）	44	Mackenzie Bay, Antarctica
脉冲雷达	20, 45, 127, 139, 152, 171	Impulse radar
脉冲增长时间	37	Rise time, pulse
脉冲重复频率	38	Pulse repetition frequency
漫反照率	113	Diffuse albedo
梅尔科耶湖	134, 135	Melkoye, Lake
美国	7, 9, 16, 101, 106, 109, 111, 133, 138, 139, 140, 159, 160, 彩图 5.2	USA
美国国家水文遥感中心	108	NOHRC
米德特拉文伯林冰川（斯瓦尔巴	7, 39, 60, 61, 62, 63, 95, 96,	Midre Lovénbreen, Svalbard

中文	页码	英文
群岛）	146, 161，彩图 5.1，彩图 5.2	
密度分割	63	Density-slicing
面，相（冰川）	见冰川	Facies, glacier
明尼阿波里斯市（美国明尼苏达州）	101	Minneapolis, Minnesota, USA
模板匹配	68	Template matching
默茨冰川（南极）	147	Mertz glacier, Antarctica
南部海洋	10, 11, 174，彩图 6.1	Southern Ocean
南极半岛	8	Antarctic Peninsula
南极冰盖	4, 8, 44, 94, 144, 147, 155, 163，彩图 6.1	Antarctic ice sheet
南极制图计划	51, 53, 147, 162, 176	Antarctic Mapping Mission
尼奥加弗杰德斯布拉冰川（格陵兰）	163	Nioghalvfjerdsbrae, Greenland
尼罗冰(冰壳)	89	Nilas
宁尼斯冰川（南极）	147	Ninnis glacier, Antarctica
挪威	7, 11, 108, 114，彩图 5.1 又见斯瓦尔巴群岛	Norway see also Svalbard
挪威水资源与环境委员会	108	NVE
平顶冰山	见冰山	Tabular iceberg
平衡线	94, 95, 143, 158, 160, 163, 175	Equilibrium line
平滑滤波器	59, 169	Smoothing filter
坡度诱导误差	42, 150	Slope-induced error
曝光量	21	Exposure, photographic
气团	38	Air mass
气象卫星	27, 30，彩图 2.2	Meteosat satellites
潜艇	14, 126	Submarines
潜影	21	Latent image
乔治岛(弗朗茨约瑟夫地)	148	George Land, Franz Josef land
乔治王岛（南极）	159	King George Island, Antarctica
倾斜摄影测量	23	Obique photography
倾斜摄影测量法	见阴影恢复形状技术	Photoclinometry
区域增长	68, 69	Region-growing
全景相机	23	Panoramic camera

中文	页码	英文
全球陆地冰空间监测计划	7, 143	GLIMS(Global Land Ice Measurements from Space)
热红外		Thermal infrared
热红外辐射	19, 31, 121	radiation
热红外影像	32, 107, 114, 125, 132, 133, 135, 154	imager
日本	128	Japan
日本海	121	Japan, Sea of
日本先进对地观测卫星	52	ADEOS satellite
融化特征		Melt features
冰川	144, 148, 158	glacier
海冰	89, 118, 121, 124	sea ice
融水塘		Ponds, see Melt ponds
融雪径流模型	112, 176	Snowmelt Runoff Model
入射角	96	Incidence angle
锐化滤波器	59	Sharpening filter
瑞典	103, 彩图 5.1, 彩图 6.3	Sweden
瑞利散射	81, 114	Rayleigh scattering
瑞士	143, 145, 163	Switzerland
散射		Scattering
二次散射	168	double bounce(dihedral)
朗伯散射	78, 112, 113	Lambertian
散射长度	78	length
瑞利散射	81	Rayleigh
镜面散射	120	specular
面散射	83, 96, 103, 114	surface
体散射	84, 85, 97, 99, 101, 110, 114, 158, 168	volume
散射		Scattering
二次散射	168	double bounce(dihedral)
镜面散射	120	specular
朗伯散射	78, 112, 113	Lambertian
面散射	83, 96, 103, 114	surface
瑞利散射	81	Rayleigh
散射长度	78	length
体散射	84, 85, 97, 99, 101, 110, 114,	volume

中文	页码	英文
	158, 168	
散射计（微波）	45, 47, 112, 118, 122, 156, 174	Scatterometry, microwave
山谷冰川	7	Valley glacier
山麓冰川	7	Piedmont glacier
摄影基线	24	Baseline photographic
深霜	95	Depth hoar
神经网络	67, 111, 118, 177	Neural network
甚高分辨率辐射计	115	Very High Resolution Radiometer
甚高频辐射	45, 98	VHF radiation
渗浸带	94, 97, 157, 158, 159	Percolation zone
圣劳伦斯海湾	121	St Lawrence, Gulf of
湿雪带	94, 97, 157, 159	Wet snow zone
湿雪线	94	Wet snow line
时间序列	见多时相	Time series
矢量格式	55	Vector format
世界气象组织	98	World Meteorological Organization
输出层	67	Output layer
数据融合	176	Synergy, data
数字高程模型	49, 103, 110, 113, 114, 149, 157, 158, 162, 163, 171, 176	Digital elevation model
衰减长度	81, 91, 103, 140, 151, 155	Attenuation length
双线性卷积和双三次卷积	56	Bilinear and bicubic convolution
双向观测法用于大气纠正	33	Two-look method for atmospheric correction
水积蓄	3, 9, 11	Water storage
水力发电	9	Hydroelectric power generation
水内冰	86, 89, 136	Frazil ice
水汽	35, 38	Water vapor
水色卫星传感器	30	WiFS instrument
水文学	3, 15, 102	Hydrology
瞬时积雪	1, 105	Temporary snow cover
瞬时视场	27	Instantaneous Field of View
斯凯达拉尔冰川（冰岛）	151	Skeidarárjökull, Iceland
斯康辛州（美国）	133	Wisconsin, USA

中文	页码	英文
斯拉克冰川（斯瓦尔巴群岛）	97	Slakbreen, Svalbard
斯匹次卑尔根浅滩（斯瓦尔巴群岛）	166	Spitsbergenbanket, Svalbard
斯普利特湖(加拿大马尼托巴省）	133, 137	Split Lake, Manitoba
斯瓦尔巴群岛	7, 9, 10, 29, 31, 39, 49, 58, 60, 61, 62, 63, 65, 95, 96, 145, 146, 152, 159, 161, 165, 166, 169, 彩图 2.1, 彩图 3.1, 彩图 3.2	Svalbard
苏联（前）	119,又见俄罗斯	Soviet Union, formor
碎冰块	89	Rubble ice
碎冰山	98	Growler
索道状结构	74	Funicular regime
索龙达讷山（南极）	147	Sør Rondane mountains, Antarctica
锁定（雷达高度计）	43, 151, 176	Lock, radar altimeter
塔吉什湖（加拿大不列颠哥伦比亚）	彩图 7.1	Tagish Lake, British Columbia
太阳同步轨道	174, 175	Sun-synchronous orbit
泰米尔半岛	15	Taimyr Peninsula
泰坦尼克	11	Titanic
探地雷达	45, 98, 127, 143, 152, 173	Ground-penetrating radar
特征追踪	70, 162	Feature-tracking
梯度比	117, 155	Gradient ratio
梯度滤波器	59	Gradient filter
天线	34	antenna
天线波束	34	Beam, antenna
条幅式相机	23	Strip camera
调制传递函数	21	Modulation transfer function
图利克湖（阿拉斯加）	16	Toolik Lake, Alaska
图像分割	68, 124, 129, 168, 169, 170	Segmentation, image
图像阈值分割	63, 69, 102, 103, 104	Thresholding, image
图像直方图	57	Histogram, image
图像重投影	56	Reprojection, image
推扫式成像	26	Pushu-broom imaging
推扫式扫描成像	27, 32	Whiskbroom imaging
椭球地理编码	47	Ellipsoid geocoding

中文	页码	英文
瓦特纳冰川（冰岛）	163	Vatnajökull, Iceland
威德尔海	12, 121	Weddell Sea
微波辐射	19, 34	Microwave radiation
温盐环流	14	Thermohaline convection
纹理分类	见分类	Texture classification
稳定相位模型	83, 114	Stationary phase model
沃德亨特冰架（加拿大）	170	Ward Hunt Ice Shelf, Canada
沃斯托克湖	150	Vostok, Lake
无线电回波探测	45, 98, 143, 152, 173	Radio echo-sounding
西南极冰盖	5, 9, 10, 154	West Antarctic ice sheet
吸收 　吸收长度 　吸收系数	 77, 82 152, 155	Absorption 　length 　coefficient
喜马拉雅山	7, 108	Himalaya Mountains
系点	118	Tie point
系统噪声温度	35	System noise temperature
下降风	144, 162	Katabatic wind
显影中心	20	Development center
线对	21	Line pairs
线要素检测	68	Line detection
相关，相关函数	70, 129, 162, 168 又见自相关函数	Correlation, correlation function
相关长度	75	Correction length
相机 　模型	23, 165, 171 23	Camera 　model
相控天线阵	35	Phased array
像元	27, 55	Pixel
消融区	93, 96, 157, 163	Ablation area
小波变换	129	Wavelet transform
斜距 　合成孔径雷达 　雷达高度计	 46 148	Slant range 　SAR 　radar altimeter
新冰	13	New ice
新地岛	116	Novaya Zemlya
信噪比	38	Signal-to-noise ratio
熊岛（斯瓦尔巴群岛）	169	Bjørnøya, Svalbard

中文	页码	英文
雪面波纹，雪丘	144	Sastrugi
雪水当量	3, 74, 78, 109, 175, 176	Snow water equivalent
雪中含水量	见雪——湿度	Water content of snow
训练区	64	Training area
雅各布冰川（格陵兰）	148, 158	Jakobshavn glacier, Greenland
亚历克斯岛（弗朗茨约瑟夫地）	148	Alex Land, Franz Josef land
沿轨扫描辐射计	33	Along-track scanning radiometer
盐水泡	89	Brine pockets
衍射极限	22, 32, 34	Diffraction limit
仰视声纳	127	Sonar, upward-looking
叶理结构	162	Foliation
液态水含量（积雪中）	见雪——湿度	Liquid water content, snow, see Snow, wetness
一年冰	见海冰	First-year ice
溢出冰川	6	Outlet glacier
阴影		Shadowing
光学阴影	103, 166, 171	optical
雷达阴影	48, 168	radar
阴影恢复形状技术	144, 149	Shape-from-shading
隐藏层	67	Hidden layer
英国	1, 104, 105	United Kingdom
影像插值	56	Interpolation, image
影像定标	56	Calibration, image
影像增强	57	Enhancement, image
永久性积雪	1	Permanent snow cover
有限脉冲工作方式	42	Pulse-limited operation
有效波高	42	Significant wave height
余弦校正	113	Cosine law correction
娱乐项目（以积雪作为资源）	3	Recreation, snow cover as resource for
雨凇(俗名);黑冰	86, 133, 175	Black ice
预处理	56	Pre-processing, image
月球	173	Moon
跃动	见冰川	Surging
云层	31, 34, 36, 40, 54, 105, 116,	Cloud

中文	页码	英文
	132, 143, 155, 167, 173	
积雪识别	102, 144, 174, 彩图 5.2	discrimination from snow
温度	34	temperature
噪声等效温差	32	Noise equivalent temperature difference
增强型专题制图仪	28, 30, 32, 58, 60, 61, 62, 64, 101, 102, 113, 126, 133, 143, 146, 154, 彩图 3.2, 彩图 7.1	Enhanced thematic mapper
栅格格式	55	Raster format
詹姆斯罗斯岛（南极）	147	James Ross Island, Antarctica
真彩色合成	56	True-color composite
真实孔径雷达	47	Real-aperture radar
正射像片	25	Orthophoto
脂状冰	89	Grease ice
植被对雪冰探测的影响	102, 104, 108, 110, 111, 133, 175	Vegetation, influence on detection of snow and ice
植被探测仪	105	Vegetation instrument
智利	7, 彩图 8.1	Chile
中值滤波器	59, 169	Median filter
“种子”像元	68	Seed pixel
重复轨道干涉测量	50	Repeat-orbit interferometry
重力测量	111	Gravity survey
主成分	61, 108, 彩图 3.1	Principal components
主动微波传感器	52	Active microwave instrument
主动遥感	19	Active remote sensing
专题制图仪	30, 61, 102, 105, 107, 113, 133, 134, 145, 146, 154, 162, 166, 167, 174	Thematic Mapper instrument
转换函数	57, 58	Transfer function
追踪（雷达高度计）	见锁定（雷达高度计）	Traking, radar altimeter
锥形扫描	34	Conical scan
自相关函数	66, 75, 124	Autocorrelation function
总电子含量（电离层）	43	Total electron content, ionosphere
最近邻重采样	56	Nearest-neighbour resampling

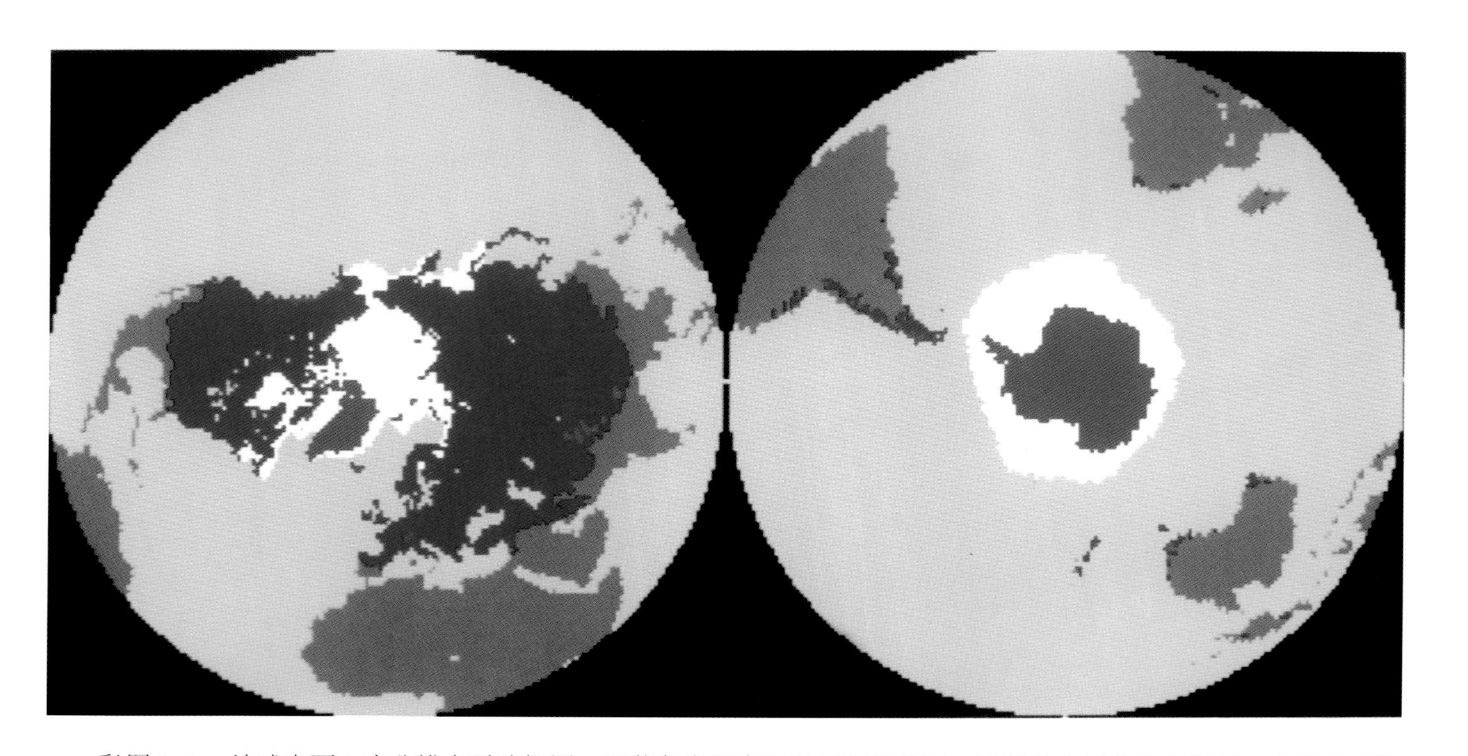

彩图 1.1　地球表面 1 度分辨率雪冰概图。深蓝色表示有积雪出现的地区，浅蓝色表示永久积雪区，白色表示海冰出现区域

彩图 1.2　河冰　（F.Hicks 提供）

彩图 2.1 斯瓦尔巴群岛的 Midre Lovénbreen 冰川表面积累区的部分航空照片（拍摄于 2004 年 7 月 27 日，航高约 1 000 m）

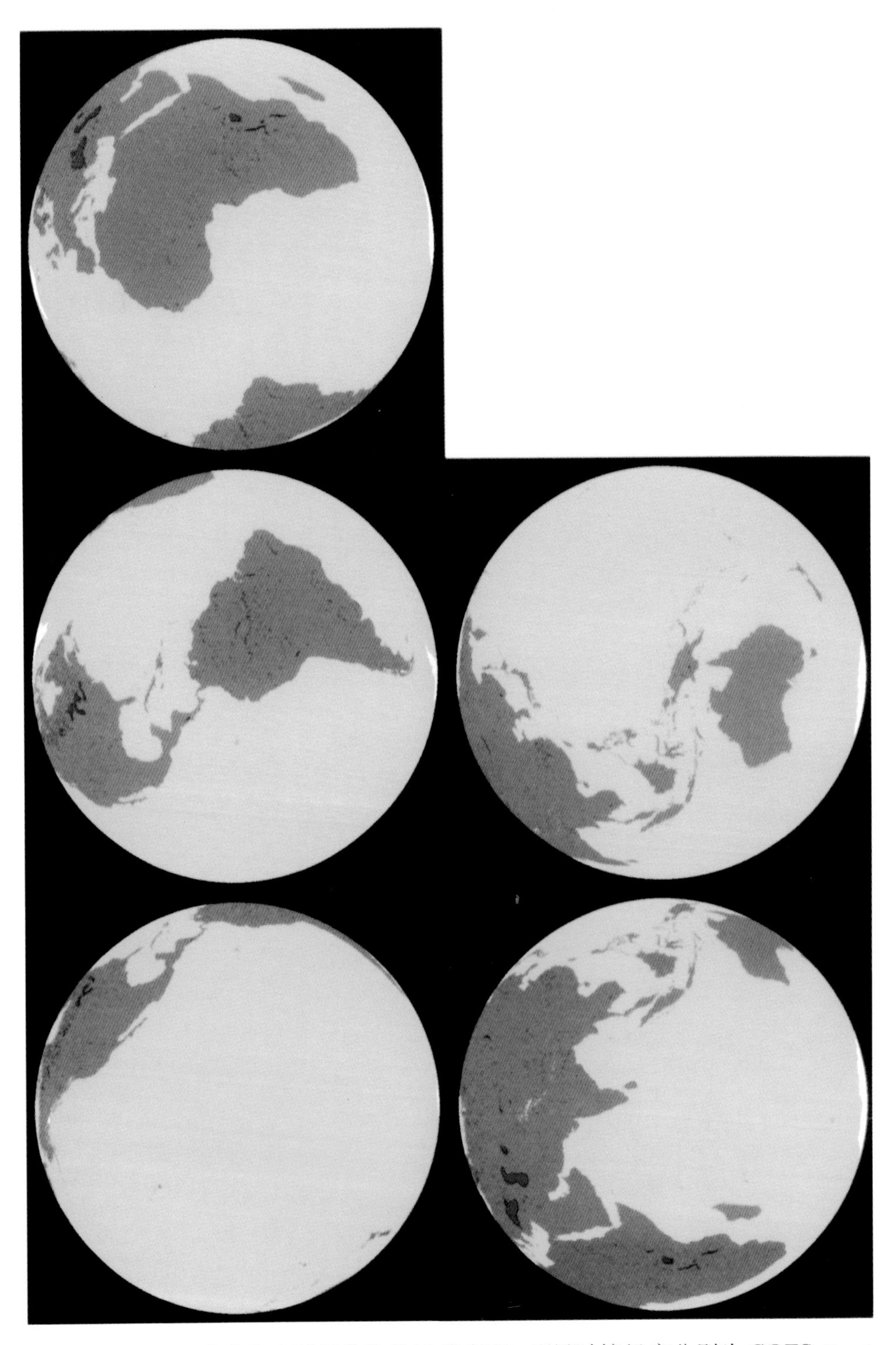

彩图 2.2　地球静止卫星获取的地球表面。卫星过境经度分别为 GOES-West（西经 135°），GOES-East（西经 75°），Meteosat（东经 0°），GOES（东经 76°），GMS（东经 140°）。注意极地区视角受限和高纬度透视缩短

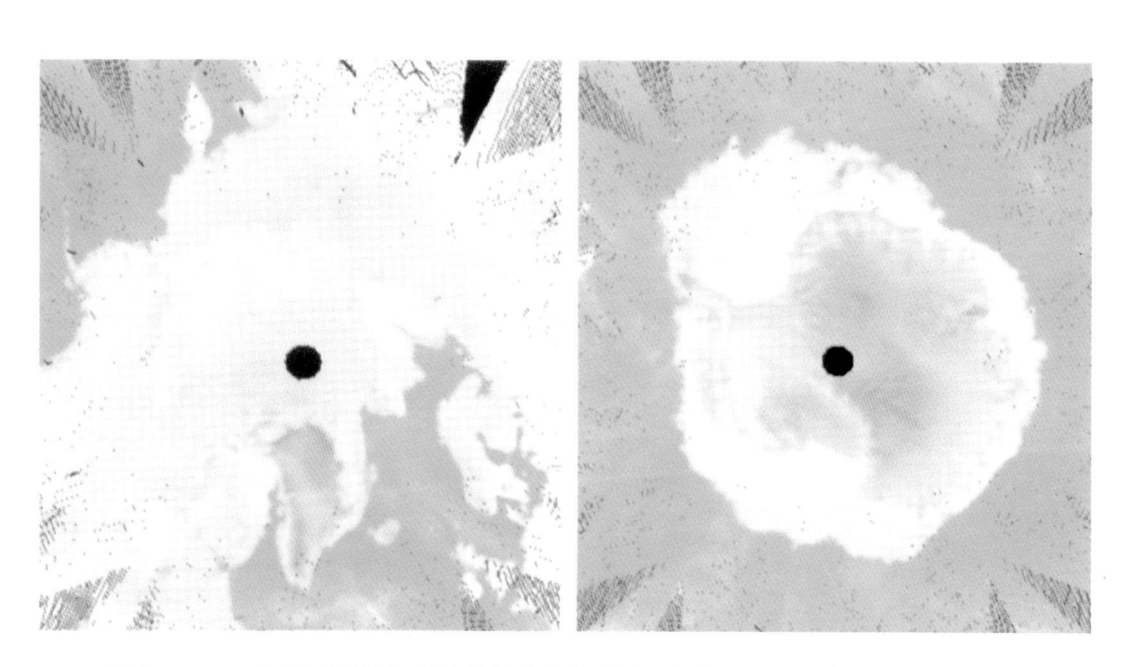

彩图 2.3　SSM/I 被动微波辐射计数据彩色合成图（红色 =19H，绿色 =22V，蓝色 =37H）。（左图）2004 年 1 月 1 日；（右图）2004 年 6 月 1 日。（原始数据由 Maslanik 和 Stroeve（2004）下载）

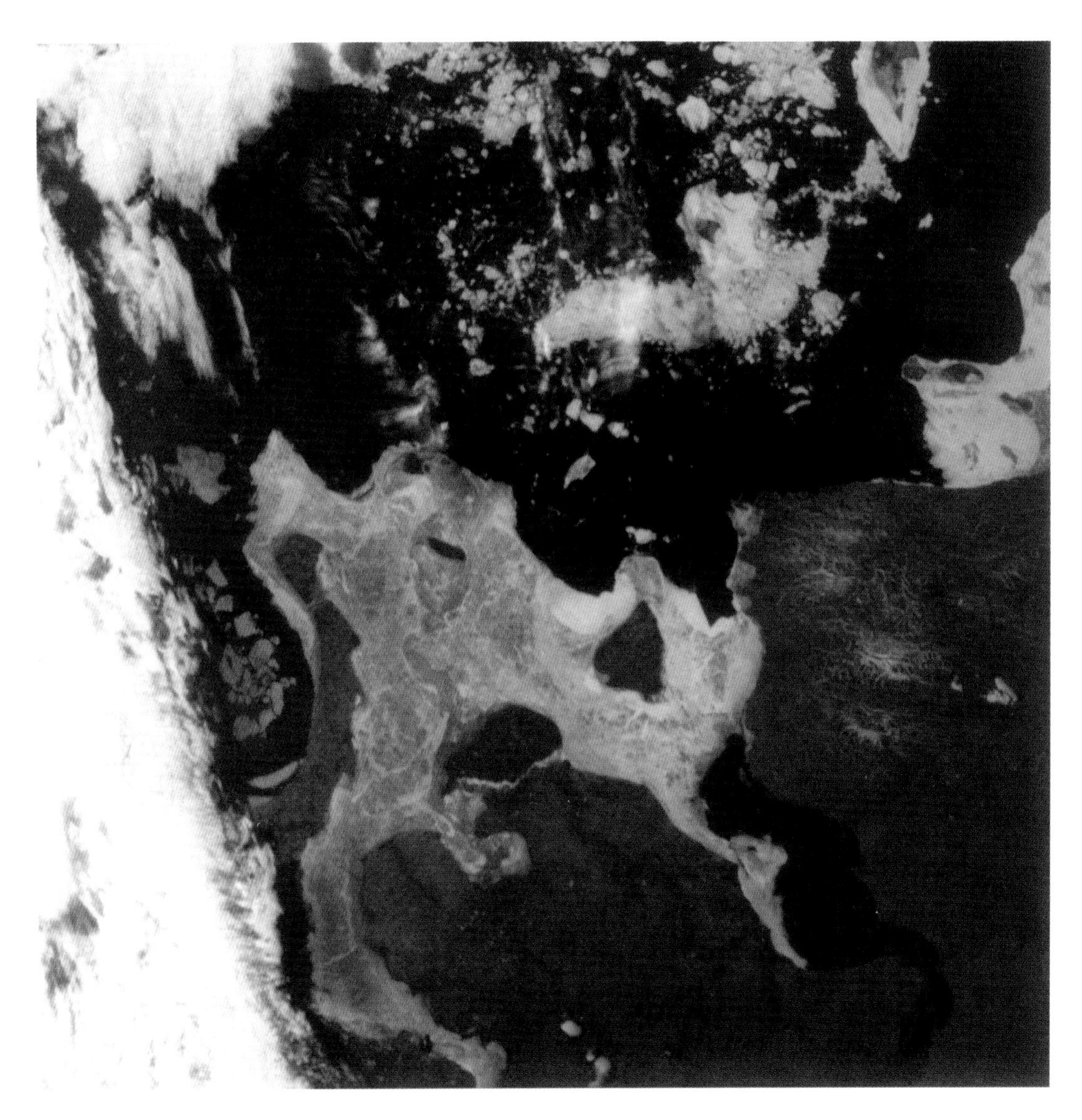

彩图 2.4　俄罗斯 Yenisei 河口 1998 年 7 月 10 日部分 MSU-SK 图像（面积约 500 km^2）。假彩色红外合成图像，显示了海冰、冰山、湖冰、中部右边的浅雪盖，以及左边的云条带。原始图像空间分辨率约 150 m

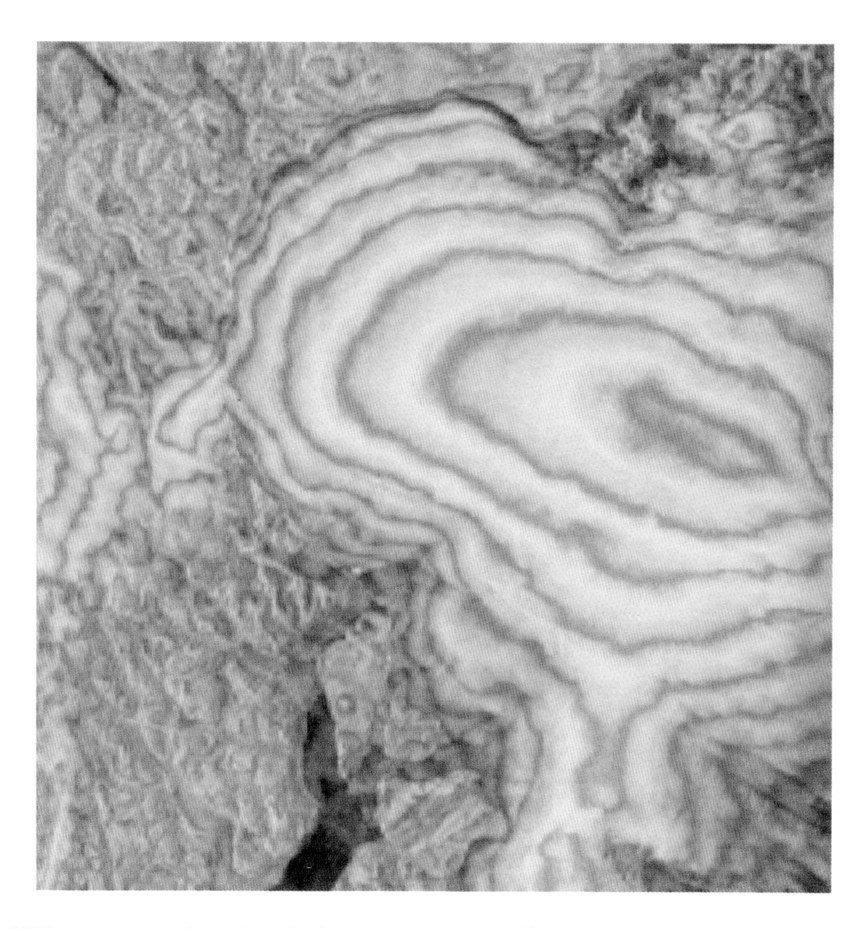

彩图2.5　1996年4月6日和7日ERS SAR图像获取的Devon岛冰帽SAR干涉图。冰帽边缘和其他地区响应了两幅图像相位差的变化，从而表示出地形高度的变化。（斯科特极地研究所约翰·林提供）

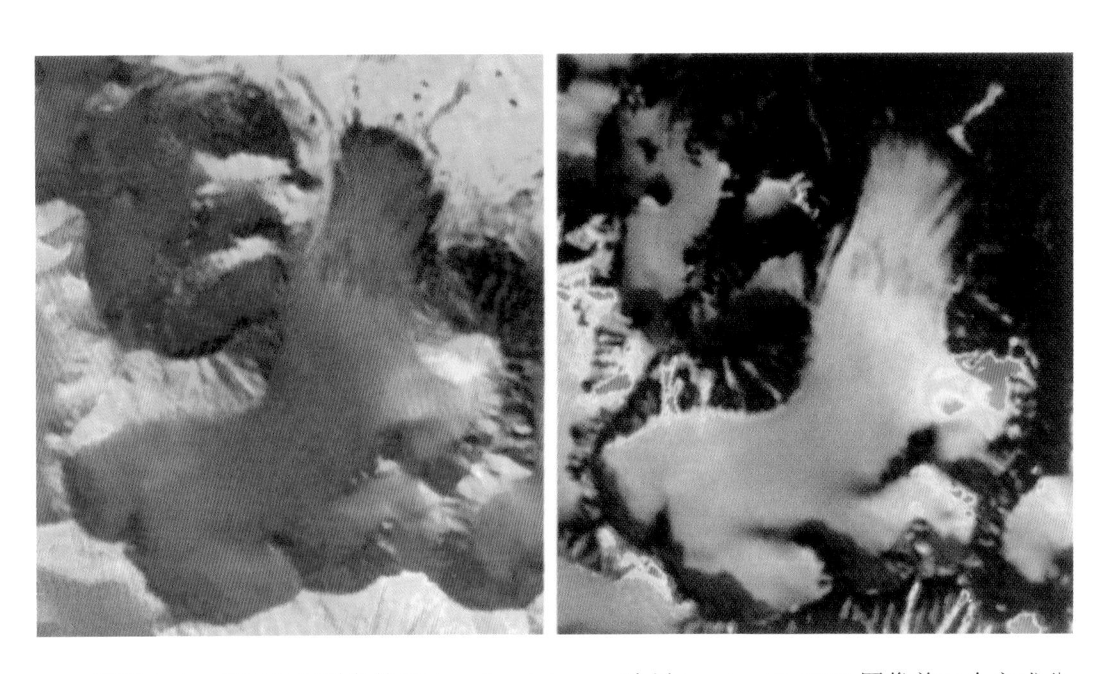

彩图 3.1　斯瓦尔巴群岛的 Midre Lovénbreen 冰川 Landsat7 ETM+ 图像前三个主成分分量的多光谱合成图像。（左图）红绿蓝合成图像，分别由主成分 1、2 和 3 表示；（右图）亮度 - 饱和度 - 色度合成图像

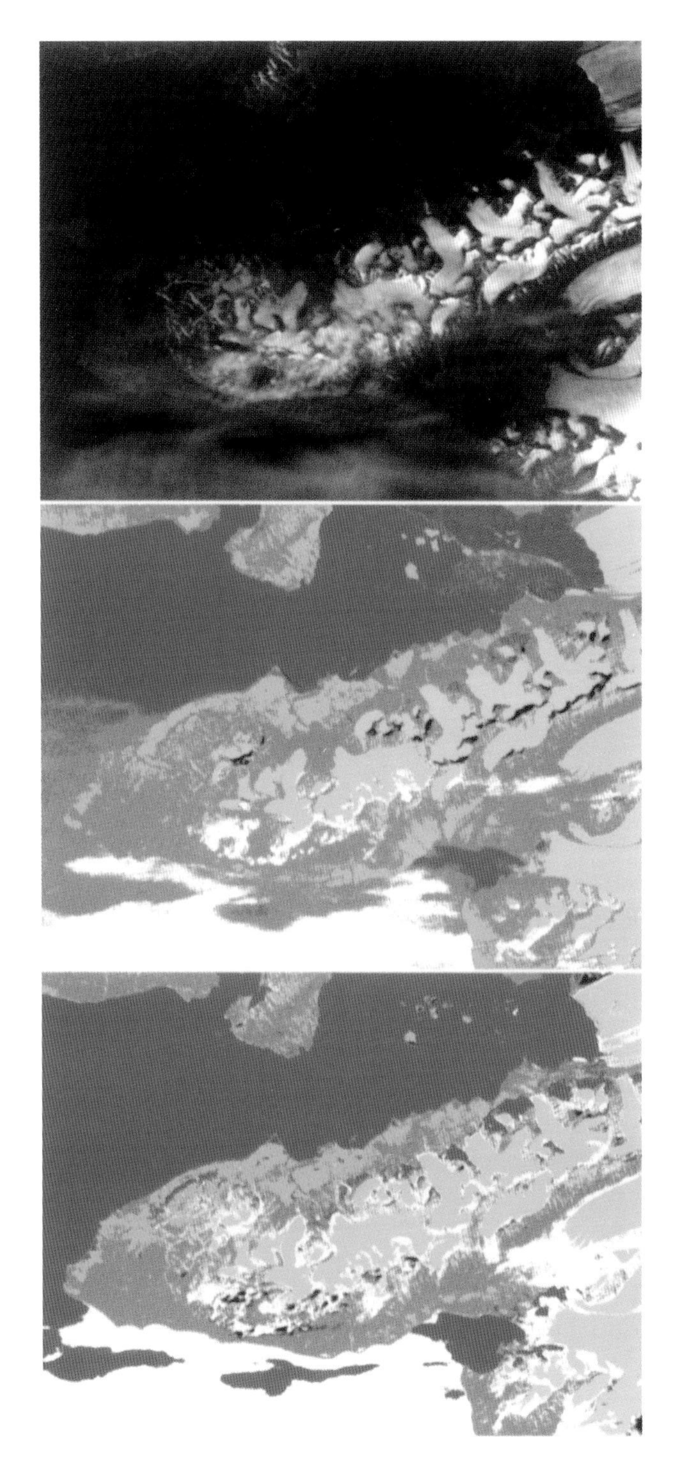

彩图3.2　（上图）斯瓦尔巴群岛的Brøgger halvøya冰川Landsat7 ETM+图像；（中图）监督分类图（类别有水体、含沉积物的水体、裸地、植被、积雪、阴影和云层）；（下图）非监督分类图（类别有水体、裸地、植被、积雪、云层和未分类）。注意图像中云层引起的分类复杂性，如果分类前进行去云掩膜处理，结果会更好

彩图5.1　2002年3月15日斯堪的纳维亚和俄罗斯西北部积雪的MODIS真色彩图像。（由NASA可视地球网（http://visibleearth.nasa.gov）下载重新制作）

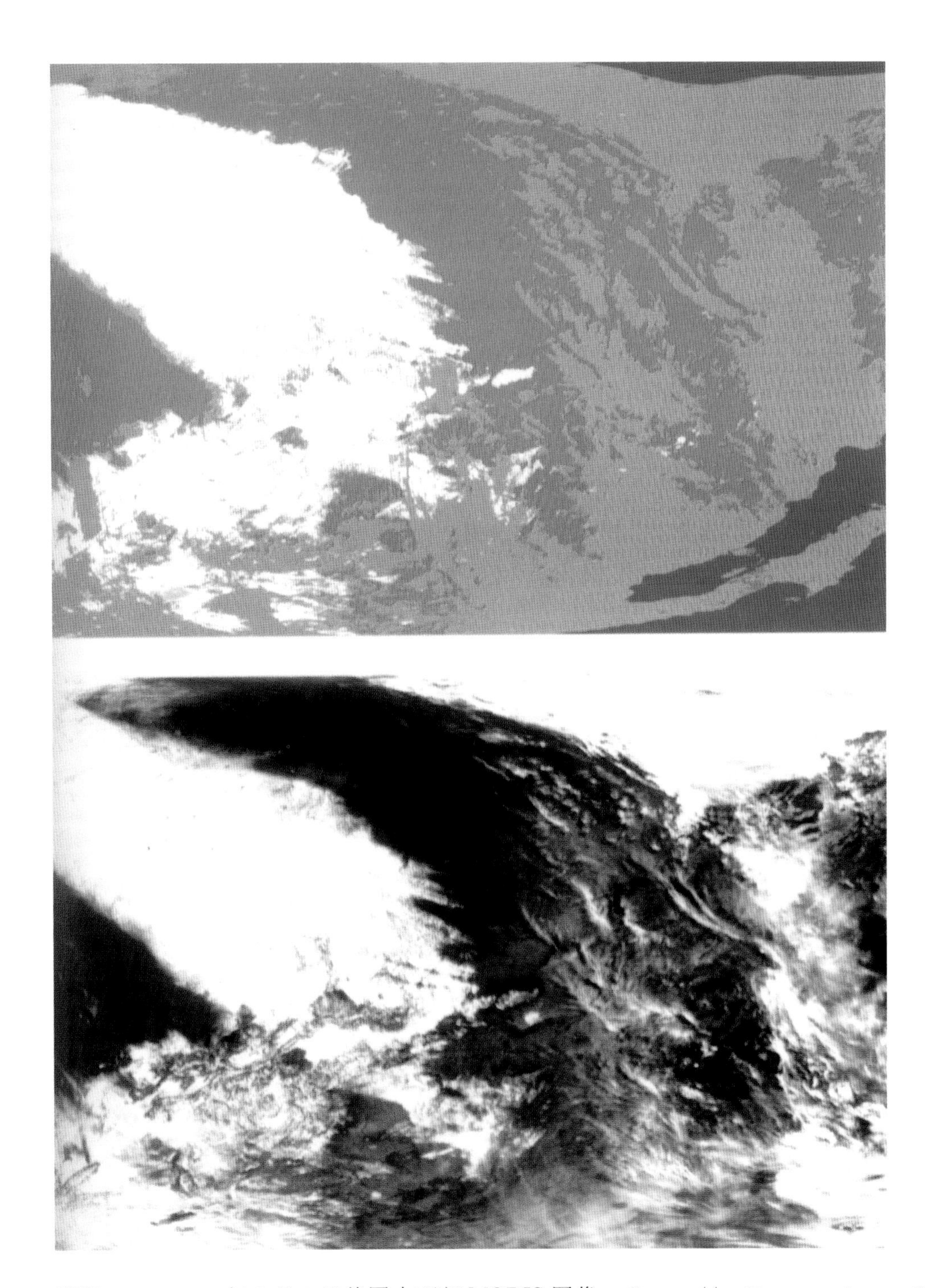

彩图 5.2　2002 年 2 月 1 日美国中西部 MODIS 图像 （http://modis-snow-ice.gsfc.nasa.gov/MOD10_L2.html）。（上图）对应的雪盖分类图，显示了积雪（白色）、云（紫色）、无雪地表（绿色）和水体（蓝色）；（下图）多光谱合成图

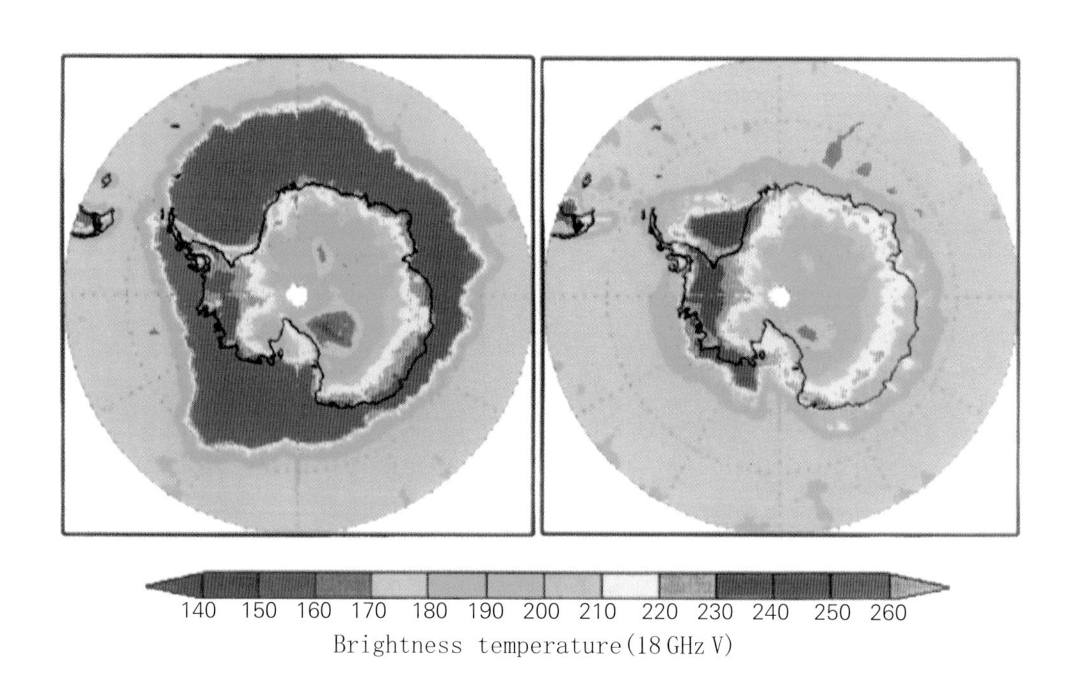

彩图 6.1　Oceansat-1 多频段扫描微波辐射计（MSMR）获取的南极地区亮度温度图。（左图）1999 年 9 月 12~18 日；（右图）2000 年 3 月 13~19 日。（经 Taylor & Francis 出版集团许可，来源于 Dash 等（2001））

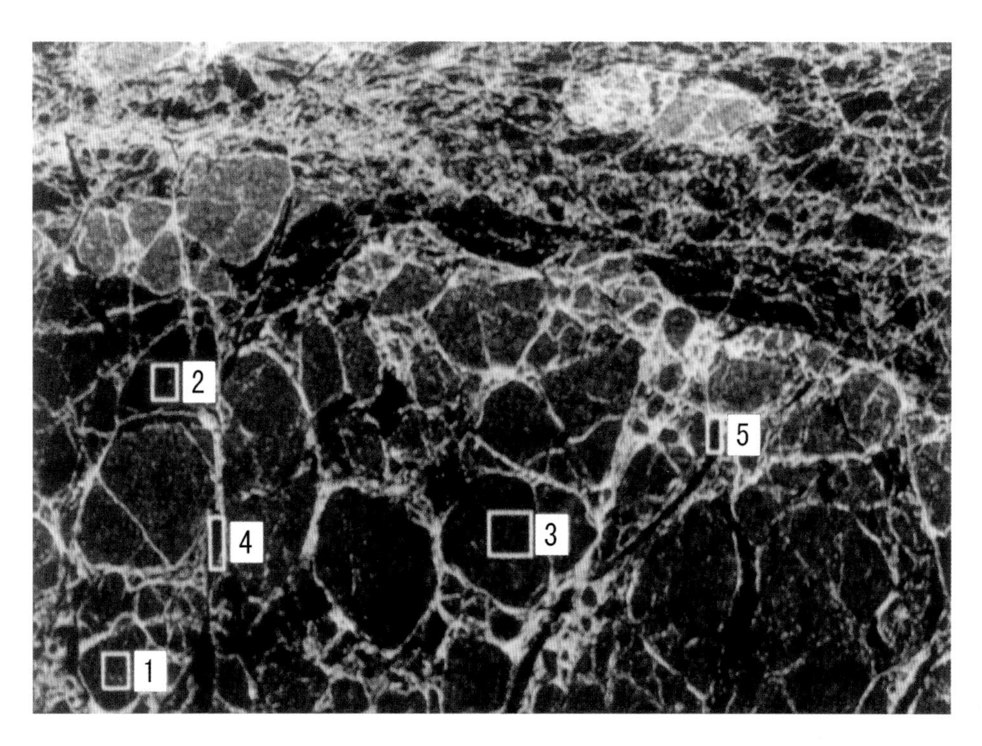

彩图 6.2　Beaufort 海海冰的多频率机载 SAR 假彩色合成图像。红色：P 波段；绿色：L 波段；蓝色：C 波段。(来源于 Drinkwater 等（1992），版权所有：美国地球物理联合会（1992））

彩图 6.3　1992 年 3 月 27~30 日波斯尼亚湾北段 ERS-1 SAR 干涉图像。 一个相位循环对应着 28mm 的位移。“2”处的线状特征是破冰船的轨迹；下边中部非相干区域是开放水体。（经 Taylor & Francis 出版集团许可，据 Dammert 等（1998）重新制作）

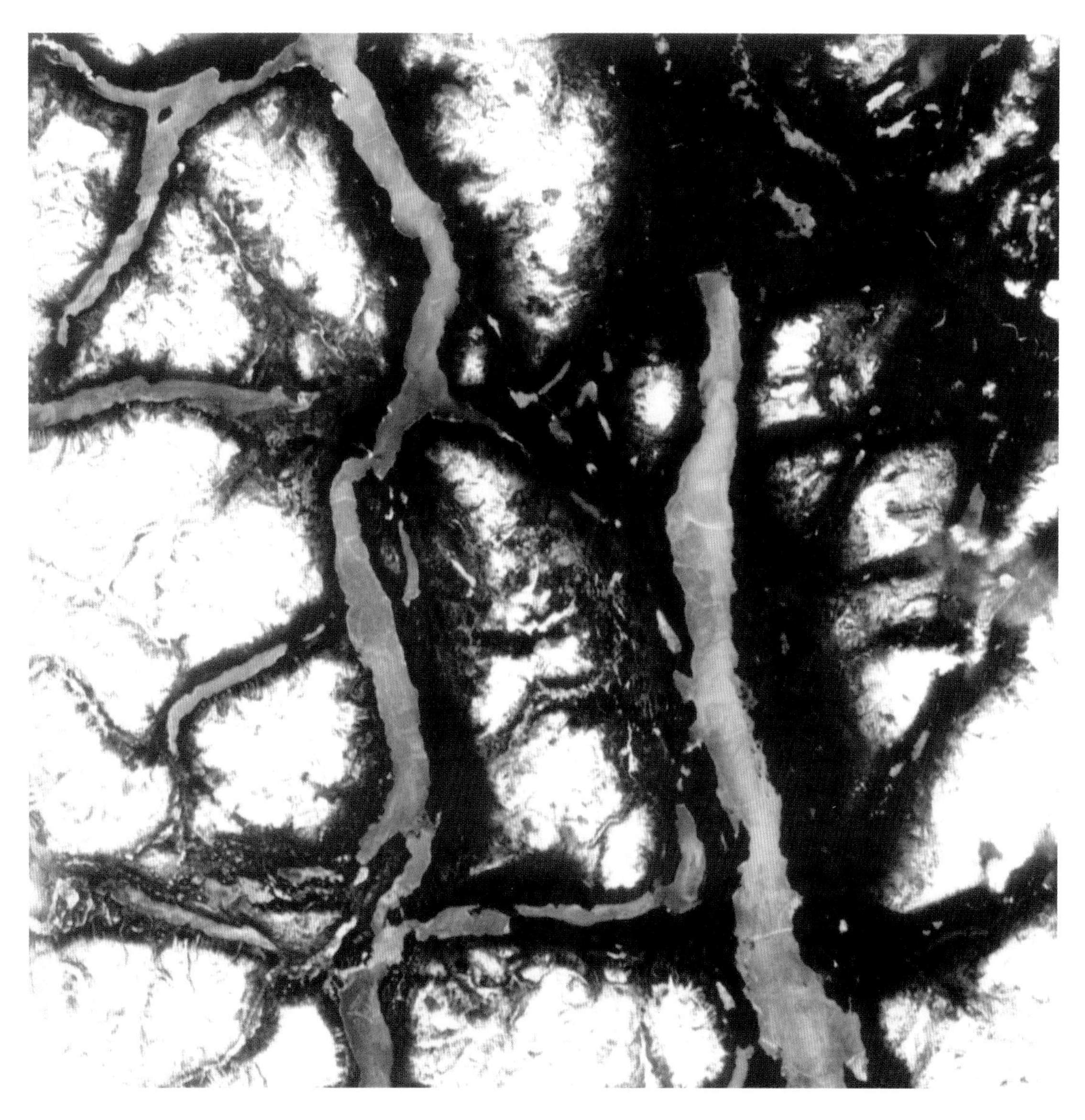

彩图7.1　2000年5月8日加拿大不列颠哥伦比亚Tagish湖Landsat7 影像的一部分。（再版于NASA可视地球网（http://visibleearth.nasa.gov），NASA戈达德空间飞行中心Brian Montgomery提供）

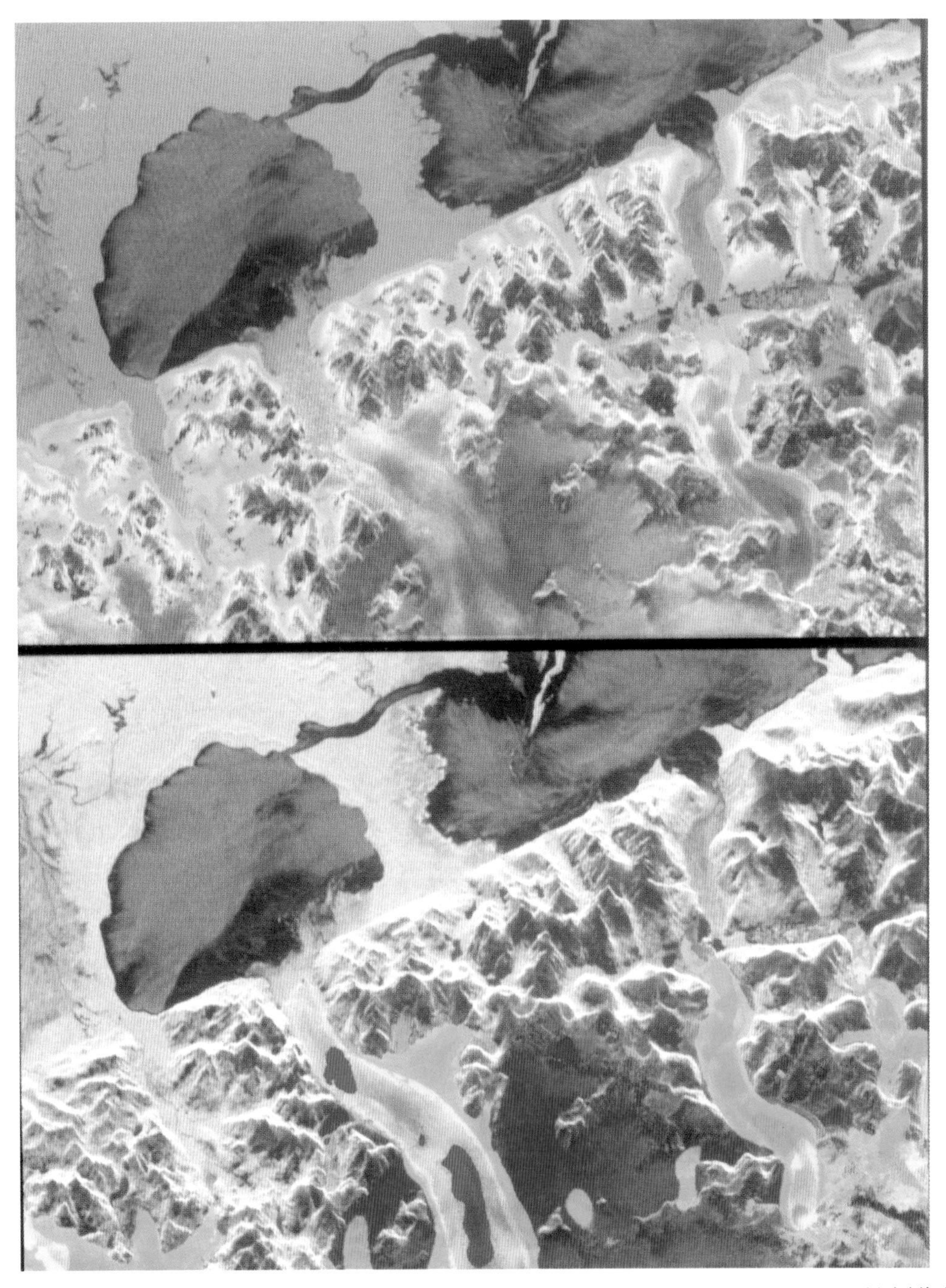

彩图 8.1　智利 San Rafael 冰川表面地形和冰川速度。（上图）SIR-C/X-SAR 计划收集的 1994 年 10 月 9～11 日 L 波段 SAR 干涉图像提取的智利 San Rafael 冰川表面地形。高程由蓝色（海平面）到粉色（2000 m）的色彩表示，图像的亮度表示了后向散射系数。（下图）与雷达观测方位角平行方向的冰川速度分量，其范围由远离雷达方向的 6 cm/d（紫色）到朝向雷达方向的 180 cm/d（红色）。（再版于 NASA 可视地球网（http://visibleearth.nasa.gov），NASA 喷气推进实验室提供）